貓頭鷹書房

有些書套著嚴肅的學術外衣，但內容平易近人，非常好讀；有些書討論近乎冷僻的主題，其實意蘊深遠，充滿閱讀的樂趣；還有些書大家時時掛在嘴邊，但我們卻從未看過……

如果沒有人推薦、提醒、出版，這些散發著智慧光芒的傑作，就會在我們的生命中錯失——因此我們有了**貓頭鷹書房**，作為這些書安身立命的家，也作為我們智性活動的主題樂園。

貓頭鷹書房——智者在此垂釣

木衛二的地下海洋覆蓋著筏狀冰，此星位於外太陽系，可能有生物棲息。這是美國航太總署（NASA）得自伽利略號太空船的影像。感謝 NASA 提供。

地球是獨一無二的嗎？

從地質學與天文學
深層解析地球如何成為孕育生命的搖籃

華德、布朗李——著　方淑惠、余佳玲——譯

Rare Earth

Why Complex Life Is Uncommon in the Universe

（前版書名：《寂寞的地球：宇宙唯一有複雜生命的行星》）

地球是獨一無二的嗎？
從地質學與天文學深層解析地球如何成為孕育生命的搖籃
（前版書名：寂寞的地球：宇宙唯一有複雜生命的行星）

作　　者　華德（Peter D. Ward）、布朗李（Donald Brownlee）
譯　　者　方淑惠、余佳玲
責任編輯　周宏瑋、王正緯（第四版）
特約編輯　羅凡怡、游能悌、林圃如
專業校對　朱美妃、關惜玉
版面構成　張靜怡
封面設計　陳文德
行銷統籌　張瑞芳
行銷專員　段人涵
出版協力　劉衿妤
總 編 輯　謝宜英
出 版 者　貓頭鷹出版

發 行 人　凃玉雲
發　　行　英屬蓋曼群島商家庭傳媒股份有限公司城邦分公司
104 台北市中山區民生東路二段 141 號 11 樓
劃撥帳號：19863813；戶名：書虫股份有限公司
城邦讀書花園：www.cite.com.tw ／購書服務信箱：service@readingclub.com.tw
購書服務專線：02-2500-7718~9（週一至週五 09:30-12:30；13:30-18:00）
24 小時傳真專線：02-2500-1990~1
香港發行所　城邦（香港）出版集團／電話：852-2877-8606 ／傳真：852-2578-9337
馬新發行所　城邦（馬新）出版集團／電話：603-9056-3833 ／傳真：603-9057-6622
印 製 廠　中原造像股份有限公司
初　　版　2002 年 10 月／二版 2007 年 2 月／三版 2017 年 2 月／四版 2022 年 9 月
定　　價　新台幣 540 元／港幣 180 元（紙本書）
新台幣 378 元（電子書）
I S B N　978-986-262-572-9（紙本平裝）／ 978-986-262-568-2（電子書 EPUB）

讀者意見信箱　owl@cph.com.tw
投稿信箱　owl.book@gmail.com
貓頭鷹臉書　facebook.com/owlpublishing

【大量採購，請洽專線】(02) 2500-1919

城邦讀書花園
www.cite.com.tw

國家圖書館出版品預行編目資料

地球是獨一無二的嗎？從地質學與天文學深層解析地球如何成為孕育生命的搖籃／華德（Peter D. Ward）、布朗李（Donald Brownlee）著；方淑惠、余佳玲譯 . -- 四版 . -- 臺北市：貓頭鷹出版：英屬蓋曼群島商家庭傳媒股份有限公司城邦分公司發行 , 2022.09
面；　公分
譯自：Rare earth: why complex life is uncommon in the universe.
ISBN 978-986-262-572-9（平裝）

1. CST：太空生物學　2. CST：古生物學

367.9　　111011571

本書採用品質穩定的紙張與無毒環保油墨印刷，以利讀者閱讀與典藏。

謹以此書獻給舒梅克和沙根

作者自序

在華盛頓大學教職員聯誼會的一次午餐對話中，我們有了這本書的概念，之後一切便即水到渠成。創作此書的誘因在於許多科學發現顯示：宇宙中的複雜生命並未如目前所認知的常見。經過討論，我倆發現彼此意見相同，均認為複雜生命並未廣布，因此決定寫書加以解釋。

當然，我們不可能證明在宇宙其他角落，等同於地球生物的生命十分稀少，這方面的科學證據十分薄弱；因此，我們的論證方向會是先檢視地球的歷史，再試著歸納結論。很明顯的，我們受限於所謂的「弱人種原則」，亦即人身為太陽系中的觀察者，在鑑別人類出現所需之棲地或要素時，有先入為主的看法；換句話說，我們有如以管窺天。但換個角度來看，許多天體生物學家已逐漸接受我們一直堅持的立場，只是尚未明言支持。我們歸納出一套虛無假設，解決科學家和媒體眾說紛紜的論戰。一般人認為生命——各種喧嚷吵鬧、具道德思索、吃人、值得學習、紫血凸眼、智能或高或低的怪物——就在天外，甚至簡單如蟲般的生物也是常見的；我們則覺得，儘管行星無數，人是唯一的生物，或至少是精選幾稀之一。所謂的「平庸律」指稱，地球只是無數蘊有先進生命的世界之一，這種想法應該有個對立的觀點，本書因此而生。

寫這本書就像跑馬拉松，感謝所有在蜿蜒道路上提供援助資訊的人。我們要對里恩和編輯柯布致上最深的謝意。前者為這本書投注大量心力，後者則為本書大小事務提供協助，從基本架構到書中大量的分離不定詞都有。

多位同樣從事科學研究的人也付出許多心力。加州理工大學的柯胥文讀過所有的草稿，並耗費無數時間和我們討論其中各項觀念；他的知識和才賦對我們有所啟發。岡薩雷斯在行星和適居區的概念上給予我們許多指點。西華盛頓大學的韓森向我們解釋「板塊運動停止」（stopping plate tectonics）的觀念。地質科學系的同事，包括蒙哥馬利、波特、尼爾森和齊尼與我們有過許多討論。十分感謝華盛頓大學的克雷斯閱讀並批評指教板塊運動的章節。動物學系的潘恩博士讓我們免於犯下生物多樣性方面的錯誤。多位天體生物學家和我們討論科學概念，包括美國航太總署艾瑪士研究中心的薩恩里，他耐心地說明了他的立場，幾乎對我們的所有想法都持反對態度，但如此一來，也進一步拓展了我們的了解和視野。感謝賓州州立大學的凱斯丁，他在行星及其形成上與我們討論良久。同樣感謝加州大學史奎普斯研究所的艾倫尼斯、華盛頓大學天文學的蘇利文和海洋學院的巴羅斯。芝加哥大學的塞柯思基慷慨地提供新的物種滅絕資料，哈佛的諾爾透過電子郵件給我們批評指教；鮑林花了一個下午，和我們分享地球歷史中主要事件發生時間表的相關資料和他的想法；塞拉傑與我們討論埃迪卡拉動物群和生物的第一次演化；愛爾溫讓我們更明白二疊紀／三疊紀大滅絕；柏克萊的伏倫泰和利普斯提供他們對前寒武紀晚期和動物演化的看法；賈普隆描述他對體軀藍圖演化的見解。十分感謝駱普關於物種滅絕的討論和各項資料，以及高德在西雅圖雨夜一頓很長的義大利晚餐期間，傾聽並評論我們的論點。感謝華盛頓大學天文學系的昆恩對黃赤交角變化率的指正，以及加州理工的伊凡斯關於前寒武紀冰河作用的意見。利奧威和我們談過大氣的概念；耶魯的柏納則論及大氣層的演變。約翰霍普金斯大學的史丹利與我們分享二疊紀／三疊紀大滅絕方面的看法。阿佛雷茲和蒙塔那利和我們談論白堊紀／第三紀大滅絕的問題。潘平讓我們更了解大氣效應。

澳洲大學的泰勒提供許多資訊，馬西和馬凱與我們討論本書內容。加大聖塔克魯茲分校的林道論及「壞」木星行星系統的命運。感謝卡馬隆讓我們使用他的月球形成資料。

華德、布朗李／華盛頓，西雅圖，一九九九年八月

■中文版序

我們是宇宙間的孤兒嗎？

程延年

改變世界的一天

一九九六年八月七日午后，艷陽的黃金餘暉，鋪灑到白宮翠綠的草坪。美國總統柯林頓緩步移向群集的媒體記者，正式宣稱發現了火星上生命跡象的確鑿證據。在這一刻之前，全世界僅有七個人知道這件祕辛（兩位地質學家、一位古生物學家、一位電子顯微鏡影像專家、一位分析化學家與兩位天文科學家），他們為美國航太總署效命，謹守誓言，密而不宣。這塊源自火星上的岩石，將會徹底改變我們對宇宙間生命的看法嗎？這果真是繼哥白尼、伽利略推翻托勒密式地球中心論，達爾文、華萊士推翻古典創生論之後，科學革命另一波的高潮嗎？我們在生命演化的漫長途中，不再是宇宙間的孤兒，「智慧」的生命形式遍存各處？來自火星上的訊息提供第一道確鑿的證據，讓我們在思維的網絡中，重新思考「我是誰？我來自何方？又歸於何處？」這一類亙古幽冥的議題。

一九九七年，天文學家兼科普作家高史密斯發表《尋找宇宙生命》專書，詳述人類竭盡心力追尋外太空「小綠人」的努力，以及火星之旅的未來遠景，如何牽動著「科學」成為人類生活的方式與因子。媒體上聳動的標題，誇張的向世人宣告：我們不是獨一無二的，火星上有一群「智慧的生命」！宇宙間遍存著生命的形式！ET將再度造訪地球！十九世紀盛極一時的胚種論認定：「宇宙之間，所有生殖體都是全能的，只要具有適合環境，就能發育而繁盛」。這種論調，像是幽靈再現，再次掀起軒然大波。

地球演化與生命演化的革命性思維

真理，是天邊的彩霞；科學，是另一種信仰；信仰，定奪著我們對大自然的觀點；而大自然是神祕的。愛因斯坦曾說過：「神祕，是人類所能經歷過最奇妙的經驗，它是所有真實科學與藝術之源泉。」科學是演化的，科學革命的本質有兩個誘發、推動的面相：一是思維上的躍進，一是科技上的突破；兩者之間相輔相成，相依相偎。

地球的演化，從水成論、火成論，靜態地球觀，到大陸漂移、海洋擴張、板塊構造體系的動態地球觀；生命的演化，從創生論、伊甸園、諾亞方舟大洪水的靜態生命觀，到演化論，遺傳基因密碼、分子鐘、親緣系譜建構的動態生命觀。從達爾文的物競天擇，到洛夫洛克的互動共生；

都是擁抱著另一種信仰，另一種價值，另一種哲學。

科學的詮釋，建構在信仰的堅持，引領著另類可能的假說與結局。科學革命，從托勒密的地球中心論，到哥白尼、伽利略的宇宙天體論；從創生論到達爾文的演化論；從牛頓的萬有引力運動律，到愛因斯坦的相對論；到尼采的基督之死；到弗洛依德的下意識觀；從秩序的追尋，到混沌說、碎形論、複雜觀。宇宙間果真有行諸四海皆為準的真理存在嗎？我們果真能掌握到（並傳授）終極的答案嗎？當「科學」遇到「神學」，信仰的定義與分際又在哪裡？

稀罕地球假說的提出，是一位卓越的地質學家與一位上窮碧落下黃泉的天文學家，攜手共鳴譜出的暮鼓晨鐘，發人深省。近十年來，在古生物學與演化生物學領域裡突破性的發掘與發現：像是深水海域中黑色煙囪，煉獄式硫細菌為基底建構的食物鏈、生態系，迥異於以光合作用為基石的生態圈；深水中大堡礁的海底花園，以甲烷細菌建構的另一處私密花園；對微生物群集中，所稱「嗜極端份子」細菌的開始理解；對三十五億年前第一顆生命的起始，到六億年前第一個複雜生命形式的遲滯演化，出現於化石紀錄的深層省思。再度激發起科學家重新審視生命起源、適應、優勢、變異、式微與滅絕、再復甦，多面相、多層級的複雜模式。

蓋婭，后土——大地之母

地球這顆太陽系中獨一無二的藍色星球，這個我們棲居的家園，是一處安適的伊甸園嗎？科學哲學家寇夫曼發表的專著《居之安：追尋自我組構與複雜性的律法》（一九九五年），試圖闡明大自然中的律法。我們——智人是天地間一群孤獨的種群嗎？天文學家高史密斯發表的專著《尋找宇宙生命》（一九九七年），傾訴著宇宙間遍存生命的夢想。地球的演變與生命的演變，在時空布局的亙古蒼芎中，到底是如何運作？科學哲學家洛夫洛克發表巨作《尊崇蓋婭》（二〇〇〇年），宣揚唇亡齒寒、生命共同體的真義，五雷灌頂，發人深省。貓頭鷹翻譯這本《寂寞的地球》專著，我們深信字裡行間的假說精義，將是未來十年科學界持續爭議辯駁的重要議題。讓我們一睹為快，細細品味並加深思。

程延年　美國德州大學（達拉斯）地球科學博士，現為國立自然科學博物館古生物學組資深研究員。

寂寞的地球：宇宙唯一有複雜生命的行星　目次

■導論

天體生物學革命和地球殊異假說

每晚，許許多多的外星生物出現在世界各地的電視機和電影銀幕中，從「星際大戰」、「星艦迷航記」到「X檔案」所傳遞的訊息很清楚：宇宙中充滿了各式各樣的外星生命形式，其體軀藍圖、智能和慈悲程度都大不相同。很明顯的，我們的社會對外星生命充滿期待，不但認為在其他行星上有生物，且全宇宙中，智慧生物，甚至是文明，出現的頻率極高。

這種對於他處智慧生命的偏見，半因希望（或說是害怕）實情即是如此，半因天文學家德雷克和沙根的知名著作；文中二人為估計銀河系中可能存在的先進文明數量，設計出「德雷克方程式」。此方程式是根據各項資料，推測銀河中行星的數量、可能育有生命的行星比率，和行星上生物不但能夠生存且進化到擁有文化的比例。德雷克和沙根從當時最佳的估算結果推出驚人的結論，亦即有智慧生物應該十分常見，遍布銀河。事實上，沙根在一九七四年推論，單就銀河系而言，就可能有一百萬種文明。我們的銀河系只是宇宙無數星系之一，因此智慧外星種族的數量必定極多。

銀河系中有一百萬種智慧生物文明，這種想法令人驚嘆，但可信嗎？德雷克方程式的解中隱藏有許多假設，需要重新加以檢視。最重要的是，方程式假設生物一旦在行星上出現，就會進化成更複雜的生命，最後許多行星都會發展出文明；這正是發生在地球上的情形。生命在大約四十億年前出現，然後自單細胞有機體演化成具組織和器官的多細胞生物，最終形成動物和高等植物。這種生命歷史，即生物的複雜性不斷增加，最後演化出動物的情況，是否是演化的必然結果，或甚至是普遍發生的情形？還是，這事實上是非常特殊的例子？

在本書中，我們會討論到，在我們的銀河系和宇宙中，不只是智慧的生命、甚至連最簡單的動物生命形態都是極為稀有的。但這並非意味著生命是稀有的，只有動物生命是如此。我們認為微生物、或等同於微生物的生命形態，在宇宙中非常普遍，或許甚至比德雷克和沙根所想像的更為常見；然而複雜的生命，即動物和高等植物，可能遠少於一般假設的數量。我們結合簡單生命普遍和複雜生命稀少這兩種推測，形成所謂的地球殊異假說。接下來我們會解釋此種假說的根據，試著加以檢視，並說明若此假說為真，對我們的文化可能有何意義。

我們才剛開始認真地搜尋外星生命，就已進入大發現的時代，這帶給我們的興奮和新知或許可與歐洲人乘坐木製帆船抵達新大陸相比擬。我們同樣抵達了新的世界，並以驚人的速度獲取知識。舊的觀念在崩潰，新的看法隨著每個新的衛星影像，或太空資料的出現而起起落落。無數關於宇宙生命的假設中，總有某些會因生物學或古生物學的新發現而得到支持或貶抑。這是個不可思議的時代，全新的學科正在形成：以宇宙生命條件為重心的天體生物學；踏入這個新領域的人有老有少，有著不同的科學背景。在揭曉新知的記者會中，如在火星探路者號實驗後、發現南極洲冰原上的火星隕石後，和取得木星衛星之新影像後所舉行的發表會中，這些科學界人士的臉龐迅速燃起熱情。在一般彬彬有禮的科學會議裡，因為科學理論以令人暈眩的速度發展或被拋棄，大家情緒激動，名聲隨時可能建立或敗壞，希望則如乘著雲霄飛車般忽起忽落。我們是一場科學革命的目擊者，就像其他任何一場革命，不論是在觀念或派別方面都會有贏家和輸家。就像一九五〇年代早期發現去氧核糖核酸（DNA），或一九六〇年代板塊運動和大陸漂移學說的建立，這些事件為科學帶來革命，不只重組了原來的領域、改變許多相關學科，也打破了科學的疆界，讓我們以全新的角度看待自己和世界。在這次最新的科學革命，亦即一九九〇年代及其後的天體生物學革命中，也會有相同的情形出現。這次革命非常驚人，因為這並非僅發生在某一科學領域，如一九五〇年代的生物學或一九六〇年代的地質學，而是各式各樣不同科學學科都有改變，包括天文學、生物學、古生物學、海洋學、微生物學、地質學、遺傳學等等。

天體生物學是生物學的一種，內容不只涵括地球上的生命，還有地球外的生命。這讓我們必須重新為自己定位，地球上的生命不過是生命產生的一個例子，而非唯一一例。天體生物學要我們斬斷傳統生物學的束縛，堅持大家應將每顆行星視為獨立的生態系統，並要所有人對化石歷史有所了解。因而人開始懂得從長遠的時間角度來思考，不再僅觀察此時此刻。更重要的是，人類的科學視野無論在時間或空間方面，都因此而拓展。

天體生物學革命由於牽涉極多不同的科學領域，消除了許多學科間的界線。古生物學家在非洲於十億年前形成的岩石中所發現的新生命形式，對研究火星的行星地質學家十分重要。潛水艇探查海底找到的化學元素，會影響行星天文學者的研究估算。微生物學家排列一串基因序列，會左右海洋學家在行星地質學研究室中，對木星衛星木衛二上冰凍海洋的研究工作。最不可能的聯盟正在形成，摧毀了曾經令人畏懼、將科學鎖死在固定範疇內的障礙。多個領域的新發現被用來回答天體生物學的中心問題：宇宙中生命有多普遍？哪裡有生物生存？有留下化石紀錄嗎？形態有多複雜？有人樂觀，有人悲觀，電子郵件到處傳，會議匆忙召開，研究計畫則隨著發現的增加，迅速調整目標。興奮之情充斥所有人心中，震撼、讓人暈眩且持續許久。參與研究的人受到一個愈來愈強的信念所蠱惑——地球之外確有生命。

天體生物學革命令人稱奇的地方在於，其死灰復燃於眾人對科學灰心、絕望之後。遠溯至一九五〇年代，著名的米勒－猶瑞實驗顯示，有機物能在模擬地球初期環境的試管中輕易合成；科學家心想，自己正要發掘生命形成的祕密。之後不久，一顆新掉落的隕石中找到了胺基酸，顯示太空中有形成生命的元素。電波望遠鏡的觀察結果很快地確認了這一點，揭露星際雲中存在著有機物。生命的組成分子似乎遍布宇宙，地球之外當然極有可能有生命。

海盜一號太空船在一九七六年接近火星時，很多人希望能找到第一個外星生命，或至少其曾經存活的跡象（圖1）；但海盜一號沒有發現生物。事實上，這艘太空船所發現的是不利於有機物生存的條件：酷寒、有毒的土壤和缺水。這種結果澆了大家一頭冷水，顯示太陽系中不會找到外星生命。這是初期天體生物學遭受的一次重擊。

圖 1：羅威爾於一九〇七年所繪製的火星圖。有些人認為圖中線狀部分是火星人建立的灌溉渠道。

在大約同一個時期，發生了另一件令人失望的大事：第一次正式搜尋「太陽系外」行星的行動，得到完全否定的結果。雖然很多天文學家相信，其他的恆星旁可能有許多行星，但利用地球上的望遠鏡搜尋，在我們的太陽系外，卻找不到任何行星，因此他們的看法只能算是抽象的臆測。在一九八〇年代初期以前，很少人認為這個領域會有什麼實質的進展，這是因為人類似乎完全無法探獲繞行其他恆星的行星世界。

然而也就在這個時候，一項新發現為跨學科合作，也就是現在天體生物學家經常使用的研究方式打下基礎。一九八〇年時科學家宣布，恐龍並非如長久以來大家所認為的因氣候逐漸變遷而消失，而是因六千五百萬年以前，一顆巨大的彗星撞擊地球並帶來浩劫而絕跡，這是科學界的一個轉捩點。天文學家、地質學家和生物學家第一次為了解決共同的科學問題，聚在一起認真討論。來自以往被視為分離領域的研究者，發現自己和陌生的科學家坐在一起，試著解答一個問題：小行星和彗星能造成大滅絕嗎？而現在，二十年之後，這批參與者中的部分人士面臨一項更大的挑戰：找出天外生命有多普遍。

在火星上沒有發現生命，又找不到太陽系外的行星，這些結果讓那些開始自視為天體生物學家的人感到挫折沮喪，但是因為這個領域同時牽涉到地球上和太空中的生命，因此大家開始向內探查，檢視地球這顆行星；希望的火苗重新燃起。天體生物學再興的主因不是天文學研究，而是一九八〇年代初期的一項新發現，當時科學家才開始明白，地球生命可在比以往所想更惡劣的環境中存活。有些微生物活在海底和地底下極高溫和高壓之處，這讓人領悟到，假如在地球上，生命能存在於這種環境條件之下，那麼在其他行星、我們太陽系中的其他星體、或遙遠恆星旁的行星和衛星上，或內部，為何生命無法生存？

然而僅知道生命能承受極為惡劣的環境條件，並不足以說服我們生命就在天外。生物除了要能活在火星、金星、木衛二或土衛六的嚴苛環境中，還必須先能在當地生成，或移動到那裡。除非有跡象顯示生命能形成並存活於艱困條件之下，否則即使是簡單的生命也不可能廣布宇宙。然而再一次的，革命性的新發現讓人樂觀。近來遺傳學的研究結果顯示，地球上最原始的生命形態，亦即公認或許最接近地球最初生物的生命形態，正是能忍受嚴酷環境而存活者。對部分生物學家而言，這表示地球上的生命在高溫、高壓和缺乏氧的情況下生成，而這正是可在太空中找到的環境條件。以上的發現讓我們相信，生命的確可能散布四處，即使其他的行星系統環境嚴苛，也可能出現生命。

地球上生物的化石紀錄是相關資訊的另一個主要來源。化石紀錄提供許多有力證據，顯示在地球上，生命在環境條件許可之時便已出現。地表上大多古岩石中的化學痕跡證明，生命大約出現於四十億年前，也就是說，生命幾乎就在假設的可存活條件產生時就已出現。除非這完全是靠機運，此發現意味著初始生命本身成形，也就是自無生命物質合成，似乎頗為容易。或許生命能在任何行星上生成，只要行星的溫度冷卻至某個程度，讓胺基酸和蛋白質能形成，並透過穩定的化學鍵結合就可以。這麼一來，生命也許一點也不稀奇。

天空也蘊藏有驚人的新線索，有利於解開宇宙生物生成和散布之謎。在一九九五年，天文學家第一次在太陽系外找到行星群，繞著距地球極遠的恆星運轉。此後又陸續發現許多新行星，且每年均發現更多。

有段時間，有些人甚至以為找到了第一個外星生物紀錄。在南極洲寒凍冰原發現的小型隕石，似乎是來自火星的眾多隕石之一。這些火星隕石中，至少有一顆可能載有來自外星、如細菌般的生物化石遺骸。一九九六年的發現是個大震撼，美國總統在白宮宣布了這件事，人力物力因而蜂擁而至，決心找到天外生物；但說到證據，至少在這顆隕石上的證據，是十分值得商榷的。

這些發現都導向相似的結論，即地球可能並非銀河系中，或甚至這個太陽系中，唯一蘊藏生命的地方。然而若在我們太陽系中的其他行星或衛星上，或是宇宙中環繞其他恆星的遙遠行星上，的確有他種生命生存，他們會是何種生物？比如「複雜的後生動物」，亦即有多細胞和完整器官系統的生物，比如具有某種行為的生物，也就是我們所謂的動物，出現的頻率會有多高？最近的許多發現又帶來新的看法。或許再次的，地球的化石紀錄能讓大家了解更多。

由於地球化石紀錄研究中定年技術的進步以及發現新種類的化石，我們知道了其實地球上動物生命出現的時間較原本所預估的晚，且更為突然。這些研究結果顯示生命，至少地球上的生命，並非循序演化得更繁複，而是突然經歷數次躍進，或可說是跨過一連串的界限，而變為複雜的生命形態。細菌並非一步步演化成動物，而是經歷許多次天擇和重起、實驗和失敗。雖然生命可能幾乎在環境條件允許時就已出現，但動物生命要形成，是更為晚近並且費時更久的事。這些調查結果表明了，複雜生命出現要比生命本身形成來得困難許多，而且所需時間更久。

過去許多人假設，演化出所謂的動物是最後且最重要的一步，一旦此步驟完成，生命就會緩慢進化為有智慧生物。然而天體生物學革命的另一項創見為，到達動物階段和維持此階段是完全不同的兩回事。新的地質證據顯示，複雜的生命一旦演化，就會面臨無止盡的連續全球災變，因而出現所謂的大滅絕事件。這些稀少但具毀滅性的事件能重設演化時程表，並且毀滅複雜的生命，較簡單的生物反而能夠存活。此類發現也彰顯出，有利複雜生命演化和生存的條件，要比生命形成的條件複雜許多。因此在某些行星上，生命可能曾經出現，最後演化成動物，但之後立即被全球災變所消滅。

地球殊異假說一反常論，主張生命或許幾乎遍布各處，但複雜的生命可說各地皆無。想要檢視此說，可能最終得訴諸星際旅行。人類尚無法到達離地球很遠的地方，即使最近的恆星，距離地球也極為遙遠，以致我們無法探索地球以外的行星系統。或許這種想法太過悲觀，人最後總會找到方法，透過蟲洞或其他未知的星際旅行方式，讓太空船飛得更快，因而到達更遠的地方，探索整個銀河系和其他星系。

假設人類能夠遨遊星際，且開始尋找其他世界的生物，那麼什麼樣的世界會孕育生命，而且是等同於地球動物的複雜生命呢？我們該找尋何種行星或衛星？因為地球上的生命如此豐富多樣，所以最好的方法或許是只尋找類似地球的行星。然而，必須找到和地球一模一樣的複製品才能發現動物生命嗎？人所在的太陽系和行星擁有什麼條件，讓複雜的生命得以產生，且孕育得極為多元？再來我們會闡釋這個主題，應有利於回答之前提出的其他問題。

稀有的行星？

拋開對地球和太陽系的主觀想法，試著採取真正「全觀性」的角度，就能開始用全新的眼光觀察地球及其歷史的各個面相。地球已經繞著穩定釋放能源的恆星運轉了幾十億年，雖然生命可能生存在環境最嚴苛的行星和衛星上，但是動物，如地球上的動物，不只需要溫和許多的條件，而且這些條件必須穩定維持很長一段時間。正如我們所知，動物需要氧氣，但地球花了大約二十億年，才製造出足夠所有動物生存的氧。萬一在這麼長的發展時間裡（或甚至之後），太陽能量釋放變化太大，地球上動物進化的機會就會很渺茫。有的行星因為繞行能量釋放較不穩定之恆星，其上動物出現的機率極為渺小。行星若繞著變星運轉，或甚至繞行雙星或三星系統內的恆星，要產生動物生命是不太可能的。這是因為能量流動時，突然產生的熱或冷會增加初生生命毀滅的機率；而即使複雜生命的確在此類行星系統中生成，要存活一段相當的時間可能也非常困難。

再者，地球的大小適中，化學組成和與太陽之間的距離都適宜生物生存。動物所居住的行星和此行星所繞行的恆星間，必須有適當的距離，因為這能決定行星上的水是否能維持液態。就我們所知，液態水是動物生存的必要條件。大多數行星距其恆星太近或太遠，以致液態水無法存在於星球表面；雖然許多此類行星可能孕有簡單的生命，但等同於地球複雜動物的生物，無法在缺乏液態水的情況下存活許久。

地球上高等生物能夠出現和存活，很明顯地還與另一個因素相關，亦即地球較少有小行星或彗星撞擊。正如之前所提，小行星和彗星撞擊行星可能造成生物大滅絕。什麼因素能影響撞擊率？答案之一為行星形成後，殘留在行星系統中的物質數量：行星運轉軌道上愈多彗星和小行星，撞擊率會愈高，因撞擊而造成大滅絕的機率也就愈高。然而這或許並非唯一的因素。系統中行星的種類也能影響撞擊率，因而在動物的演化和存活中扮演重要、但不太受注意的角色。就地球而論，有證據顯示巨大的木星有如「彗星和小行星捕手」一般，重力大到掃除了太陽系中可能撞擊地球的宇宙垃圾，因而降低了大滅絕的機率，所以木星可能是地球上高等生物能形成並存活的主因。

在我們的太陽系中，地球是唯一（除了冥王星外）擁有大小適中（與地球體積相比）之衛星的行星，而且是唯一有板塊運動造成大陸漂移的行星。這些都可能有利於動物的出現和存活，之後我們會加以解釋。

或許甚至行星在星系中的特定位置也扮演著重要的角色。在星系內部恆星聚集之處，超新星爆炸和恆星間近距離接觸的頻率可能過高，無法產生動物發展所需要的長久且穩定之環境條件。星系外部區域所含的重元素比例可能太低，無法形成岩質行星，或增添行星內部的放射性熱能。彗星的出現機率也許會受到以下二者影響：我們所在星系的特性和太陽系在星系中的位置。我們的太陽和行星雖然運行於銀河系中，但大體上是在銀河系的平面移動，很少通過旋臂。因為星系的大小與所含之金屬量相關，所以星系的質量也可能影響複雜生命演化的命運；因而有些星系和其他星系相比，更有利於生命的出現和發展。太陽和太陽系有著異常高的金屬含量。或許我們這個星系的確與眾不同。

最後，行星的歷史和環境條件可能也是生命能演化為動物的因素。有多少行星處於絕佳的位置，可以孕育豐富的動物生命，卻因為偶發事件而被剝奪了這個機會？小行星可能撞擊行星表面，帶來荒蕪和滅絕；或行星近處有恆星爆炸，變成破壞性的超新星；或偶然的大陸地形成形運動造成冰河時期，意外地令動物滅絕。或許機率扮演舉足輕重的角色。

自從丹麥的天文學家哥白尼將地球拉出宇宙中心，放到環繞太陽的軌道上後，地球愈來愈受到小覷；從宇宙的中心變成一顆渺小的行星，繞著又小又不特別的恆星運轉，而且位於銀河系中一點都不重要的區域，這就是目前所謂「平庸律」所形成的看法；「平庸律」所指的是，我們並非是唯一孕有生命的行星，而是許多行星之一。之後，各式各樣估計其他智慧文明數量的數字出現，從零到十兆都有。

但假如地球殊異假說是正確的，會扭轉地球非中心論的趨勢。萬一在銀河這個象限中，或者在一萬光年的距離內，蘊有許多先進動物的地球幾乎可說是獨一無二的，是最具多樣性的行星，那情況會是如何？若地球絕對與眾不同，是在這個星系或甚至可見的宇宙中，唯一有動物的行星，也是微生物橫行之世界中動物的唯一堡壘，情形又是如何？假如此假設為真，過去因人類疏失而造成的各種動物或植物的滅絕，對宇宙來說是多大的損失？

歡迎搭乘本船。

宇宙的死寂區

初期的宇宙

最遠的已知星系太過年輕，因此沒有足夠的金屬以形成如地球般大小的內行星。環境中蘊藏的危險包括類星體這類的活躍活動，和經常的超新星爆炸。

球狀星團

雖然其中多達一百萬顆恆星，但是因為金屬含量太少，無法產生如地球般大的內行星。而與太陽質量相當的恆星已經演變成巨星，由於溫度太高以致生命無法在旁邊的內行星上存活。恆星間的接近亦會擾亂外行星的繞行軌道。

橢圓星系

恆星的金屬含量太少。與太陽質量相當的恆星已發展成巨星，由於溫度太高以致生命無法存活於內行星上。

小型星系

多數恆星的金屬含量太少。

星系中心

高能量活動非常活躍，因而阻礙複雜生命形成。

星系邊緣

許多恆星的金屬含量太少。

有「熱木星」的行星系統

巨行星以螺旋狀向內移動，將內行星推向中央恆星。

有巨行星在非圓軌道上公轉的行星系統

環境太不安定，高等生物無法存活。有些行星迷失到外太空。

未來的恆星

鈾、鉀和釷含量可能太過稀少，不能提供足夠熱能以驅動板塊運動。

地球殊異要素

與恆星間有適當距離

成為複雜生命的棲息地。近地表處有液態水。距離恆星夠遠，足以避開潮汐鎖定。

適當的行星質量

以保存大氣層和海洋。有板塊運動所需之熱能。具固態／熔化的地核。

板塊運動

二氧化碳－矽酸鹽恆溫器。形成陸塊。促進生物多樣性。產生磁場。

適當的恆星質量

存在時間夠久。沒有太多紫外線。

像木星般的鄰居

清除彗星和小行星。不能太近，也不能太遠。

海洋

不要太多，也不要太少。

穩定的行星軌道

巨行星不會引起軌道混亂。

一顆火星

地球般行星上的生命若非自行演化出現，可能來自這顆小型鄰居。

大型衛星

距離適當。穩定黃赤交角。

適當的黃赤交角

四季變化不會太劇烈。

大氣特性

維持適合動植物的溫度、成分和壓力。

恰當的星系類型

有足夠的重元素。不小、非橢圓，也不是不規則。

嚴重的撞擊事件

極少嚴重的撞擊事件。生命初成形之後，沒有會造成全球滅絕的撞擊事件。

生物演化

成功演化出複雜的動植物。

處於星系中適當的位置

不在星系的中心、邊緣或暈區域中。

適量的碳

足以產生生命，但不會多到產生失控的溫室效應。

氧的出現

光合作用的產物。不多不少。在適當的時間出現、增加。

其他

雪團地球。寒武紀大爆發。慣性互換事件。

第一章　宇宙可能處處有生機

此生物鏈生存於又冷又黑的深海中，完全不需倚賴過去被人視為生命之源的陽光。這項事實的影響極大：如果生命能在該處繁衍，並由地熱引發的化學作用中取得養分，即使其他星球距離我們的太陽十分遙遠，缺乏生命之光，只要環境條件相似，仍可能存有生命。

——柏拉德，摘自《探索》

地球的海洋表面溫暖、明亮而又生機盎然，但在數公里下的深海底，環境卻十分惡劣：多數區域氧氣稀薄，一片漆黑；海床多由貧瘠的沙、泥和緩緩沉積而成的錳核組成；海水溫度幾近冰點；即使是一般海盆的深度，每平方公尺也承受著至少四百多萬公斤的水壓。基於上述種種因素，除了少數特殊生物以自海面緩緩沉降的細碎物質為食，深海底可說是一片生物沙漠，長久以來始終被視為死氣沉沉而單調的地帶。

然而，在深海底卻有些地方既不平坦也不死寂。海床上有一連串的活火山口，順著洋脊直線綿延數千公里，稱作深洋裂隙。海洋板塊是海床的岩石基底，這些裂隙就在廣大海洋板塊邊緣形成海底山脈。在此黑暗、高壓的海洋深處，隨時都有岩漿從地底湧出，生成新的地殼，海床便是自此處開展。在寒冷黑暗的海底，地殼不斷新生，成為緩慢的板塊運動，也就是所謂的大陸漂移。這裡看似為地球上環境最嚴酷惡劣之處，卻出乎意料地群集生命。

頻頻地震下，來自地函的高溫濃稠岩漿自裂隙湧出，遇上寒冷的海水；大量的炙熱岩漿遇水後旋即冷卻，形成奇形怪狀的黑色枕狀熔岩。這個地方可說是世間獨一無二，種種極端條件所形成的景象令人難以置信：在海面下約三公里、四百倍標準大氣壓之處，溫度接近攝氏一千一百度的岩漿碰上攝氏零度的海水，富含礦物質的海水從地下奔流而出；這些從地球內汩汩湧出的高溫海水，在海底造成圓柱狀的金屬沉積。此外，在這個海底煉獄裡還有一種極為神祕奇特的現象——海雪。海雪不同於陸地上徐徐飄降的雪花，而是從海底裂隙湧出的白色物質，湧出後形成有如暴風雪的景象，然後緩緩沉降至凹凸不平的海底。事實上，這些「雪花」具有生命，是由數十億個微生物結集而成，生活在高溫有毒的噴口裡。這些生物在一片漆黑的環境裡靜靜地生存繁衍，形成片片飄散的雪花。這種生活形態始終不為人知，直到人類駕著小型的深海潛艇進入海底探測，才目睹了這項奇觀。

絕地生物

海底火山裂隙周圍的環境只能以「絕處」一詞名之。酷熱、冰寒、高壓、黑暗，加上含有毒物質的海水，似乎都不利於生物生存。但在過去二十年間，海洋學家和生物學家藉由小型潛艇深入冒險探索後，卻有了驚人的發現。他們意外發現了奇特的貽貝和管蟲，但由於這些生物生活在火山口附近的溫暖水域裡，因此仍可理解其存在之因。然而真正出人意表的是，不僅在火山口附近，居然連火山口裡都有生物存在。這些火山口像滾燙的鍋爐，盛滿了超高溫沸水，任何動物都無法忍受，但卻有形形色色的微生物在這樣的環境裡生長繁衍。無可辯駁的，這過去被人視為如火星一般荒蕪的地方，的確有生物存在。

這樣的地球環境提供了重要的線索，藉此可推論在如火星一般的環境裡，外星生命存在的可能性。假使在嚴酷的熱液噴口裡都有生物生存，那麼在其他的惡劣環境裡，如火星、木衛二或是無數更為遙遠的星球上，不也可能有生物嗎？在海底的熱液噴口裡確實有生物存在，而其他看似死寂的地方，像是地底深處冰冷的玄武岩、海冰、溫泉和強酸性的池水裡，近來也都發現生物的蹤跡。由於棲地特殊，這些生活在惡劣環境裡的微生物有了「嗜極生物」之稱，意指「喜愛絕處的生物」。

在惡劣的絕處仍有豐富多樣的生物存在，這是天體生物學革命中的一項重要發現，為人類燃起了希望。如今地球上許多發現嗜極生物的地方，環境條件都與太陽系其他行星和衛星相似，如此說來，微生物可能存在於我們的太陽系和銀河系中，甚至可能很常見。

大多數嗜極生物的研究都集中在兩種棲地：一是前文所述的海底熱液噴口，一是陸地上相似的熱液噴口，如間歇泉和溫泉。二者皆因火山活動而成，也同時是觀察地球內部的管道。生命遠比我們所想像的更為強韌，如果類似細菌的生物能夠生存於高溫的間歇泉中，牠們也可能活在地殼深處的黑暗和酷熱裡。在深海的熱液噴口與陸地火山地區的溫泉和間歇泉等處，都能觀察和採集到過去未知的地底微生物群。藉此，也可能探知其他行星和衛星是否有生命。

首次發現嗜極生物的地點並非深海底，而是美國黃石國家公園的間歇泉。一九七〇年代初期，微生物學家布洛克及同事在該處發現了嗜熱性的嗜極生物，該種微生物能夠容忍攝氏六十度以上的高溫。隨後，他們又發現了能夠存活於攝氏八十度中的微生物。此後，全球多處的溫泉都曾分離出多種酷愛高溫的微生物。在此之前，人類一直篤信沒有生物能夠在攝氏六十度以上的高溫中生存；即使現在，大家仍然認為沒有任何多細胞生物（如動、植物）能夠忍受攝氏五十度以上的高溫。然而，許多溫泉裡的嗜極生物卻能夠在攝氏八十度以上的高溫中繁衍，有些甚至能活在攝氏一百度的沸水中；相對之下，多數細菌最適合的溫度範圍則介於攝氏二十到四十度之間。這些溫泉嗜極生物的發現，鼓勵更多學者在深海熱液環境裡搜尋類似的微生物。

深海噴口有三項特徵，過去均認為對生命有害：高壓、高熱，缺少光。因為深海的壓力大，水能加熱到遠高於沸點的溫度；最高溫能超過攝氏四百度。超高溫且富含礦物質的水，在碰上噴口四周的近零度海水後迅速降溫，但噴口附近廣大區域的水溫仍遠超過攝氏八十度。

海底熱液噴口系統占了海床面積很大一部分，可能是地球上最獨特的棲息地之一，但因位置偏遠、地處深海，一九七〇年代前幾乎無人知曉。自歐文號等深海潛水艇發明後，人類開始廣泛研究這些棲息地。原本大家以為自噴口湧出的炙熱海水，對生物來說溫度太高，現在則明白其實其中有各式各樣的微生物，牠們似乎是許多生活在噴口附近之較大生物的食物，豐富的微生物因而成了深海食物鏈的最底層；此食物鏈不需要光，也無需植物行光合作用。在我們熟悉的多數生態系中，食物鏈的底層是能利用二氧化碳和光，並透過光合作用製造活細胞的生物，因此光是成長的能量來源。許多嗜極生物不需要光，而能透過分解化合物，如硫化氫和甲烷來得到能量，幫助新陳代謝。此外，這些生物在地球歷史早期即已出現，顯示地球最早的生命或許是以化學作用獲得能量，而非利用光；學者推論在其他行星上情況也是如此。這意味光或許並非是生命的要件。

這些發現中最令人訝異的，或許是在這些地區，許多細菌不僅偏好攝氏八十度以上的水溫，甚至需要此種溫度才能成長繁衍。如在深海熱液噴口中發現的一種細菌，在水溫攝氏一〇五度以上時繁殖情況最佳，且在一一二度的高溫中仍能繁殖。

最近有人在此類環境中，找到更令人嘖嘖稱奇的嗜極生物。一九九三年，華盛頓大學的巴羅斯和丹明發表了一篇論文，題為〈深海煙槍：通往海底生物圈的窗口？〉；文中這兩位海洋學家提出一項觀點：地球內部是某些微生物的家，牠們在高壓之下能夠生存於溫度超過沸點，高達攝氏一五〇度的環境中；二人認為這些生物「超級嗜熱」。這項大膽推測由英國布里斯托的帕克斯所證實，他在深海鑽探岩心中找到完整的微生物，該處溫度高達攝氏一六九度。生命能承受的最高溫度為何？微生物學家現在的看法是：在高壓環境中，生命或許能承受攝氏兩百度的高溫。

雖然這些微生物有些正式歸類在細菌界中，大部分的嗜極生物仍屬於所謂的「古菌」。古菌真是生物中的強者，能在沸水中生存，而且倚賴有毒元素如硫和氫為生。發現此類龐大的生物族群，讓我們重新思考由來已久的生命模式，因而加速了生物學的巨大變革；這生命模式稱為「生命之樹」，是用以解釋最初生命型態如何演化至最複雜形式的理論。

古菌

長久以來，生物學者認為能將物種畫分階層，各階層因血統而相互關連，也就是說，所有能歸入同一較高階層的物種都有相同的祖先。物種歸入「屬」（我們別無分號的人類形體，歸類入「人屬」這個範疇；亦即相對於其他物種，所有人屬中的物種，包括「智人」、「直立人」、「巧人」都有著共同的祖先），屬歸入科，科歸入目，目入綱，綱入門，而門再歸入界。界一直都是最高的階層，因此不會再歸入任何更高的單位。這套系統是十八世紀時，偉大的瑞典博物學家林奈所發明。最早使用這套系統的人以為只有兩個界：動物和植物；之後生物學家發明了顯微鏡並充分發揮其效用，因此對植物有了更多的了解，五界系統因而出現：動物界、植物界、真菌界、原生動物界和細菌界。但古菌的發現改變了一切，這種生物極為特別，讓科學家必須設計出全新的生命類別。

古菌與細菌極為相似，所以長久以來都被忽略；但分子生物學家在分析古菌的DNA後，發現這些微小細胞很明顯地與細菌不同，就像細菌與最原始的原生動物相異一樣。這促使美國伊利諾大學的生物學者渥斯提出新的生命類別，也就是位階高於界的域。在此架構中，五界散布於三個域中：古菌、細菌和一個稱為真核生物的新類別。真核生物包括植物、動物、單細胞生物和真菌。

古菌域本身細分成兩個早先並不存在的界：嗜熱原祖細菌界以及甲烷產製原祖細菌界，前者由嗜熱菌所組成，後者則包含少許嗜熱菌，但主要的生命形態會在新陳代謝時製造出生物副產品，亦即有機化合甲烷（沼氣）。大多數古菌為「厭氧微生物」，只能在缺氧的狀態下生存。因為地球剛形成時，空氣中沒有自由豐沛的氧氣，古菌的厭氧特性令其成為地球初始生命的最可能人選。

科學家已經在熱水環境中找到許多種古菌，但也有跡象顯示，古菌能在其他地底環境中生存，如堅硬的岩石中。在一九二〇年代，美國芝加哥大學的地質學家巴斯丁發現，自油田深處抽取出來的水含有硫化氫和重碳酸鹽等成分；他開始思考這種現象的成因。這是第一次有證據顯示生命能在地球表面以下數百，甚至數千公尺的地方生存。巴斯丁知道這兩種化合物通常是由細菌所製造，然而油井中的水來自地底深處，該處似乎太深，也太炙熱，當時所知的任何一種細菌都無法在其中生存。在微生物學家葛利爾的協助之下，兩人成功地自油井水中採集並培育出細菌，可惜他們的發現沒有受到當時的其他科學家所認同，理由是水可能受到油管汙染。結果，這地質學和微生物學之間的首次跨學科合作就此畫下句點，此項重大發現在長達五十多年的時間之中乏人問津。

在一九七〇和一九八〇年代，科學家開始研究核能廢料附近的地下水，此時，可能有生命生存在地球深處的想法才終於受到重視。隨著先進的鑽孔機愈鑽愈深，長久以來，大家認為不可能有生命存在的地方不斷發現各種微生物。但是這些在地底深處所發現的微生物真的生活在那兒嗎？或牠們其實來自地面，是透過採樣設備到達地底深處的？直到一九八七年，這些問題才獲得解答。當時一群跨學科的科學家受到美國能源部的邀請，合作研發了一種特殊的採樣裝置，能鑽入岩石深處抽取樣本，而且不會受到任何汙染。在美國南卡羅萊納州塞芬拿河旁的政府核能研究室中，科學家鑽了三個約四百六十公尺深的洞，其中取出的樣本經分析後證實有微生物的存在。眾人很快發現，微生物的確能在此種深度中生存，且這些微生物不但數量多，種類也多。新生物棲息地的發現確認了巴斯丁和葛利爾開拓性的研究成果。

大家都知道，人類對地球物種的認識並不完備，也就是說，不只是嗜極生物，許多各式各樣的生物都還有待查探；較少人知道的是，我們對地球上生物棲息地的了解可能也同樣不完全。近來發現的地底嗜極生物就是一例。現在是能以衛星探勘、作環球旅行的時代，說世界上可能還有廣大未經探索的區域，藏著不知名的生物，似乎是不太可能的事；但事實就是如此。姑且不論馮恩所寫的超現實預言小說《地心歷險記》，人類很少穿過最後一道邊界去探索一個全新的領域：地殼深處。該處可能是全地球生物最多的地方。

自從在美國南卡羅萊納州的地底深處發現生命之後，許多研究團隊開始往地底下調查，愈挖愈深，試著找出地殼中生命生存的深度極限。很快的他們發現，在大多數地層中都能找到地底微生物，細菌和古菌在地面下無所不在。目前發現有這種生命形態的地方，深度最深者大約是地面下三點五公里，溫度是攝氏七十五度；然而在這種深度中，微生物的數量很少。微生物還可以在許多種岩石中生存，包括沉積岩和火成岩。在行星上，離地核愈近，溫度就愈高。古菌能生存在地表下數公里深的多種岩石中。在經過多年的研究之後，美國康乃爾大學的地質學家古德表示：地表上雖然有各種大大小小、形態簡單或複雜的生物，但或許整體數量仍遠少於地底的所有微生物。若真如此，微生物就是目前地球上數量最多的生物。

嗜極生物所能生存的深度極限紀錄，因新的發現而不斷改寫。一九九七年時，紀錄是地表下二・八公里，但沒過多久，有人自南非一個礦坑中採集到新的樣本，改寫了這項紀錄，新的紀錄是三・五公里。這種「地底生物圈」中的居民有幾項生存的必要條件，就是水、孔洞以及養分。孔洞是指居住的縫隙必須夠大，讓地底微生物得以存在。因為嗜極生物對壓力已經十分習慣，在這種深度中幾乎不會受到任何高壓的影響。

在地底生存的嗜極生物自居住的岩石中攝取養分。沉積岩中的養分來自沉積過程中所含納的有機物質。地底生物圈中的微生物（生活在沉積岩中的微生物）吸收這些有機物質，然後轉化為生存所需的能源和要素；氧化鐵、氧化硫和氧化錳也是養分。因此對某些古菌和細菌而言，住在沉積岩中沒有什麼困難。然而，生活在火成岩中則較為不易。

玄武岩之類的火成岩中（由岩漿冷卻硬化形成），沒有或很少有有機物質，因此當美國華盛頓州的科學家於哥倫比亞河盆地中，發現一大群的微生物在古玄武岩中繁殖，真的十分訝異。在一九八〇年代，來自貝托實驗室的微生物學家史帝文斯和麥金利察覺，這些岩石中有許多細菌，能藉由分解岩石裡的氫氣和二氧化碳直接取得碳和氫，自行製造出所需的有機化合物。這種合成作用會產生副產品甲烷，所以這些細菌稱為甲烷族。在這種情況下，這些古菌算是自養型生物，也就是能利用無機化合物製造本身需要的有機物質。而其他非自養型、只會消耗有機物質的微生物，與自養型生物生活在一起，就會去攝取這些自養生物所製造的有機物質。這種生態系就像深海裂隙的生態一樣，完全無須倚靠太陽能，也就是不需要生活在地面上，也不需要光。這些特殊的群落已有個或許可說十分恰當的名字，就是「地表下自營微生物生態系群落」（SLiME communities）。因為整個群落生存於地殼中的黑暗地帶，有的地方甚至極熱，顯示陽光並非維持生命的必需品；這是各項與生命可存活範圍的相關研究中，最重要的發現之一，意謂即使在遙遠且冰冷的行星上，如冥王星，地殼下溫暖的內部中可能也有生命存在。距恆星甚遠的行星和衛星或許有嚴寒的地表，但內部會因原子核的放射性衰變和其他各種作用，而擁有熱能並保持溫暖。

岩石中的微生物群落可能在母岩中生活數百萬年。一開始牠們是透過流動的地下水進入火成岩中。有些微生物的情況是，地下水後來被截斷，但身處岩石深處的牠們仍繼續存活。科學家認為來自美國德州泰勒斯維地區的細菌樣本已有八千萬年的歷史，一直以來都以極緩慢的速率成長和發展。這些細菌在恐龍稱霸地球時進入堅硬的火成岩中，留存在那裡，沒有和地球其他生命接觸，直到人類挖掘深井才重見天日。此類微生物中有些已經適應養分極少的環境，且能承受長時間的禁食。

嗜極生物不僅習慣高溫和高壓的環境，在人類所謂太冷而不適合生物生存之處，也有微生物的蹤跡。在極度冰冷的環境中，所有的動物最終都會停止活動；動物的身體在以低於冰點的溫度冰凍時會進入假死狀態，新陳代謝也會中止；但有的嗜極生物沒有這些問題。美國華盛頓大學的微生物學家史塔利發現，有一群新的嗜極生物生活在冰山和其他海冰中。過去人類一直以為這些地區太過寒冷，不會有生物存在，但生命找到了生活在冰中的方法。因為太陽系的許多地方都覆蓋著冰層，這項發現對天體生物學家而言，有如找到嗜熱微生物一樣，既令人興奮又與他們的研究息息相關。另外，有的嗜極生物偏好不利於較複雜生命的化學條件，像是極酸或極鹼的環境，或鹽分濃度極高的海水。

接觸火星

一九八四年十二月二十七日，在南極洲的艾倫希爾斯地區發現了一塊大石頭，就是現在知名的火星隕石ＡＬＨ八四〇〇一，這促使更多人加入嗜極生物的研究工作。這塊宇宙岩渣在找到後便立即歸檔，然後被遺忘了十年之久，但最後終於經過再次檢驗，認定它來自火星。美國航太總署的一組科學家立刻開始調查，研究結果在一九九六年八月七日公布，受到萬眾矚目；當時科學家宣布了一項驚人的事實，也就是這塊岩石中或許藏有火星微生物的化石。

美國航太總署的科學家提出了許多證據來證明這項驚人的結論；其中最引人注目的就是隕石中類似細菌化石的小型圓狀物體。為何火星上不可能有生命呢？今日火星表面的情況極不利生命生存，不但紫外線輻射量高、缺水，且氣溫極低。火星探路者號的歷險，似乎只證實了這個行星不適於生命居住，即使對承受力高的嗜極生物也是如此。但火星地表下的情況又是如何？或許生命存活在火星的地底，在那裡火山活動所產生的熱液能創造出小型綠洲，住滿了古菌，形成地球地底生物圈的翻版。

而且，即使現在火星上完全沒有生命，但過去呢？自從海盜號在一九七六年降落火星後，科學家已經知道：在過去，火星至少曾在短期中有著比現在厚上許多的大氣層，且當時地表有水。三十億年前，火星可能因為大氣的包圍而較為溫暖；這種環境條件對動物來說仍是太嚴苛，但就現在我們對地球上嗜極生物的了解來看，早期火星的環境對微生物繁殖十分有利。嗜極生物需要水、養分和能量來源，這些在當時的火星上都可能存在。或許今日的火星上沒有生命，然而大家可以從火星的化石紀錄中知道許多早期火星的狀況，化石中或許能找到等同於地球嗜極生物的火星生命。哈佛大學的諾爾指出，就古老岩石而論，火星的化石紀錄或許會比地球來得完整，因為火星上很少有侵蝕作用或板塊運動，不會抹去數十億年的化石紀錄。諾爾甚至曾告訴我們應該到火星的哪些地方去尋找化石：去古老的「亞玻里納利錐狀火山」，峰頂發白的部分有人認為是氣體逸出後形成的礦物，或去名為道瓦利的地區，該處一座古老火山的側面有一道溝渠，顯示熱水可能曾自火星內部的熱液系統湧出；當地的礦物或許藏有豐富的古代火星嗜極生物的化石。

「適居區」的條件

發現嗜極生物讓地球殊異假說有了第一部分的立論基礎。在地球上，過去大家認為太熱、太冷、酸鹼度或含鹽量太高的地區，幾乎都有嗜極生物；顯示生命，至少微生物形態的生命的棲地範圍比以往眾人所認定的更寬廣許多；這是生命或許遍布宇宙（且因此可能遍布太陽系中）的最有力證據。但找到嗜極生物還有第二項重要意義：在一大氣壓下，攝氏零度至一百度是液態水得以存在的條件，過去大家以為適居區就必須擁有這種條件，但嗜極生物顯示了生命除了能在攝氏零至一百度中生存，也可以在更高或是更低的溫度中存在，這令原本適居區的觀念顯得過時。在我們的太陽系中，只有地球的地表上有水（或許木衛二上也有），因此若假設只有有水的行星上才有生命，就必須下結論說，只有這兩個星體有生命。嗜極生物讓眾人修正這種想法。在第二章檢視適居區觀念時，讓我們將此牢記於心。

第二章 宇宙的適居區

地球只需朝太陽，或說恆星的方向移動數百萬公里，微妙的氣候平衡就會遭摧毀。南極的冰帽會融化，淹沒所有低地；或海洋會凍結，整個世界從此鎖在無盡的冬季中。

——亞瑟．克拉克，《與拉瑪會晤》，一九七三年

位置！位置！位置是好萊塢電影成功的祕訣，是賣出房地產的要件，也是生命散布宇宙的關鍵。宇宙中有許多地區明顯不適合生物生存，只有少數地方可能成為生命賴以存活的綠洲。空曠的太空、恆星的核心、嚴凍的氣體雲和氣體行星如木星的「表面」，必定都沒有生命。我們無法明確掌握生命生存的環境限制，但觀察地球生命的所需條件得以讓人類有所根據，預測宇宙何處可能會有生命。此外，我們也明白自己懷有偏見，身為地球的居民會以地球的角度來看全宇宙，認為地球似乎是個近乎完美的棲息地。

的確，地球的位置是生命出現的最基本條件之一，地球與太陽之間的距離看起來十分理想。任何行星系統中，與恆星有段間隔之處，都有可能出現類似地球現狀的地表環境。所謂「適居區」，意指行星系統中的一個區域，在那裡可能找到如地球般生物可以居住的行星；要決定何地為適居區，也就是天體生物學家所說的HZ，首先要看的就是該地和恆星間的距離是否恰當。適居區的觀念自創始以來一直廣為大家所接受，而且曾是數場重要科學會議的主題，其中一場就是大師沙根在退休前不久親自舉辦的。

適居區的特點為：在此區域中，來自中央恆星的熱能維持行星的表面溫度，讓液態海洋不致完全凍結，也不會沸騰蒸發（參考圖2-1）。適居區的實際寬度取決於我們的判定，端看行星到底要與地球多麼相似，我們才會認定這顆行星是適居的。地球人快樂地生活在近理想的氣候條件中，覺得在極端條件中，諸如沒有海洋或行星被冰封的情況下，生命似乎絕不可能存活；但若地球稍微靠近或稍微遠離太陽一點，上述極端情況就會出現。居住在適居區或行星的「宜人地區」中，有如在寒冷夜晚身處營火旁；試想：在阿拉斯加的育空地區待上一晚，當溫度約攝氏零下七十三度時，你身旁有燒得很旺盛的營火，若睡得太近會著火，但太遠又會凍僵。

天文學家在一九六〇年代開始討論適居區的概念，當時認為適居區的範圍是依外圍的低溫和內緣的高溫來決定。我們在太空中最近的鄰居提供了鮮明的例子，顯示若行星接近適居區、但非位於其中會有何遭遇；行星若比適居區還接近太陽，會變得太熱，金星就是一例。金星的表面熱

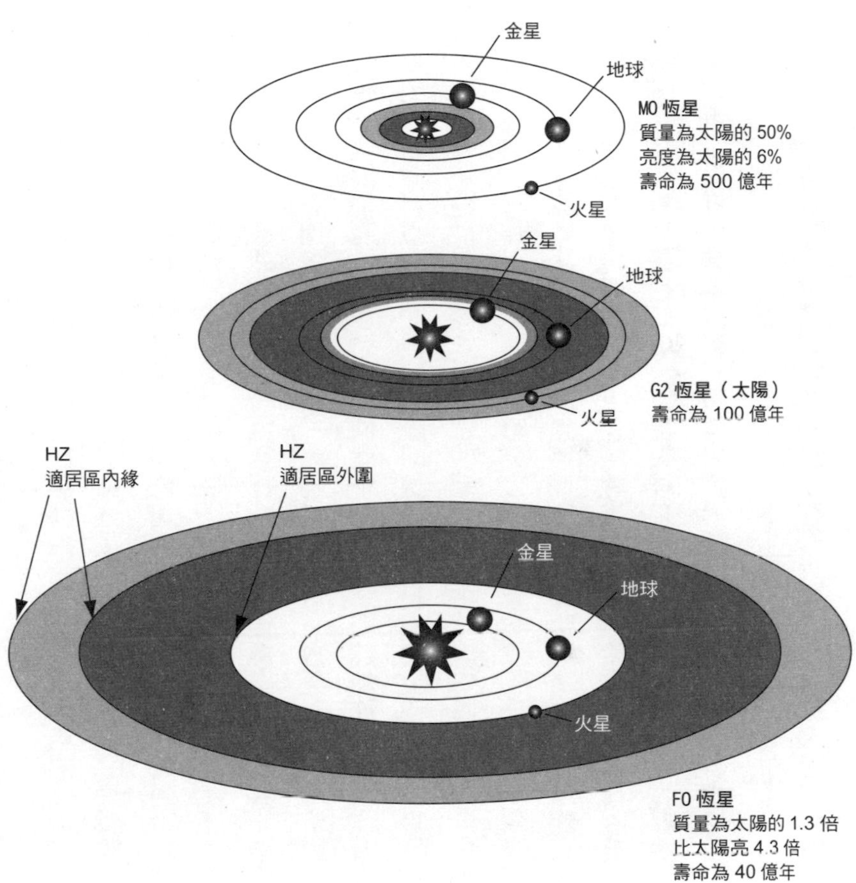

圖 2-1：在比太陽質量稍輕或稍重的恆星周圍時，適居區的模樣。（以凱斯丁、惠特摩和雷諾斯 1993 年的研究結果為基礎）。適居區的冰冷外圍有兩種推估，參考依據為二氧化碳（乾冰）在大氣中開始凝結時的溫度（內圈），和火星在早期曾位於太陽系適居區中的理論（外圈）。判定適居區的炙熱內緣則是根據以下兩者：一為金星上若有任何海洋，早在至少十億年前就已蒸發，一為會產生失控溫室效應的大氣條件。

到幾乎通紅，如果上面曾有海洋早就已經蒸發，完全消散在太空中。

適居區外，溫度太低；如火星，自地表一直到向下數公里的深處都是結凍的。如果地球往適居區外圍移動，或太陽釋放的能量減少，地球的大氣溫度就會降低，全球因此而冰封，然後二氧化碳凝結成「乾冰」微粒組成的反射雲，最後在極冠固結。

在一九七八年，天體物理學家哈特進行精密計算後得出令人驚異的結論，內容包括一項現在眾所周知的事實，亦即隨著時間流逝，太陽會變得愈來愈亮；大約四十億年前的太陽比現在暗約百分之三十。太陽變亮，適居區的範圍就會向外移，因此地球會愈來愈接近適居區內緣。在太陽系存在期間，地球自現在所在位置至離開適居區所經過的這個區域，哈特稱之為繼續適居區，又名CHZ。根據他的計算，若在歷史中的某一刻，地球與太陽間的距離增加了百分之一，地球上就會出現失控的冰河作用；若減少了百分之五，就會發生失控的溫室效應。這兩種結果都是無法挽救的，一旦地球遭到冰凍或是溫度急速上升變得有如熱鍋，都不可能有回頭的機會。現在大眾普遍認為，冰凍的行星可能會因中央恆星持續變亮，而變得適於居住。若地球的軌道較現在更為橢圓，轉圜的餘地甚至還會更小。哈特的研究結果顯示，太陽四周的繼續適居區驚人地窄；而在質量更小的恆星附近，甚至沒有繼續適居區。這意味著行星要擁有和地球一樣的海洋和生命的確很困難。

現在一般認為哈特的繼續適居區範圍太過狹窄，因為他並未考量到數種效應，其中之一為後來發現的重要化學作用，也就是所謂的二氧化碳－矽酸鹽循環。在地球上，此循環有如溫度調節器，讓地球溫度保持在「健康」的範圍內。平常陽光會增加地球的熱度，但這種作用能維持地球表面的適居溫度。二氧化碳是少量氣體，只占大氣的百萬分之三百五十，但二氧化碳也是「溫室」氣體，會吸收紅外線，減緩熱量逸回太空的速度。若無溫室效應，地球表面溫度會比現在低上大約攝氏四十度。二氧化碳－矽酸鹽循環（又名：二氧化碳－岩石循環）的自動調溫功能是因風化作用而發生，本書稍後會詳加說明。假如地球變暖，風化作用會增加，移除大氣中的二氧化碳，造成地球溫度下降。在地球太冷時，風化作用和二氧化碳的流失量會減少，而火山繼續釋放二氧化碳，導致地球暖化。這種重要的反回饋系統加寬了繼續適居區的範圍，但因為科學家尚未完全了解整個行星上二氧化碳－岩石循環作用的成效，所以繼續適居區的疆界難以釐清。利用這項新資訊，天體生物學家凱斯丁和同僚將適居區定義為「恆星周圍的一段區域，其中出現似地球的行星（具同等質量），行星具有含氮、水和二氧化碳的大氣，氣候適宜讓居住在地表、以水維生的生命生存。」在一九九三年時，他們推測繼續適居區的寬度非〇．九五AU，而是一．一五天文單位（AU代表地球到太陽的距離，亦即一億五千萬公里左右）；這項結果比哈特的估計寬了許多，但仍十分窄小。

在天體生物學中，適居區的觀念十分重要；但位於適居區內，並非生命出現的必要條件。生命能在恆星適居區以外的地方生存。若太空船的供給、動力和設計均十分「完善」，太空人幾乎能在太陽系的任一地生活，並且（在這種情況下）在寬廣、空曠的宇宙中任一角落存活。另外，發現嗜極生物讓科學家開始採用全新的角度來研究適居區，和短短數年前完全不同。一般定義的適居區，其實是動物的適居區，而居住在地底、只需少許化學能量和水的嗜極生物，也許能在適居區外多種環境中生存，包括行星、衛星，甚至小行星的地表下。木衛二即是個好例子；這個隸屬木星的衛星可能有個地下海洋。對微生物來說，即使木衛二和傳統定義之適居區相差甚遠，或許仍是個好居地。

我們認為適居區的概念應該加以擴展才能包含其他範疇。對如地球的行星而言，動物適居區意指與中央恆星有恰當的距離，區中類似地球的行星能保有液態海洋，且全球平均溫度維持在攝氏五十度以下；這個溫度似乎是動物能承受的最高極限，至少對地球上的動物來說是如此。因為即使行星的表面溫度高達沸點，水仍能存在，因此表面有液態水的行星（適居區的原始基準）可能溫度仍太高，不適於動物生存。所以，相較於哈特、凱斯丁以及其他天體生物學家所謂的適居區，動物適居區的範圍有更多的限制。而假如是考慮現代人能生存的區域，如能耕種足夠米麥以餵飽數十億人的行星，範圍甚至會更狹窄。較寬廣且較能確定邊界的是微生物適居區，亦即恆星四周微生物能生存的所有範圍，這幾乎涵括了整個太陽系，而且此適居區自行星形成後不久即開始擴展，直至今日。其他主要生命類別的適居區也能加以判定：高等植物的適居區會比動物要寬，但比微生物來得窄。

雖然適居區是以和中央恆星的距離來衡量，但也必須考慮時間因素。在太陽系中，適居區有明確的寬度；太陽持續變亮時，適居區向外移動，地球最終會離開適居區的範圍，而溫室效應讓地球變得更似金星。在十至三十億年後，這種情況就會發生；地球處於適居區中的時間總共大約是五十到八十億年（參考圖2-1）。質量更高的恆星演變速度會更快；這些恆星的適居區位於更外圍的地方，存在的時間更短。至於質量比太陽多百分之五十的恆星，因為壽命太短，沒有足夠時間發展出如地球上的動物生命。

需要長久的時間，也就是數億至數十億年的時間，才能演化出複雜生物，因此動物和微生物適居區代表的不光是空間，還有時間。很明顯地，我們新定義的動物適居區受限最多，但矛盾的是，如此才令最多樣的生命得以演化。地球處於這個動物適居區中，但金星（具有如地獄烈火般的表面溫度）和火星（有著凍寒的地表和稀薄的大氣）在數十億年前就在這個區域之外了。相較於地球的軌道，金星近了太陽百分之三十，火星則遠了百分之五十。就陽光的強度而言，太陽在金星上的亮度高達地球的兩倍，而在火星上則只有一半。

放逐至適居區外的行星

了解更多各式星球系統的互動後，會更加明白行星有時會被扯離中央恆星的引力範圍，而拋擲到黑暗的太空中；這種行星拋射最常導因於巨行星間的互動。雖然我們太陽系中行星的軌道在數十億年以來未曾明顯改變，但行星之間的確有互相影響，而軌道實際上也有變化。一般來說，行星系統在數十億年中並非必然處於重力穩定的情況。假如土星較靠近木星，或土星的質量增加，兩行星之間長期的貓抓老鼠重力遊戲，可能會導致此二者之一被拋擲出去，逸入星系之中。假如土星不見了，木星仍會待在太陽系的軌道中，但軌道會變成怪異的橢圓形。近來有人發現繞行其他恆星的某些巨行星有著極橢圓的軌道，原因可能是在很久以前，這些巨行星有某個同伴被拋射了出去。在兩顆恆星（及其行星）互相繞行的雙星系統中，行星也可能被拋擲出去。

雖然乍看之下我們會覺得對行星上的任何生命來說，行星被拋離中央恆星就等於大家都被判了死刑，但事實可能並非如此。我們再次強調，嗜極生物能在寒冷太空中存活。此類被拋擲出去的行星沒有恆星，沒有軌道運動，也沒有「陽光」，而且表面或許會極度寒冷，接近液態氦的凍寒溫度。

任何自行星系統中拋離的行星會處在最怪異的狀況中：沒有鄰居，也沒有永久的熱源來溫暖地表。自星球表面唯一能看到的，會是恆星持續掃過永遠黑暗的夜空，這種景象會單調地持續數十億年之久。孤星的表面溫度會下降；然而在行星內，放射性核心仍會產生熱能。在這種情況下，地底深處的生物圈會繼續存在。

雖然被拋離出去的行星可能不利於生命生存，但四周繞行的大型衛星前景倒是蠻受看好的。

假如木星及其四顆大型衛星被拋射到太空中，可能會出現非常有趣的棲息地，不只能讓微生物繼續存活，也可能讓牠們有演化的機會。試想在木衛二之類的大型衛星上，生命開始演化的情形：木衛二與太陽間的距離是地球的五倍，所以得到的太陽熱能只有二十五分之一，造成表面溫度接近一百五十絕對溫度（K）。這是個凍寒、冰封的世界，表面上不可能有生命存在。然而儘管木衛二地處偏遠，許多人仍視其為太陽系中最可能有生命的環境之一，因為在木衛二的冰層以下十之八九有著溫暖的液態海洋。雖然木衛二距離太陽很遠，但因木星和其他大型衛星的重力潮汐作用，木衛二的內部物質相互摩擦，產生可觀的熱能。木衛二的冰凍地殼下有重要的海洋，假如其中已出現生命，這種特殊的環境也能讓生命在寒冷的太空中繼續存活。

其他星球系統的適居區

適居區的概念或許在應用到太陽以外的恆星時最為有趣。恆星的亮度會決定適居區的位置，但亮度則取決於恆星的大小、種類和年齡。

對質量大於太陽的恆星而言，適居區隨著時間向外遷移的速度會快上許多，而且持續時日也短得多。質量較大的恆星壽命較短。太陽自成形開始算起，應該能維持將近一百億年的穩定狀況，但質量比太陽大百分之五十的恆星，在僅僅二十億年後即進入紅巨星階段。恆星變為紅巨星後，亮度會增加一千倍，而適居區會自原本的位置外退許多。我們已經知道，質量為太陽一．五倍的恆星壽命太短，動物沒有機會像在地球上一樣從容演化。對質量較大的恆星來說，適居區距離會較遠，或可能完全沒有適居區。質量較大的恆星溫度較高，且實際上放射出的紫外線也比太陽更多。紫外線會破壞多數生物分子的鍵結，生命要留存，就必須避免紫外線的傷害。對似地球的行星而言，紫外線也可能破壞大氣層；大氣層的頂端吸收許多紫外線，成為高空主要熱源，導致大氣消散。太陽的實際表面溫度是五千七百八十絕對溫度，以紫外線形式釋放的能量不到總能量的百分之十；相反的，溫度較高的恆星如天狼星，大部分放射的能量都是以紫外線的形式釋出。大氣散失可能造成的結果是：具有海洋和大氣、與地球類似的行星，無法形成於質量較大的恆星周圍。繞行較大恆星的行星除了壽命較短外，還須面臨上述的大氣問題。

常有人說太陽是顆典型的恆星，但這絕對是錯誤的。百分之九十五的恆星質量小於太陽，光是這個事實，就讓我們的行星系統顯得十分特別。質量較小的恆星由於數量遠多於質量較大的恆星，因此十分重要。對質量小於太陽的恆星而言，適居區的位置更接近中心。

我們的銀河系中，最常見的恆星為M型恆星，質量只有太陽的百分之十。這些恆星比太陽黯淡得多，四周繞行的行星必須非常靠近才能有足夠的溫暖，以維持地表的液態水。然而太接近天體卻有危險；行星靠近恆星時（或衛星靠近行星時），來自恆星的重力潮汐效應會造成同步自轉，也就是說行星繞行恆星的公轉周期和自身的自轉周期會是一樣的，因此行星永遠以同一面面向恆星（這種潮汐鎖定讓月球永遠以同一面面向地球）。同步自轉會令行星的黑暗面極為寒冷且導致大氣消失，若行星的大氣極厚且日夜變化少，可能會逃過這種命運；但繞行低質量恆星的行星，除非大氣中二氧化碳的含量極度豐富，否則大氣仍會因寒凍而散失，不適於居住。

因此我們可以觀察銀河系中的許多恆星，看它們是否適於生命繁殖，或更進一步的，是否有適居區。比如說，在雙星或多星系統中，會有兩個以上的恆星跳著複雜的軌道之舞，適居行星可不可能繞行其中？在這種環境中，是否可能發現軌道穩定且溫度變化較為和緩的行星？甚至，行星是否能在這種情形中生成？這些問題都和探索地球外的生命極為相關，原因在於：在太陽系鄰近地區，和太陽相似的恆星中大約有三分之二左右位在雙星或多星系統裡。天體生物學家海爾發表過許多有關雙星或多星系統適居性的文章，認為「要預估銀河系中可能蘊含生命的行星數量，必須考量鄰近恆星對行星可居性的影響。」

有兩種情況可以考慮：一為恆星（雙星或多星系統之恆星）的組成成分彼此非常接近，而行星繞行兩顆或所有的恆星，另一為恆星的成分相差甚遠，而行星繞行在其中一顆恆星四周。但行星到底能否在這種星球系統中形成呢？最近一些研究推論，行星或許無法在雙星或多星系統中形成，除非恆星之間的距離是地球到太陽距離的五十倍以上，或說相距五十天文單位的距離，但這點尚未獲得證實。海爾認為多星系統中，只有伴星相距少於約三萬兩千萬公里，或超過十六億公里的時候，才會出現穩定的軌道。當然，若行星的確在此類系統中形成，軌道會受到兩顆或更多天體影響。

最要緊的問題是，是否一日行星在多星系統中生成，就能有穩定的軌道？生命出現（至少在地球上）似乎需要長期穩定的環境，因此要有穩定的軌道。行星若在極橢圓的軌道中運行，會不斷進出繼續適居區，結果就是微生物可能得以出現，甚至繁盛，但對動物而言，這類環境大抵會是致命的。在此種系統中，行星可能生成，但軌道會受到不只一顆恆星的重力干擾，最終導致行星被拋離，或是掉落到其中一顆恆星上。

多星系統做為生命棲息地的第二個問題是日照（行星接收的恆星能量）。杜爾在一九七〇年出版的《人類適居行星》中提出突破性的觀點，他推論說，行星於各時接收的能量可能有所差異，差距甚至達到百分之十，但不會影響行星的適居性。（這點也是值得商榷的：我們太陽釋放的能量也有變化，但變化率遠低於百分之十，然而即使是這些輕微的波動，仍令氣候產生重大變化，嚴重影響到生命的演化。）行星若和伴星運行在相同平面上，在恆星互相遮擋而產生虧食時，行星的日照也會受到影響。

最後，在多星系統中，行星居民還必須處理兩個以上恆星的日照量轉變問題。我們太陽的亮度會隨時間增加，令適居區向外移動。若兩個或更多恆星發生同樣情況，適居區往外的速度可能加快。雖然這或許不會對微生物有負面影響，但卻可能阻礙動物興起。結論是，多星系統中似乎可能出現生命，但或許並非動物生命。和單一恆星相較，多星系統絕對是較不利於動物的棲地。

其他種類的恆星或許更不適合做為生命棲地。變星的日照改變迅速，所以當然不是會出現動物可居行星的適當星選（雖然我們再次強調，假如有行星形成，微生物可能取得並維持立足點）。異常的星體如中子星和白矮星附近，大概沒有生命能夠存活。

恆星數（每單位體積空間中的恆星數量）非常高的區域中，情況又是如何？此類地區包含疏散星團和球狀星團。疏散星團因為太年輕，不可能成為動物的棲地。多數疏散星團由較新的恆星組成，生命（至少如高等植物和動物等之先進生命）尚未有機會可以發展。許多疏散星團在星系內運行數圈後就會散開；其他星團雖壽命較長，但也有問題。因為鄰近恆星十分靠近，行星的軌道會受到干擾，導致行星被拋離，或進入極橢圓的軌道中，或甚至墜落到恆星上。

在球狀星團中，恆星的密度極高：有的球狀星團可能在約數千光年寬的範圍中，有多達十萬顆恆星。最靠近我們的恆星是半人馬座之比鄰星，距離地球有四．二光年之遠。在距太陽十三光年的範圍內，已知恆星共二十三顆；在球狀星團中，同樣的距離可能出現一千，甚至更多的恆星。例如，M15球狀星團在僅二十八光年的範圍內，就有三萬顆恆星。這種星團中的行星會面臨永晝的情況。在這些區域裡或許有可居住的恆星系統，但和彼此間較為分散的恆星相比，此類區域中數量龐大的恆星會讓行星的處境更加危險，更不利於維持動物生命；這些地方有太多的輻射和微粒，且因重力改變而影響到行星軌道的可能性太高。處在恆星高度集中的區域，鄰近恆星成為超新星（爆炸）或散出大量輻射的風險會增加。球狀星團的第二項不利條件是，這些星團由年老(因而重元素稀少)的恆星所組成，所有的恆星年歲大致相同。因為缺少「重元素」如碳、矽和鐵，和地球大小相當的類地行星不可能形成。這些重元素不但是生命棲地存在的重要條件，也正如我們所知，是建構生命的要件。

即使有些恆星能產生地球般的行星，質量等同於太陽之恆星也會因為年齡太大，以致於附近的適居區已退到內行星之外的地區，因此球狀星團可能沒有任何生命；這個結論證明了人類對宇宙中生命界限的了解已有實質進展。在一九七四年，由德雷克領軍的一組天文學家向M13球狀星團發射了無線電訊號，希望M13星團的三十萬顆恆星附近，會有其他的無線電天文學家能收到這個訊息。僅僅數十年後的今日，我們明白了無線電訊息要到達M13，會是距今大約兩萬四千年後的事，到時不可能有任何人在那裡接收信號。如果實驗重來，信號會送往較可能有行星和生命的恆星。

至於其他星區的情形，我們只能推測。恆星持續形成，成形時的某個條件是否會增加或減少這些恆星系統的適居性呢?在有新恆星的區域，行星是否會出現生命?星雲中心的恆星系統情形又是如何?這些地區是否對生命不構成任何影響?還是大量的星際氣體對生命的出現或生存有某些影響?我們的太陽可能是形成於密度低的星團中，且星團在太陽出現後不久即散去，因而木星、土星、天王星和海王星的軌道不致崩解。

星系之適居區

適居區的概念也適用於我們的銀河系。我們與其他幾位天體生物學家推測，從銀河系中心向外推，有適合生命居住的地理區域，類似恆星周圍的適居區。銀河系屬於螺旋星系（其他還有橢圓及不規則星系）。大部分的星系中心恆星密集度最高，然後漸次向外減少。從上方看，螺旋星系為圓狀碟形，並有旋臂向外伸展，但從側邊看則極為扁平。銀河系的直徑大約為八萬五千光年。和星體密集度較高的中心相比，旋臂的星體密集度極低，而我們的太陽便是在旋臂之間，距離銀河中心約二萬五千光年。在這樣的位置中，我們緩緩地繞行銀河系的中央軸。就像是行星繞行恆星一樣，我們和銀河中心的距離大致上保持一致，能有這種結果全憑運氣。太陽正巧位在銀河系的「適居區」內。我們推測「星系適居區」的內緣界線，是由密集的恆星、危險的超新星，以及在銀河系中心區域發現的能量來源而定；而界定外緣的物質則大不相同：並非能量的多寡，而是發現的物質種類。

我們現今只能大略指出這片適居區的界線，此區域的內部界線當然是由中心附近發生的天體大變動所定，但我們仍無法知悉這條界線與銀河中心的距離。這段距離可能長達一萬光年，也可能更遠。但是至少我們有了模糊的概念，知道界定內緣範圍的那股力量為何。生命既複雜又脆弱，過冷或過熱、大量的γ射線、χ射線，或其他的離子輻射，都能輕易摧毀生命；而所有星系的中心都具備這些有害條件。

星系中有許多致命的星體，中子星便是其中一種，又稱磁星。這些塌縮的恆星很小，密度卻是驚人的高，會向太空釋出χ射線、γ射線以及其他帶電粒子。因能量會隨距離的平方消散，所以這些物質對地球沒有危害；但愈接近星系中心，這些物質的量就愈多。星系中心有許多恆星，其中有些是致命的中子星，因此中心附近最不可能有我們所知的任何生命。

另一項更大的威脅來自爆炸的恆星，也就是超新星。恆星由於年歲漸增，會燃盡內部的氫，最後向內縮塌，有些在縮塌後會挾帶驚人的能量向外爆發。超新星爆炸可能會掃光方圓一光年之內的所有生命，且其影響會遍及三十光年外行星上的生物。星系中央的恆星數量眾多，增加了與超新星為鄰的機會。由於鄰近太陽和地球的恆星稀少，因此我們才安然無事。

星系適居區的外圍區域是由星系的組成元素界定。星系最外部的重元素含量較低，這是由於恆星的形成率較低，因此元素的形成率也不高。比氦重的元素的相對豐度，由星系中心向外漸減。星系外圍的重元素豐度可能太低，無法形成大小與地球相當的類地行星，因此地球這一類的行星無法在銀河系外圍形成。在下一章我們會看到，地球核心由固／液態金屬組成，其中有些放射動物質會釋出熱能。這些特質都是動物生命發展的基本條件：金屬核心形成磁場，保護地表不受太空輻射的侵擾，而地核、地函和地殼的放射性熱能則促成了板塊運動，在我們看來，這也是維持星球上動物生命的要件。

不只是地球在銀河中的位置極為特殊；就連銀河系呈螺旋狀而非橢圓形這點，都可能是偶然的運氣（至少從生命有無的角度考量）。橢圓星系含有少量的塵埃，因此很少有新恆星形成。在橢圓星系中的恆星大部分都和宇宙同齡。這些星系重元素豐度低，雖然可能有小行星和彗星形成，但是否有夠大的行星則令人質疑。

宇宙適居的地帶與時機

由於我們在宇宙中的生存限制和時間有關，因此必須從時間的角度來探討：宇宙是否有適合居住的時機？在接下來的篇章中，我們會知道生命（至少就人類所知的生命來看）需要許多重元素，而這些元素產生於大霹靂（約一百五十億年前，宇宙誕生之初）之後。二十六個元素（包括碳、氧、氮、磷、鈉、鐵和銅）是高等生物的主要建構物質，而其他元素（包括放射性重元素，如鈾）則為次要角色，在地球深處產生熱能，是生命所需的間接條件。這些元素都從恆星中心產生，通常生成於恆星或超新星爆炸中，而非在大霹靂時形成，因此在宇宙形成之初的二十億年或甚至更長的時間裡，這些元素的豐度並不夠。接著就時間方面來看，宇宙的「適居區」是在這二十億年之後才開始形成。宇宙早期歷史中的要角，是名為類星體的天體，本身極危險。

早期宇宙必定毫無生機，至少沒有高等生命。很明顯地，只有在特定時機裡，才能形成和地球類似，且擁有適當的條件維持高等生命的行星。地球的地質活動透過岩石的二氧化碳循環，成為控制大氣溫度的重要因素。驅使這些活動的能量，來自於鈾、釷與鉀原子的放射性衰變。這些元素生成於超新星爆炸中，而元素生成率會隨時間增加而逐漸降低。在銀河系中，現在生成的恆星所含的放射性同位素，比四十六億年前太陽生成時的少。現今形成於其他恆星周圍、和地球一模一樣的行星，很可能沒有足夠的放射性熱能來驅動板塊運動，而板塊運動卻是穩定地表溫度的重要作用。

我們主要是根據時間來界定宇宙中可居住的地帶，這種說法雖然有趣，卻仍顯不足。宇宙中是否有地理上而非時間上的部分，是有益或有害於生命的？我們能看出行星系統以及銀河系裡對生命有利或有害的區域，如果能畫出宇宙地圖，是否也能標示出這些區域？換句話說，生命是遍存於宇宙中，還是只分布於某些區域裡，而其他地區則為一片荒蕪？我們目前仍無法回答這類問題，但至少我們已能根據一些偉大的新發現提出上述問題了。

一九九五年十二月，有整整十天，繞行地球的哈伯太空望遠鏡都將焦距定在太空中的一小塊區域，一共拍了三百四十二張大熊座，也就是北斗七星附近的照片。科學家仔細檢視此區域：從地球看，這塊區域的大小只有月亮的三十分之一。這片小小範圍中的目標區域，如今稱為「哈伯深空」，其中布滿了星系；哈伯深空成為探究遙遠已知星系的最佳管道。

從這十天的攝影中，我們得到了豐碩而有突破性的了解。這些照片中的星系亮度比之前觀測到的星系微弱三到十五倍，由此可知照片中星系的距離更為遙遠。照片中可辨識的星系超過了一千五百個；這些微弱星系的亮光，來自於遙遠的過去，遠早於我們的銀河系與太陽誕生之前。這些照片中距離最遠的可見星系，大約形成於宇宙誕生後的數十億年間，因此生命的形成可能早於任何地方。這些星系中的恆星不可能有像地球的行星，因為建構此類行星的重元素還不夠充足，因此我們看到的可能是生物形成前的宇宙。

觀察哈伯深空所得到的另一項結果是：老星系的形狀比年輕星系更為不規則。和距銀河系最近的星系相比，百分之三十至四十的最遠星系（也因此是最老星系）形狀奇特或不規則。早期宇宙中的星系迥異於年輕星系。星系形態是否會影響適居性？而適居性又是否會隨著時間改變？

另一個更為驚人的結果是：照片中的許多星系與地球的距離，居然都在某數值範圍之內。星系似乎分布在類似泡泡形狀或扁平狀的宇宙中，彼此間有極大的真空空間。我們可能會問，星系中是否有較利於或不利於生命生存的地區？在各星系中，決定對生命有利與否的關鍵，可能是重元素的豐度。在缺乏金屬的恆星周圍形成的行星可能會太小，不足以保留海洋、大氣層或產生板塊運動。缺乏金屬的行星無法支持或維持動物生命，詳細原因會在其後的篇章中討論。目前已知該處所有星系都缺乏金屬，因此也可能沒有動物生命。

行星適居性的終了

在地球絕大部分的時間裡，生命形態皆限於肉眼無法看見的微小生物，如不經細查，很可能會認為這是個無生命的星球。在其他的行星系統中，原始生命可能繁衍，但卻無法進化到能夠出現森林或飛禽。壽命短的恆星、不穩定的行星大氣、軌道或自轉軸的改變、大滅絕、撞擊、地殼變動、板塊運動停止或其他許多問題，都會終止高等生物的演化或長期生存。而就地球本身來說，也只在最後百分之十的時間裡，才有複雜生命型態繁衍。

如果其他恆星周圍的行星上真的有高等生物，那麼或許最能預期的一點，便是這些生物都有大限之期。最終所有的生命，或甚至是某些行星都會滅亡。就像生物一樣，行星及其大環境也都有一定壽命。所有擁有生命的行星最後都會消失。這種結果可能是導因於外界因素，像是撞擊或鄰近的超新星爆炸；也可能受內在因素影響，像是大氣或生物性的變動；若這些情形都沒有發生，行星亦可能因為中央恆星亮度增加而滅亡。地球最終的命運是：所有的生物都被烤焦而死亡。太陽漸漸地愈來愈亮了；現今的亮度，比地球早期時增加了百分之三十。此後的四十億年，太陽的亮度還會加倍。即使生命度過了如此磨難，很快的還是會滅亡。大約四十億年後，太陽會開始急速擴張變大，亮度也大為增加。接著太陽成為紅巨星，就像天蠍座的天蠍座α星以及獵戶座的獵戶座α星一樣。十億年後，太陽的亮度會增加五千倍以上。

在這些變化開始時，地球的海洋便會蒸發，把我們珍貴的用水散至太空中。太陽在成為紅巨星的最後階段，會擴張到接近地球軌道的地方。屆時，宇宙中又少了個宜人的行星了。

結論

不論研究位在銀河系、宇宙或太陽周圍的動物及微生物適居區，最終都必定會有此結論：地球確實極為罕有。或許該研究中最有趣的發現，是找到了地球罕有的原因：內部豐富的金屬含量以及相對於太陽的地理位置。下一章我們會討論到，富含金屬的地核是地球有利於生命的主因。

第三章 建造適居的地球

地球是目前所知唯一有生物的星球。至少在近期內，仍無其他星球適合人類移居。

——沙根《預約新宇宙》

宇宙中大部分的地方都太冷或太熱、太黑或太亮、密度過高或太低，或組成成分不對，致使生物無法生存；只有表面是固體的行星或衛星，才能如我們所知成為生命生存的綠洲。但即使那些有地表的行星，大部分也都是荒涼且毫無生機。如本書序言中所述，在所有已知的天體中，地球因其物理特性及已證實之維持生命的能力而獨一無二。地球維持生命長達數十億年，這項成就乃肇始於一系列特殊的物理及生物作用。我們主要就是依據對這些作用的理解，來探究他處生命存在的可能。本章會講述地球的形成與發展；了解地球如何擁有形成生命之特性後，便可約略明白生命所需的物質，以及在其他天體上生命存在的可能性。

當然，以地球為例來推斷生命所需的物質的確充滿變數。由於缺乏外星生命形態的知識，我們無法確信自己是否了解在這個星球以外，維持生命所需之最理想或甚至最基本的條件為何。即使地球初生之時是一片荒蕪，但就其後產生之豐富多樣的生物而言，地球的成就是無庸置疑的。生命到底是如何從無至有？是哪些物理特質使地球富含生機？

地球是宇宙中唯一為人所知擁有生命的地方，但其只是銀河系中或許數百萬，或宇宙中數兆，可能有生命的棲地之一。然而，從世人偏頗的角度來看，地球是個極為迷人的星球。這個星球擁有適合的特性，讓已知的唯一一種生命形態得以發展；地球生成於太陽系中最適合生命形成的位置，更經歷了一系列最為特殊和不凡的發展歷程。甚至太陽系裡幾個和地球相鄰的行星，也意外地幫助地球成為適合人居的住所。地球的史前時代史、起源、化學組成與早期發展中，都能發現幾近完美的環境，能成為孕育生命的搖籃。地球能夠維持高等生命的主要因素為何？地球提供了：㈠至少有微量的碳和其他形成生命的重要元素，㈡地表或接近地表的水，㈢合適的大氣層，㈣長期的穩定狀態，其間地表的平均溫度讓液態水得以留存，以及㈤重元素富存於地核，並零星散布於地殼與地函。

事實上，地球是一百五十億年間，一連串巧妙事件的最終產物，這段期間是地球本身壽命的三倍長。有些事件的後果是可想而知的，但有些則較為紊亂，由機運掌控了最後結果。形成生命的過程包括了在大霹靂與恆星中形成元素、恆星爆炸、星雲形成、太陽系誕生、地球成形，以及星球內部、地表、海洋和大氣層錯綜複雜的發展。如果有類似神的生物，能有機會以複製我們的「伊甸園」為目的而計畫這一連串事件，那麼他們的神力會面臨困難的考驗。即使立意頗佳，但由於自然法則與物質的限制，幾乎不可能真正再造一個地球。在地球形成的過程中，有太多地方全然只憑運氣。當然可以造出類似地球的行星，但每一個結果都會有關鍵性的不同，從太陽系中各異的行星與衛星便不難了解這點。這些星體都從類似的建構物質中誕生，但最後的結果卻大相逕庭。這就像我們較為熟悉的動物演化歷程，其中包含許多演化途徑，每一路徑都有複雜而看似隨機的分支點，而引領地球實體成形發展的物理事件，也同樣需要一連串複雜而幾乎無法複製的細節。

任何工程在真正開工之前都需要建材，地球的形成也是一樣，因此第一步便是要蒐集原料。

元素的創造

我們大致了解地球形成後的星球史，但在地球誕生前，仍有一段很長的「史前時代」；在此時最重要的便是化學元素的起源，這些元素是地球和生命的建構基礎。從某種宇宙輪迴的角度來想：我們體內的每一個原子，在太陽形成前可能存在於數個不同的恆星之中，也可能在地球誕生後，曾是數百萬不同生物的一部分。行星、恆星和生物不斷地生死輪替，但其中的化學元素基本上卻是不朽的，在一代代的個體中循環。

在地球及其生物中，除了極小部分的原子外，幾乎所有原子皆是早在地球誕生之前，便由一連串複雜的天體物理作用所產生。星球史前時代史中，最為特別的一點便是元素的形成十分普遍，這些元素都是多數行星生成的基本原料，不論是在何處形成的行星，基本成分都頗為相似。行星及其所孕育出之生物發展可能迥異，但初始所擁有的建構物質都很相似，主要導因於各種化學元素的相對豐度。藉著研究史前史，能夠了解宇宙不同時、地中行星與生物棲地可能形成之範圍。

宇宙發展始於大霹靂，也就是「混沌初始」之時，之後促成了地球和宇宙中其他星體的誕生，甚至最後形成生命。幾乎所有的物理學家與天文學家都相信：大霹靂就是宇宙的起源。整個宇宙從極端高溫與高密度的環境中開展、瞬間生成，接著在擴張時快速冷卻，也變得較為稀薄。宇宙初生的半小時內，從當時環境條件中產生了許多原子，大多仍是現今恆星的主要建構元素，以氫、氦為主，占了宇宙普通（可見）物質的百分之九十九以上。然而大霹靂本身所產生的化學元素種類卻很少，除了氫、氦、鋰外，周期表上的其他元素是少之又少，甚至完全沒有。地球上百分之九十六以上的物質都由氧、鎂、矽、鐵和硫所組成，但大霹靂並沒有產生這些元素。碳是化學上一種特殊的元素，具有多方功能以形成複合分子，是所有已知生物的基礎，但在大霹靂中也沒有碳元素產出。儘管如此，大霹靂卻製造了原料（氫），從而生成其他較重或更關鍵的元素。

宇宙初生的半小時之中，溫度超過攝氏五千萬度。在這樣的高溫中，帶正電的質子（氫原子核）偶爾會互相碰撞，撞擊時產生的能量勝過正電間的靜電排斥作用，因而質子互相融合成為氦；這種單純的核融合過程就是恆星的祕密，這也解釋了夜空並非一片漆黑，地表不會結凍，和行星能夠存在的原因，也是地球生物能量的泉源。核融合作用通常發生在星球內部，也是大霹靂時主要的核反應。在星球中，氫原子融合成為氦的核融合作用，是長期、重要的能量來源，但在大霹靂中，氦的形成只是該元素生成前種種大事件的註腳而已。氫原子融合成為氦（熱核聚變），除了是第一種產生新元素的核反應外，對高等生物而言有利有弊，好處是：核融合是目前已知的唯一方法，能夠用於未來的反應爐中，真正提供先進文明長期的能量來源（就目前的能量消耗率來看，在未來幾千年內，化石燃料和太陽能便會不足，無法供應地球全人類。核融合反應爐利用海水中的氫原子，原則上幾乎能源源不絕地供給全人類所需的能量）；但就負面而言，依據氫原子核融合理論所製造出的炸彈，必定是摧毀全球生命的方法之一。

氫原子融合成氦的核反應，是大霹靂中元素生成的最後一步。在早期宇宙的環境條件中，氦無法形成更重的元素。在溫度夠高，足以產生更重的元素時，空間中的原子密度卻太低，反應機率因而太小。所以在早期宇宙中，不可能有類似地球的行星誕生，因為這些星球的形成需要比氦更重的元素。在宇宙年齡的前百分之十五，亦即約二十億年的時間裡有恆星形成，但卻沒有足夠的灰塵與岩塊讓這些星體擁有類地行星。在現代天文望遠鏡能夠觀測到愈來愈遠的星體之時，事實上我們也愈來愈往回看到宇宙早期的歷史。如果用望遠鏡能探測到生命，我們會觀察到在某距離外，也就是某段時間前有一「死寂區」，當時宇宙中仍無生命、行星，甚至沒有建構生命與行星的元素。

從氦原子形成到行星生成至最後產生生命，關鍵便是碳元素的形成；碳是生命誕生以及恆星中產生重元素的關鍵元素。碳無法在大霹靂後的混沌時刻中生成，因為當時正在擴張的宇宙密度太低，無法發生必須的碰撞。一直到紅巨星出現，其內部密度夠高，足以產生碰撞，碳元素才得以形成。由於恆星只有在生命最後百分之十的時間裡（亦即核心之氫原子使用殆盡之時），才會轉變為紅巨星，因此在大霹靂之後的數億至數十億年間，宇宙中都沒有碳元素，也因此在該時期中，沒有我們所知的生物存在。

碳的形成需要三個氦原子（核）在幾乎同時間內相撞：也就是三方撞擊。實際的過程是：兩個氦原子相撞形成同位素鈹 Be8，然後必須在這個放射性同位素衰變前的十分之一毫微微秒內（1/10,000,000,000,000,000 秒），和第三個氦原子核碰撞產生反應，才能夠形成碳。碳原子的核心由六個質子與六個中子組成，是三個氦原子的總和。一旦碳元素形成，就會有更重的元素跟著產生。較重與較為關鍵的元素在恆星炙熱的核心中產生，那兒的溫度從攝氏一千萬度到十億萬度以上不等。太陽目前只產生氦，但將來，在其生命的最後百分之十裡，產生的元素可能從氦到鈊都有，後者是自然界裡最重的非放射性元素。比鉍更重的元素皆為放射性，多由鈾及釷衰變而來。這些比鉍更重的元素，都是在質量比太陽大十倍的恆星核心中產生，這些恆星會經歷超新星爆炸，過程十分戲劇化，令恆星在數天內亮度增加一兆倍。

在大霹靂與恆星中產生的許多元素，不只是地球和其他類地行星生成時所需的基本元素，也是建構生命的要素，用以形成生物及棲地。其中最為重要的元素為：形成地球結構的鐵、鎂、矽、氧；提供地球內部放射熱能的鈾、釷、鉀；以及提供生命架構與複雜分子化學組成的主要「生命必需」元素，如碳、氮、氧、氫和磷。元素在恆星內部的生成，和在恆星與星際介質間的不斷循環，造成了不同元素間的相對比例，這便是所謂的「宇宙豐度」，是太陽與多數恆星大致的元素組成。其中氫約占百分之九十，氦約為百分之十，碳、氮和氧約各占百分之〇・一，鎂、鐵和矽則各占約百分之〇・〇一（見圖3-1）。地球本身鐵、鎂、矽的相對豐度比例與上文所述相似，而氧也是地球組成的一部分，但其餘的宇宙豐存元素含量則是少之又少。這些相對少數的碳、氧、氫和氮掌控著行星上的生物或生命。

一般說來，人類已十分了解「史前」數十億年的種種歷程及其間地球元素的形成。元素於恆星內部生成，有些會釋回宇宙中，在一代代新生的恆星中進出循環。太陽及其行星的誕生，僅是這些已形成並不斷循環之物質的隨機組合而已。但是一般相信，「宇宙豐度」的化學元素混合，亦即太陽的元素組成，足以代表多數恆星與行星的構成，主要差別僅在於氫和重元素之間的比率。

組成地球的主要原子為矽、鎂和鐵，還有足量的氧，這些氧來自氧化鎂等化合物，能完全氧化多數的矽、鎂和部分的鐵。以重量論，地球的氧含量為百分之四十五，若以體積論，則為百分之八十五。其他的元素含量皆極為稀少，但有些卻有舉足輕重的功用。碳是地球上的微量元素，但如我們所知，其為地球生命的關鍵元素。碳有著豐富的化學特性，這或許也是外星生命的根本。氫也是地球上的微量元素，但卻為地球帶來海洋和所有水體，是地球生物的基本水源。其他重要的微量元素還有鈾、鉀、釷；這些放射性元素的衰變為地球內部加熱，也是地球內部熔爐之燃料，

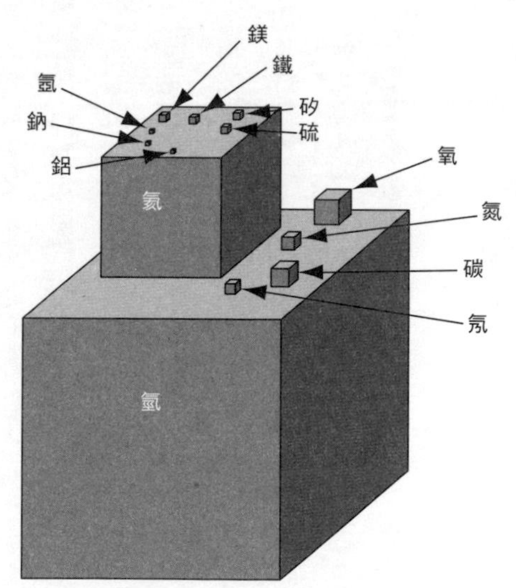

圖 3-1：太陽中主要元素的相對比例圖（以數量多寡排列）。恆星與類木行星主要由氫、氦以及其他位於氫方塊上的元素所構成，類地行星則無法有效吸納這些輕元素，主要由氧以及氦方塊上之元素組成。

驅使火山活動、大陸漂移，並帶動地球內部物質向地表移動。

「宇宙豐度」模式在科學界為人熟知，但事實上，此模式並非如名稱中所隱含的那般具有「宇宙性」。更精確來說，由於該模式建基於太陽與太陽系構成物質的測量數據，因此應稱為「太陽系豐度」模式。許多恆星的組成物質都很相似，但仍有不同，主要差異在於氫、氦與形成地球之較重元素間豐度的相對比例。在這方面，太陽其實較為特殊，和四周同質量的典型恆星相比，太陽所包含的重元素多了約百分之二十五；若與極老恆星相比，太陽的重元素含量可能是老恆星的千倍。重元素豐度大致上和天體年齡有關，隨著時間流逝，整個宇宙的重元素含量會增加，因此新生的星體平均會比老星體更「富含」重元素。銀河系中也有系統性的變化，中央的星體比外部地區的星體更富含金屬（天文用語，泛稱比氦重的元素）。

重元素的豐度會影響行星的質量與大小，因此也是地球殊異理論的考量之一。地球是從環繞恆星的碎岩環帶中增生累積而成，如果恆星的重元素豐度較低，則碎岩環中的固體物質也會較少，地球的體積也會因此比現在小。尺寸的縮減有損行星保留大氣層的能力，對火山運動、板塊構造以及磁場都有深遠的影響。假使太陽年齡更大，離銀河中心更遠，或甚至是具有一個太陽質量的典型恆星（質量與太陽相當），則地球可能會更小。如果地球只比現在小一點，這個行星是否仍能長久維持生命生存呢？

在太陽系諸多特性中，或許最為奇特也最不為人察知的，便是富含金屬的特質。近來岡薩雷斯及其他學人所作的研究顯示，太陽在這一方面的確是非常特別。金屬是構成行星的基本條件：若無金屬，便無磁場與核心熱源。此外，金屬也可能是動物生命發展的關鍵：是重要的動物構成要素（如銅、鐵能構成血紅素）。我們是如何得到這些難得的金屬寶藏呢？

建構地球

大霹靂中產生的物質在恆星內外循環，重元素中因而富含這些物質。如同生物一樣，恆星亦會誕生、發展和死亡。在衰亡的過程中，恆星最後會成為高密度星體，像是白矮星、中子星，或甚至是黑洞。恆星在演進的過程裡會將物質噴射回太空中，這些物質便在宇宙中循環，並再次成為重元素的一部分。新星自老星的塵埃中誕生，因此我們說，地球及地球上所有生物（包括我們）中的每一個原子，都至少曾存在於幾個不同星體的內部。在太陽誕生之前，形成地球以及其他行星的原子，以星際塵埃或星際氣體的形式存在。這些星際物質漸漸濃縮形成星雲，然後再濃縮而成太陽、行星和衛星。

再深究整個過程，便可發現：誕生的過程始於一團星際物質開始濃縮、冷卻，漸漸不穩定，並向內部重力塌陷，成為扁平的渦狀雲，也就是太陽星雲。星雲逐漸發展，成為繞行原始太陽的圓盤，充滿氣體、塵埃與岩塊，這是太陽短暫的少年時期；此時的太陽較大，溫度較低，質量較小，正逐漸凝聚物質，行星便是從這片星雲中生成。但該星雲本身壽命只有約一千萬年，之後星雲中大部分的塵埃與氣體會組成較大星體，或噴射出太陽系。

研究其他年輕恆星周圍相似的星雲對我們的理解極有助益，但由於距離過於遙遠，這些星雲又太小，因此無法直接以望遠鏡探知細節。然而地面以及太空天文望遠鏡已揭示許多證據，證明盤面圍繞著新誕生的恆星。這些證據中有一項特殊而驚人的現象，直到最近才逐漸為人了解。新生的恆星會噴射出物質，形成雙極星雲；這些「雙極星雲」是氣體物質，像兩顆大蕪菁，頂端朝向恆星本身，與明顯圍繞中心恆星的盤面垂直。因此恆星凝聚形成時，也矛盾地噴射物質至太空中。盤面存在於恆星的赤道面上，迫使噴發物質順著恆星與盤面的自轉軸形成噴射流。

在太陽星雲中，百分之九十九的物質是氣體（多為氫與氦），而剩餘的百分之一則是由固態的重元素組成。有些固體部分是殘存的星際塵埃細粒，其他則是在星雲中凝聚形成。氣體在太陽、木星與土星的形成中占有重要的地位，其他的行星、小行星和彗星主要都是從固體物質中形成。固體物質是整個星雲中的少數成分，但卻能夠凝聚，氣體則不能。隨著星雲發展，塵埃、岩塊以及較大的固態實體自氣體中分離而高度集中，在太陽星雲的中間面形成一片盤狀物，有些類似土星的環。

行星形成的基本過程之一便是撞積作用，係指固體物質相互碰撞與依附，從而形成愈來愈大的物體。這項複雜的過程涉及許多小至沙粒、大至行星之天體的成形、發展、增長與毀滅。行星大部分物質來自「生成帶」，也就是太陽星雲盤面中的環形區域，範圍大致延伸至與鄰近行星相隔距離的一半。若從上方鳥瞰，這些同心圓狀的生成帶就像一個靶，每一圈帶上都有一個行星形成。固體物質的組成成分隨著與太陽相隔之距離而改變，因此每個行星的性質都深受生成帶影響。

地球的獨特處與重要性都與撞積過程有關。地球的生成之謎為其構成成分以及在太陽系中的特殊位置。如第二章所述，地球是在太陽的適居區生成。但類地行星有一項大矛盾：和在外太陽系生成的天體相比，恆星適居區內誕生的行星通常都只有少量的水，並缺乏形成生命的基本元素，像是氮和碳。換句話說，在適合地帶生成的行星有溫暖的表面，但生命所需成分的含量卻很少。撞積過程從星雲中累積固體物質，但是星雲中的固體塵埃、岩塊和微行星的構成成分，卻會因為與太陽的距離遠近而變。從太陽星雲至地球（見圖3-2），這段距離中的溫度過高，讓形成微行星與行星之固體物質不易保存大量碳、氮或水。冰和富含碳／氮的固體都屬易揮發物質，無法在溫暖的星雲內部區域保持固體狀態。因此，相較於距離太陽較遠地區所誕生的天體，地球只含有微量揮發動物質。最佳例證便是碳質隕石，這些隕石被認為是形成於火星與木星之間的典型小行星，含水量高達百分之二十（在類似滑石的含水礦物之內），也含有百分之四的碳。相比之下，地球本身只含有百分之〇．一的水和百分之〇．〇五的碳。

如果地球的組成物質和小行星帶相似，誕生的地方也離太陽較遠，則地球上的海洋會比現在更深上數百公里，碳含量也會多出好幾級。這幾點會導致行星表面覆滿水，大氣層中也含有大量的二氧化碳。此現象所引發的溫室效應會讓地球地表像金星一樣，溫度高達攝氏數百度，生物所需的複雜有機分子無法存在於如此高溫的表面。只有經過極大的變動，讓大部分的海水與二氧化碳消散至太空中，星球才有可能發展出較類似地球的條件，但這似乎極不可能發生。如果地球上的水是現在的兩

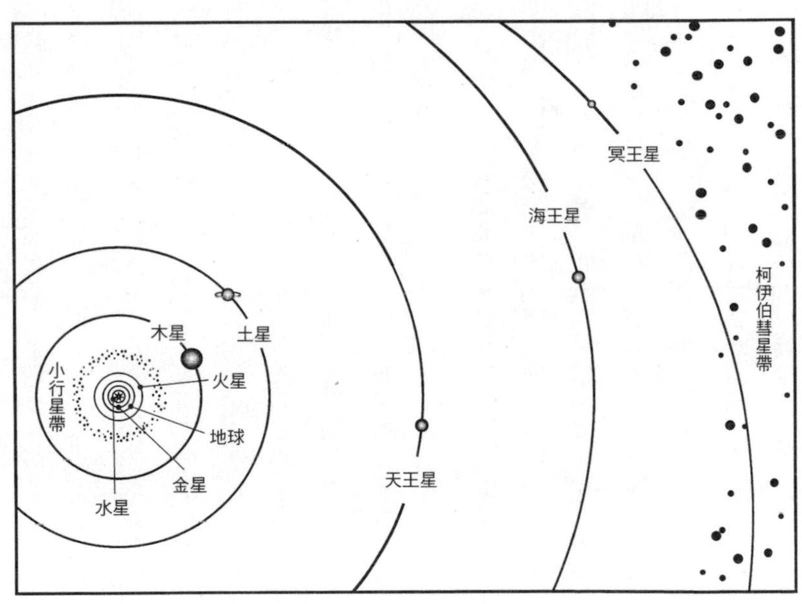

圖 3-2：太陽系平面圖。行星在環狀「生成帶」中形成，使得星球間產生規律的幾何空間分布。小行星帶與柯伊伯彗星帶是行星生成失敗的地帶，此區域中仍保有原始微行星。圖上各行星軌道皆照實際比例。由圖可知，地球與其他類地行星只占了太陽系中央的小部分。（行星的大小依實際比例放大 1,000 倍，否則在圖上的行星軌道比例中會看不見。）

倍，那麼這個星球最後會成為一片水鄉澤國，全球覆滿蔚藍海水，成為一個真正的「水世界」，在充滿能量的海水表層，僅有少量的養分可資取用。

如果星雲中的自然進程以不同方式運作，則可能會有全然不同的地球。例如地球的含碳量之所以稀少，乃是由於星雲內部大部分的碳，都是以一氧化碳氣體的形式存在，如同氬與氦，氣體無法合併。如果有改變氣體碳成為固體的方式，就會有大量的碳產生，那麼碳就會成為地球的主要元素。在宇宙物質的分布中，碳約是氧的一半，卻是鐵、鎂和矽的十倍。真正富含碳的星球會和地球迥然不同。試想像一個星球表面充滿石墨，而內部則盡是鑽石與碳化矽，這些組成成分會妨礙火山作用或甚至是化學風化作用。富含碳的行星想必很少，但在氧少於碳的星雲裡生成的行星系統，可能就真的有此種行星存在。

對於地球如何取得「生命必需元素」，我們有諸多猜測，最可能的情況是，多數的生命必需元素來自於外太空。在星雲最寒冷的外圍區域，水、氮與碳的化合物能夠凝聚形成固體。含有輕元素並形成於太陽誕生前的星際固體物質也存留於此區域。雖然這些物質大多存在於外太陽系，但最終仍有些會到達地球；此類物質在行經外行星時，繞行太陽的軌道可能產生劇變，有時可能會直接衝向太陽，並在途中與類地行星相撞。這種和行星相撞的引力作用，可能導致富含輕元素的小行星與彗星碎片進入撞擊地球的軌道。這樣的「交會」讓不同的生成帶有某種程度的混合；在太陽附近形成的行星缺乏許多生命必需元素，而這種混合便為這些行星帶來建構生命的元素，也帶來生機。

巨大外行星的形成，對富含揮發動物質之微行星的散布有特殊的影響，使微行星從外太陽系進入內太陽系，也就是類地行星的區域。直至今日，外太陽系的物質仍會影響地球。這些物質大多來自於彗星或小行星，絕大多數是直徑約二十五毫米的粒子，它們不只攜帶著碳、氮和水，也帶有大量的有機物質。在一九六九年時，這種說法首次得到驗證：落於澳洲的莫契遜隕石中，發現了外星胺基酸。地球上的生命是從有機化合物生成，這些化合物很有可能來自於外太陽系，帶動了地球生命起源的第一步。因此該區不只提供了生命的基本元素，可能也啟動了複雜的生命化學作用（在地球殊異理論中，這種「播種」現象對類地行星來說並不罕見。可想見在所有行星系統中，內行星會自圍繞中央恆星的遠方彗星雲系，得到富含有機物質的「甘霖」）。

生命起源物質從外太陽系散落至地球的過程也有不良的一面。我們發現撞積作用永遠不會真正停止，雖然發生比率比起四十五億年前少了許多倍，但是在任何太陽系中，行星都是以收集固體物質逐漸增積而生成，因此這種作用會一直繼續下去。每年外太陽系物質落在地球的總重量是四萬公噸，多是細小微粒，但有時也有較大的物體撞擊地球。這些細小微粒的數量是：每天每平方公尺會有一顆十微米大小的粒子，每年每平方公尺則會有一顆一百微米大小的微粒。較大物體逐漸減少，但平均來說，每三十萬年，便有直徑一公里以上的物體從外太陽系隨機撞上地球。這樣大小的物體以每秒十公里的速度移動，接著猛烈撞擊地球。平均每十億年，就會有一個直徑十公里的物體撞擊地球，在瞬間形成深達數十公里、直徑超過兩百公里的隕石坑。隕石坑形成的同時會將細微碎屑噴射至空中，阻礙全球日照長達數月之久。六千五百萬年前，便是這樣的撞擊令地球上的恐龍完全滅絕。

在太陽系的早期歷史中，地球遭受極大物體撞擊的比率很高，有些撞擊物體甚至和火星一樣大（直徑約為地球的一半）。在地球史上的頭六億年間，有直徑一百公里的物體撞擊地球，每一次撞擊帶來足夠的熱能與能量，摧毀地表及地下數公里內的一切物質。更大的撞擊會蒸發海洋與部分的地殼，摧毀全球的一切，這項事實帶來有趣的假設：有可能地球上的生命會因為一次的撞擊而全毀。毀滅性撞擊的間隔期可能長到足以讓生命再度形成，然後再度毀滅。如果在合適條件下，生命的形成是輕而易舉且毫不費時，那麼在毀滅時代——有直徑一百公里或甚至更大的物體撞擊地球——結束之前，生命可能已經形成又遭滅絕好幾次了。這種效應稱為「毀滅生命起源的撞擊」，因為直到大型撞擊停止，生命才有可能永久生存於地球。大型撞擊大致上在三十九億年前結束，因為大多數的大型微行星皆為行星掃除、或從太陽系中排出或存留於遙遠的軌道上。過去的三十九億年間，撞擊仍持續著，但卻不是與直徑達一百公里的物體相撞。目前的撞擊物多為彗星和小行星，其受到行星引力的影響而離開了留存區，也就是小行星帶與彗星帶。這些物體中最大的撞擊物會引起大災難（直徑十公里的物體撞擊地球可能是恐龍滅絕的原因），但仍不至於太大，令全球成為不毛之地。

地球生成的最後階段包括了幾次極大微行星的撞擊。當時地球的生成帶中，也有許多天體在努力增長。撞積過程中，生成帶裡的物體可能會有以下幾種命運：

- 因蒐集其他物體而增長
- 因高速撞擊而毀滅
- 為其他較大物體所吸收
- 被排出生成帶之外

星球生成的過程和殘忍的生物競爭相似，到最後，只有一個物體能存留下來而成為地球。然而在最終的生成階段，有許多大型物體在生成帶內運行，有些甚至和火星一樣大。這些大型物體和地球劇烈撞擊，決定了地球自轉軸最初的傾斜度、自轉周期、自轉的方向以及地球內部的熱狀態。一般相信，火星大小物體的撞擊是月球形成的主因，因為相對於母星地球的大小而言，這個衛星似乎大了點。

地球最後的組成對其結構有幾個重要影響。首先，初生的地球有足夠的金屬，得以形成富含鐵、鎳的內部區域，也就是地核，其中部分為液態；這讓地球形成磁場，是擁有生命之行星的珍貴特性。其次，有足夠的放射性金屬，如鈾，提供星球內部長期的放射熱能。這讓地球能有持久的內部熔爐，使得長期的造山運動與板塊運動得以進行。我們相信，這也是維持合適動物棲地的必要條件。最後，初生地球的成分能夠產生薄地殼，由低密度物質所組成，因而形成板塊運動。只有透過許多正確之建構元素的偶然組合，才能生成地殼、地函與濃稠穩定的地核。

目前地球並無歷史超過三十九億年的岩石，因此無法取得早期地球的資訊。但我們仍可信心滿滿地說，地球早期歷史包括有那段受大型撞擊影響的狂烈時期。巨大而高速的撞擊為地球加溫，也更新了地表。撞擊造成月球表面的主要窪地（肉眼可見的圓形區域，其中包括「月中人」的眼睛），而同樣規模的隕石坑形成事件可能令部分的地球大氣層散至太空中。這些撞擊事件或許造成極惡劣的環境。隕石撞擊會蒸發大量的水，並釋出表面岩石中的二氧化碳，造成異常的溫室效應。在撞擊動能所造成的直接加溫效果消失後，溫室氣體仍留滯於大氣中，阻礙了紅外線的散出。由於主要冷卻作用受阻，大氣溫度節節升高。現在在金星大氣層中，高濃度二氧化碳所引起的溫室效應，令星球表面溫度高達攝氏四百五十度。據推測，劇烈撞擊為地球早期大氣層注入大量氣體，可能令地表溫度高到足以熔化岩石的地步。

這些猛烈的撞擊和惡劣的環境是生命必經的路程，可能決定水與二氧化碳的最終含量，這兩種成分是地球維持生物生存環境的重要關鍵。有個有趣而值得深思的問題：如果這些成分的最後含量不同，結果會是如何？假使地球的含水量僅再多一些，陸塊便無法延展至海平面以上。如果二氧化碳的含量更多，地球的溫度可能會過高，不宜生物生存，就像金星一樣。

完工

大氣層、海洋與陸地的形成過程，對地球生命的最終發展影響至深，且彼此間有極大關聯。沒有大氣層，地球上就沒有生命。大氣層的形成是地球歷史的一個重要因素，說明了此星球長久以來一直是生物住所的原因。如今的大氣層主要受生物活動所影響，迥異於其他類地行星的大氣層，像水星根本沒有大氣層，而金星大氣層的二氧化碳含量是地球的百倍，火星的則是地球的百分之一。即使從遙遠的太空中觀看，地球奇特的大氣成分也是察知這星球上有生命存在的最佳線索。地球大氣由氮、氧、水氣與二氧化碳（依含量由多至少排列）所組成，單是化學作用並不能形成這種成分。沒有生物，大氣中的氧會急速減少。有些氧分子會氧化地表物質，有些則會和氮起反應，最後成為硝酸。沒有生物，二氧化碳的含量就可能升高，形成氮與二氧化碳大氣。對外星球的天文學家而言，地球的大氣組成很明顯地不是「化學平衡」，這便是生命與活躍生態系存在的有力證明；生物活動足以控制大氣中的化學組成成分。「類地行星尋找計畫」中偵測太陽系外生物的基本方法，就是利用望遠鏡偵測上述這種特殊的大氣層。在第十章會有後續討論。

地球內部排出氣體形成大氣，這個過程釋出了揮發動物質；這些物質原本包含於微行星中，或由彗星撞擊帶至地球。大氣的成分與濃度取決於原始撞積物質的數量和性質，但在地球，卻是受到氣體成分進出大氣層的循環作用所影響。

海洋是地球內部排氣與大氣層形成過程的副產品。大氣溫度極高時，主要成分為水蒸氣。在初生地球逐漸冷卻後，水蒸氣便凝結成水，形成我們今日所見的廣大海洋。剛開始海裡都是淡水，但在與地殼產生化學交互作用之後，海水便成了鹹水。

陸地是非水棲類生物的家，而環繞陸地的大片淺海區域，則是海洋生物繁衍的重要棲地。淺海區域也是海洋和大氣產生交互作用，令大氣成分改變的地方。地球的地形與總水量決定了地表哪些部分會成為陸地。所有的海水加起來足以覆滿地球表面，形成四千公尺深的汪洋。如果地表的起伏變化只有海拔幾公里的差別，那麼地球就會缺少陸地。想像一個覆滿水的地球很容易，但以目前的海水總量來看，要想像一個以陸地為主的地球，便極為困難。為了要有更多陸地，或甚至形成一個以陸地為主的地球，海洋必須要更深，才能在海洋總表面積減少的情況下，容納等量的海水。因此，地球陸、海的特殊混和是一種平衡的作用。

綜觀地球歷史，陸地的形成主要有下列兩方法：單純的火山作用形成了山嶽，而較複雜的作用則與板塊運動有關。火山作用促成了小島的形成，像是夏威夷群島與加拉巴哥群島。類似夏威夷群島的火山島可能是早期地球的主要地形。這些島嶼皆屬於無生物島，沒有植物的根來緩和侵蝕破壞。地勢低的島嶼是一片荒涼，有如沙漠，太陽的紫外線毫無障礙地穿透大氣層，襲擊不毛的島嶼表面。如果氣候狀況與現今相似，地勢較高的島嶼則會有豐沛的雨量，造成廣泛的沖刷侵蝕。雖然地球的發展已經過了僅由受蝕及荒蕪島嶼組成的陸地時期，但在他處許多被水覆蓋的行星上，可能最多只有零星的玄武岩島嶼而已。情況更糟的，可能根本沒有陸地。

我們的地球居然造出了能夠維持數十億年之久的大陸。這種陸塊必須以密度相對較低的物質組成，才能永久「漂浮」於下方密度較高的地函，並且部分出露於海面之上。

第一塊大陸是如何形成的？大型彗星與小行星撞擊，令地表熔化成為一層覆蓋全球的熔岩，也就是「岩漿海」；在這時期，地球早期的大陸陸塊就可能已經成形。全球岩漿海的概念來自對月球的研究。許多微行星急速撞擊固態地球，產生的熱能足以熔化月球表面直至四百公里深之處。在月球上，岩漿海冷卻時，形成了無數稱為斜長石的小型礦物結晶（低密度的礦物，富含鈣、鋁和矽），這些礦物結晶浮上表面成為近一百公里厚的低密度地殼。這層古老地殼保留至今，甚至能以肉眼望見，就是月球上那些明亮、似山嶽般的「高地」。同樣的，地球的岩漿海也可能是首塊大陸生成的原因。不同的是，地球形成原始陸地的作用可能發生在大型火山結構下。初生的陸塊很小，並且直至發展中期後，陸地覆蓋的面積才超過地球表面的百分之十。但無論如何，最終的結果就是形成了有陸有海的星球。這項偶然的結合可能才是最後生命存在的主因。

大約在四十五億年前，地球誕生了。接下來，便是要繁衍生命，這就是下一章的主題。

第四章 地球生命首次出現

一個胺基酸不算是蛋白質，遑論是生物。

——克勞德，《太空中的綠洲》

生命一旦開始發展，就會掩去其過去的軌跡。

——迪蘭尼

嗜極微生物的發現，大大改變了宇宙中何處可能存有生物的想法，也讓我們重新評量生物適居區的觀念。科學家如今明白，太陽系以及宇宙中適合微生物之棲地的分布範圍，比一九八〇年代或是之前最樂觀的推測還廣。另一方面，這些研究也顯示複雜生物，如較高等的動、植物，適合居住的棲地比我們之前認為的還要少。但某處可能存有生命，並不表示那兒就真的有生物。只有在生物容易形成的情況下，宇宙才可能廣布生命。本章中，我們會檢視目前關於地球生命最初出現時之環境與過程的觀點和假設。

生命如何開始？

到底什麼是生命？我們如何認定生命的形成？這些問題看似單純，但答案卻是駭人地複雜。從最普通的定義來看，能夠生長、繁衍且因應環境變遷的就是生命。由此而論，像是嗜極生物顯然就具有生命。許多結晶體也都具有以上能力，但其顯然並非生物。英國偉大的生物學家荷登指出，人體內的細胞數量與細胞內的原子數量相同，但是一個個原子本身並不能算是生命，因此荷登總結說：「有生命與無生命的界線，在細胞與原子之間。」

但原子與活細胞之間卻還有病毒的存在。病毒比最小的活細胞還小，獨立分開時似乎不具有生命（因其無法繁殖），但病毒卻能夠感染，並改變所侵入細胞之內的化學組成。病毒是活的嗎？在分離時似乎不是，但與宿主結合後就極可能是有生命的。對這類有機體而言，生命的界線模糊不清。在物質的發展層次到達細菌及古菌等有機體時，我們就可確定這便是所謂的生命。我們也確信地球上所有生物的基本都是DNA分子。

去氧核糖核酸又稱DNA，主要由兩條相互纏繞的主軸組成（也就是發現人華生和克里克所描述之著名的「雙螺旋」）。這兩條螺旋由一連串的突出物連結，就像梯子上的梯級。這些突出物是由特殊DNA鹼基所組成，包括腺嘌呤、胞嘧啶、鳥嘌呤和胸腺嘧啶。「鹼基對」這個名詞的由來，是因為鹼基總是以固定的方式連接在一起：胞嘧啶一定與鳥嘌呤配對，而胸腺嘧啶一定和腺嘌呤成對。每一條DNA的鹼基順序決定了生物的特性；每一種生物的遺傳訊息都編碼於基因之中。

宇宙他處可能有許多種不同的生物，而科學家也在詳加考量DNA是否為生命所依據的唯一基礎，或僅為諸多可能之一。當然，DNA是地球上唯一能複製並發展的分子，而所有的生物也都有DNA。地球上所有生物都有相同的遺傳密碼，這點足可證明生物皆源自同一根本。

在這個星球上，生命形成是必然的現象嗎？讓我們作個假想實驗：假使地球四十五億年來所存在過的每一種環境條件，都會以完全相同的順序重複，生命本身會不會再次發展？如果會，是否會以DNA為發展的關鍵？

這種複合分子的成形，於是成為探討地球或其他星球上生命歷史的起點。或許生命能經由其他方式形成；其中之一便是以氨取代水，成為生命所需的溶劑。這條發展路徑可能一直延續下去，直到後來遭到淘汰，原因也許是水比氨更適合當溶劑。（溶劑是生命組成中極為尋常卻必要的成分；許多生命所需的化學物質，只能藉由溶液送入細胞內，因此生命生存必須藉助溶劑。）由上述論點可知，「DNA生物」可能是唯一形成的生物，或唯一的存活者。

地球生物大約出現於四十一到三十九億年前，也就是地球誕生後的五億至七億年之間。然而這段期間內並沒有任何化石留下，這點模糊了人類對最早生物的理解。目前所發現最古老的生物化石，是來自於已存在有三十六億年的岩石中，這些化石和現今地球上的細菌一模一樣。地球上可能有更原始的生物物種，但現在已經絕跡；依據現有的知識判斷，這類細菌生物形式是最早的生物化石。

地球大約誕生於四十五至四十六億年前，由許多不同大小的「微行星」，或岩塊與冰凍氣體組成的小型天體撞積而成。在誕生後的數億年間，一場猛烈的隕石撞擊在地球上轟轟烈烈地發生。地球剛成形的地表上，溫度之高與岩漿相當，猛烈撞擊期間接踵而至的隕石撞擊釋出強大能量，這些環境條件必然對生物不利。在前一章我們曾提到，連續不斷的大型彗星雨及小行星雨會讓地球溫度升高，令表面岩石熔化，也使得液態水無法留存於地表上。很明顯的，生命沒有機會在地表形成或存活；當時的地球像是個煉獄。

如前所述，新生的行星在誕生後即迅速改變。約在四十五億年前，地球開始分層。最內部是大量鐵、鎳組成的地核；地核外包圍了一層密度較低的物質，這個區域稱作地函；地函之外則是一層密度更低、急速硬化的薄地殼；而天空中的大氣層則充塞著濃稠、翻騰的水蒸氣與二氧化碳。儘管地表缺水，地球內部卻鎖住了大量的水分，而大氣中也有水分以蒸氣的形式存在。在較輕元素往上冒，較重元素向下沉時，水和其他易揮發的化合物都從地球內部排至大氣層中。

彗星與小行星的劇烈撞擊持續了五億年以上，最後在大約三十八億年前時漸漸減少，這是因為多數的碎塊都已併入太陽系的行星與衛星之中。在撞擊最為猛烈的時期，持續的撞擊會在地表留下隕石坑等痕跡，就像在月球上造成許多傷痕一樣，但太空中紛紛落至地球的彗星與小行星，也在每次撞擊時帶來了重要的物質。有些天文學家相信，現今地球上大部分的水，是得自於外來的彗星；有些則認為地球上只有小部分的水是以此方式得來。

彗星是由灰塵與揮發動物質，如水、冰凍的一氧化碳等物所組成。地球在早期曾遭受許多彗星撞擊，這點是無庸置疑的。這些「水」在猛然進入地球時旋即變成水蒸氣。而滿是蒸氣的濃稠原始大氣層，在數億年中始終維持高溫。或許在四十四億年前，地球表面的溫度就已經大幅下降，讓蒸氣首次得以凝結成水並留於地表，而陸續形成池塘、湖泊、海洋，到最後成為包圍全球的汪洋。從研究古沉積物的結果可知，約比三十九億年前稍晚之時，地球海水量就可能接近或達到目前的總量；但當時的海洋並非平靜無波，而是迥異於如今的大洋。

單從月球的例子就可知道，在四十四至三十九億年前的猛烈撞擊時期中，地球及其海洋遭受了多大的衝擊。每一次相繼的大型撞擊（由直徑大於一百公里的彗星引起）都會蒸發部分或甚至是全部的海水。試想像從太空中觀看當時情形：巨大的彗星或小行星墜向地球，瞬間爆發出能量，接著覆蓋全球的海水蒸發，取而代之的是籠罩全球的蒸氣雲和汽化岩石，其溫度遠高於液態水的沸點（如此的高溫持續了數十至數百年）。很難想像在此期間，在地球任何地方能有生物存在，不論形態為何；除非該生物生活在地底深處。

科學家已經建立了一套數學模式，以模擬撞擊時海水蒸發的情形。直徑五百公里的天體撞擊地球時，會導致難以想像的劇烈變動。大片岩石地表汽化成為溫度高達數千度的「岩石氣體」雲，這種存於大氣中的超高溫蒸氣，會讓所有海水蒸發為蒸氣。雖然之後海水會藉由散發輻射熱能至太空而逐漸冷卻、凝結成雨，但要完全集結並形成新的海洋卻得花上數千年的時間。在一九八九年，美國史丹福大學的科學家史力普描述多項導出此結論的革命性研究工作，他深知如此巨大之彗星或小行星的撞擊，會蒸發深達約三千公尺的海水，並令地表成為一片荒蕪。

諷刺的是，彗星可能帶給地球一些見面禮，即生命必需的液態水，卻又在每一次的大型連續撞擊中將之奪走。然而彗星可能不只是帶來水而已，也決定了地球地殼的化學演變。此外，彗星也為所謂的生命帶來另一項建構要素：其可能為地表帶來了最初始的有機分子，或甚至是生命本身。

如果有時光機讓我們造訪三十八億年以前的地球，來到劇烈撞擊時期的尾聲，當時的地球對我們而言一定是大為陌生、全然不同的。儘管最劇烈的隕石猛烈撞擊時間已經結束，但在當時，地球遭受劇烈撞擊的頻率仍比現代高出許多。由於地球自轉的速度比現在快，因此白晝的長度也短得多。當時的太陽比現在黯淡，可能只是個提供微弱熱能的紅色星球；這不只因為當時太陽所燃燒的能量比現在少，也由於陽光必須要穿透由二氧化碳、硫化氫、水蒸氣與甲烷組成之有毒而狂暴的大氣層。在這樣的環境中，由於氧氣稀薄，因此我們必須穿上某種太空裝。天空的顏色可能介於橘色至磚紅色之間，全球盡為海洋所覆蓋，只有一些零星散布的低矮島嶼；而富含沉積物的海水濃稠而呈泥褐色。最讓我們吃驚的是，地球毫無生機；整個世界一片死寂，沒有樹木、灌木，海裡也沒有海草或浮游生物。就某個角度而言，火星衛星影像所顯示的情況，與我們至今仍未探測到火星上有生物的事實相符。沒有水的世界就如同我們所想像的無生物世界。但即使早期地球覆滿了水，仍然沒有生物；然而，這情形並不長久。

建構生命的祕方

多數的科學家都信心滿滿，認為在三十八至三十九億年前，大約也是劇烈撞擊時期結束時，生命就已經誕生了。證實生命出現的證據並非化石，而是在格陵蘭島岩層中所採到的同位素訊號。

目前，地球上以放射性定年技術所判定之最古老岩石，是大約四十二億年前的鋯石礦物顆粒；而來自格陵蘭伊蘇阿的岩石，年代只比最古老岩石晚一點。這些伊蘇阿岩石包括了沉積岩（或呈層狀的岩石）以及火成岩，我們從中有了最驚人的發現：這些岩石中含有不同比例的輕、重碳同位素，顯示其形成當時地球已有生命存在。伊蘇阿岩石的同位素殘留值中，碳十二的含量比碳十三高出許多。現今，在行光合作用的植物中能找到大量的碳十二，因為所有的生物都對

「輕」的碳有酵素性偏好。由此我們可推論，假使在伊蘇阿有原始生物，那麼這些生物可能以行光合作用為能量來源。但沒有化石證據能證明生命存在於那麼久遠之前，現今只有神祕難解的碳同位素殘餘值，可以當作生命存在的跡象。如果高量的輕碳同位素能證明早在三十八億年前，伊蘇阿或地球其他地方就有古生物存在，那麼便會有驚人的結論：生命似乎在猛烈撞擊停止的同時就出現了。一旦小行星雨停止，地表溫度永久降至水的沸點以下，似乎就有生命現蹤。但生命是如何出現的呢？

關於地球上生命的起源，問題仍多於答案；但是從目前許多科學家提出之問題的複雜程度來看，我們對此已有長久的研究。如今最為迫切的問題有：生命是源自於單一還是數個環境？主要的化學成分，也就是建構元素，是不是來自不同環境，然後集結在同一場所中？生命的起源是不是「決定論」？也就是說，不同的環境條件能不能產生同樣的生物分子，亦即相似的DNA？生命形成的每一個階段（例如，先是胺基酸形成，接著是核酸，然後是細胞），是否取決於地球長期的環境變化？生命形成後是否改變了環境，令生命無法再度起源？演化在哪一個階段開始主導生命的發展？最後可能也是最有趣的問題是：從現今地球上生物的研究，我們能否推斷生命起源的環境特質？

要確定第一個DNA分子如何在地球上出現，是一個非常困難的科學問題；找到解答的那天仍是遙遙無期。目前尚未有人能夠在試管中結合不同的化學物質，形成DNA分子。此外，早期地球的環境條件在許多方面，都不利於大自然的「化學」實驗，包括如今經常在我們所謂「室溫」中發生的化學反應。在三十八億年前，約是生命初現之時，地球的溫度可能比現在高得多（雖然有些天體生物學家認為當時的地球會較冷，因為太陽光較微弱）。早期地球的環境條件在各方面都明顯不利於許多現今的生物。舉例而言，由於大氣層缺乏氧，地表的紫外線照射量會比現在高得多，致使精密的化學反應難以產生。但我們知道，生命的確崛起，而在此過程中最重要的步驟，便是形成生物的基本訊息中心，亦即DNA。

從建構DNA以至最終生命的誕生，都需要下列成分與條件：能量、胺基酸、產生化學濃縮的因子、催化劑以及抵擋強烈輻射與高熱的防護功能。生命的化學演進需要以下四個步驟：

一、諸如胺基酸和核苷酸等微小有機分子的合成與累積。磷酸鹽（常見的肥料成分）的積聚亦極為重要，因為這些化學物質能形成DNA與RNA之主軸。

二、結合這些小分子，形成諸如蛋白質及核酸等較大分子。

三、集結蛋白質與核酸成為小顆粒，顯示出不同於周遭環境的化學特性。

四、複製較大複合分子並建立遺傳。DNA分子雖具這兩種功能，卻仍要藉助其他分子，如RNA。

RNA分子與DNA類似，皆為螺旋狀並具有鹼基；但RNA是單螺旋，不像DNA為雙螺旋。此外，RNA的鹼基組成亦有不同，其中包含另一種稱為尿嘧啶的鹼基，而無胸腺嘧啶。

ＤＮＡ送出的訊息主要是靠ＲＮＡ傳送至細胞內蛋白質形成之處，特定的ＲＮＡ提供特定蛋白質合成所需之訊息。過程中，首先某一段的ＤＮＡ螺旋會展開，接著ＲＮＡ螺旋形成，並插入已展開之ＤＮＡ分子中的鹼基對序列。新的ＲＮＡ螺旋和ＤＮＡ中的鹼基對相配，以此編入欲形成之蛋白質的訊息；整個過程稱作轉譯。

建立遺傳密碼

有些ＤＮＡ與ＲＮＡ的合成步驟能夠在實驗室中複製，但有些則否。目前，要造出生命最基本的建構元素——胺基酸，已毫無困難。研究人員甚至能在實驗室中，製造蛋白質或胺基酸鏈；例如美國芝加哥大學的化學家米勒和猶瑞於一九五二年所做的著名實驗。就像是科學怪人那一類老電影中的場景一樣，研究人員在試管中首次創造了生命的建構元素。但與人工製造ＤＮＡ這一類難題相較，在實驗室裡做出胺基酸的挑戰就顯得平凡無奇了。上述難題的困難之處在於，科學家無法輕易地在玻璃瓶中結合各種化學物質，創造出ＤＮＡ（或ＲＮＡ）等複合分子。這種有機分子在加熱時也極易分解，顯示其首次形成時，環境溫度必是溫和而非炎熱的。在原始地球上，這些難以掌握的生命要素是如何形成的呢？

諾貝爾獎得主德迪夫於一九九五年之著作《生機勃勃的塵埃》中，對ＤＮＡ的形成環境有所精述，指出早期地球表面的胺基酸既非由太空中的彗星與小行星帶來，亦不是由化學反應所產生。他描述四十多億年前地球的景象：

這些化學物質隨著降雨、彗星與小行星來到初生的地球上；經過重組，漸漸在無生物表面形成一層有機覆蓋層。地表的一切都包上了富含碳的薄層，直接暴露於隕石撞擊、地震、火山爆發的蒸氣與火焰、無常氣候及每日的紫外線照射下。接著這些化學物質隨著河流與小溪流入大海，累積在原始海洋中，於是海水濃度提高，套句著名遺傳學家荷登所說的話，變成一碗熱騰騰的清湯。內陸湖泊與鹹水湖急速蒸發，讓這碗湯愈來愈濃，成了濃羹湯。有些地方的海水滲入了地球深處，又從冒著煙的間歇泉與滾燙的地下水噴泉中湧回地表。這些暴露與攪拌混合的過程，使得原本自天空灑下的物質產生化學變化與反應。

德迪夫秉持著長久以來的信念，認為生命從無至有的進程為：胺基酸在太空與地球上產生，接著結合成為原始蛋白質，然後蛋白質在偶然中聯結而形成生命。蛋白質的形成是關鍵步驟，該物質本身是由胺基酸組成，胺基酸則是藉化學作用而合成。要形成主要建構元素如核酸，需要酵素來催化必要的化學反應。多數化學反應都具有可逆性；例如鈉和氯在某些條件下結合形成鹽，在某些情況下，又會分解（或溶解）。在連結許多複合蛋白質碎片，形成較大如胺基酸之單元時，酵素是化學反應必需的介質，而所有生物的酵素都是蛋白質。

要組成分子，需要已存在的蛋白質，而欲組成蛋白質，也必須要先有分子；這種矛盾不下於「先有雞，還是先有蛋」這般棘手的問題，但最近有人針對這個矛盾的問題提出確切解答。如果有種核酸——在本例中即是RNA——能夠製造蛋白質，並兼具催化重要化學反應的功能呢？以此模式看來，生命初始的過程中，可能是RNA的形成先於蛋白質，因此RNA本身就是酵素型的催化劑，而且能進一步發展出最終且最基本的生命要素——DNA。克里克於一九五七年首度提出此論點。他指出，訊息只會由核酸傳遞至蛋白質，而不會反向傳輸，因此核酸必須先於蛋白質形成；這項觀點由闕唐姆和奧爾特曼的發現所證實。RNA確實是催化反應所必需的酵素，二人並因此獲得諾貝爾獎。這些RNA稱作核酸代酶，「RNA世界」的概念因而出現：原始地球上的RNA分子，在第一個真正的DNA形成之前，就開始了製造真正之生命建構元素的過程。

由於RNA最後會形成DNA，因此一旦RNA合成了，通往生命生成的道路便已展開。然而第一個RNA是如何成形的？在何種條件下，在什麼樣的環境中產生？這些已成為科學家面臨的中心問題。如德迪夫所言：「我們現在必須面對的，是RNA分子非生物性合成所引發的化學問題；這些問題極為重要。」原始生命演化中，非生物性RNA的合成仍是最難解的一環，因為至今仍未有人能夠成功製出RNA。

一旦製出RNA，朝向DNA的躍進就會更為容易，因為前者是後者的模板。然而仍有許多謎團未解開：這樣的演進只發生一次，還是很多次？生命最重要的成分是否一再形成，又被每一次的大型隕石撞擊所遏止？抑或是這種重要的突破只在地球上發生一次，接著便傳布、複製，進而遍及全球？

從大分子到RNA，再到「RNA世界」，最後形成DNA，這種生命起源的模式也遭逢爭議。另一種可能性為：生命是孕育自黏土和黃鐵礦結晶。這些扁平礦物及晶體的表面上，可能有原始有機分子在極小的區域中累積。此種模式展現了以下的進程：從黏土（礦物）結晶到結晶增生，接著「有機控管」，也就是碳基分子取代了全然無機的分子，然後有機大分子形成，產生DNA與細胞。如蓋爾尼斯所想像，最原始的生物有幾個特點：能夠發育、是「低等」的、只具有少數基因（位於DNA分子上，編寫形成特殊蛋白質所需的訊息）及些微特化性、由地球化學物質所組成，而這些物質來自於地表上黃鐵礦或硫化鐵膜之濃縮反應。

這兩種不同的生命起源發展說都有關鍵的一點：皆需要組合各種化學成分，然後從這些集合體中產生極複雜的分子。在RNA理論模式中，各種化學物質是在液體中集結；而在第二種模式內，礦物模板便成為集結之處。至於哪一家才是正確說法，或甚至是否有其他可能，科學家至今仍未能達成共識。

形成生命所需的時間

如澳洲瓦拉烏納地區的岩石所證明，從化石紀錄來看，在三十五億年前的地球上，就有許多生物對光有反應，並能形成小丘。但我們都知道，這個時間距離大約三十八億年前，也就是地球受巨大小行星與彗星撞擊的「劇烈撞擊」時期，只有三億年之久；對最原始的生物來說，這段發展的時間非常短。米勒（與猶瑞於一九五〇年代共同展示在試管中製造胺基酸實驗的那位化學家）在一九九〇年代估算出從無機化學物質發展至生命所需的時間。他認為從「生命形成前之濃湯」轉變至出現藍綠藻（我們現今在黏稠沼澤與池塘中發現的微生物），可能僅需短短一千萬年。

米勒的結論乃根據以下三點：形成生命建構元素之合理化學反應的發生率；這些元素一旦生成後的相對穩定度（亦即在分解前保持完整的年數）；及現代細菌透過「增殖作用」形成新基因的機率。

上述的第一點，也就是胺基酸的合成率，十分地高，所需的時間僅數分鐘，至多不超過數十年。一旦形成，大部分的有機化合物（如糖、脂肪酸、縮氨酸，或甚至是ＲＮＡ與ＤＮＡ）能夠維持數十至數千年不等，因此這些步驟的發展都沒有太多限制；真正花時間的是組合各部分的那一步。米勒認為有三個瓶頸：㈠複製系統的形成；基本上要先形成ＲＮＡ，才會有能自我複製的

DNA；㈡有機合成蛋白質的作用出現，或RNA分子開始合成形成蛋白質，後者即為細胞的基本成分；㈢演化發展出各種重要之細胞功能，像是複製DNA、產生三磷酸腺苷（ATP）以及發展其他新陳代謝途徑。米勒在一九九六年與拉康諾合撰的文章中，主張從濃湯發展至小蟲的所需時間可能遠少於一千萬年。生命形成可能很快，這項關鍵論點讓我們主張：宇宙中，生命可能極為普遍。

生命形成之地點

生命在「何處」形成？這個問題幾乎和生命「如何」生成，與「耗時多久」等問題一樣，讓人爭論不休。地球上的生命是在何種物理環境中產生的呢？「何處」這個問題的解答，對評估其他行星生物存在的可能性與普遍程度而言，也極為重要。

最早的理論模式是由達爾文所提出，該論點也是最著名且最為人所深信的。他在給友人的信中提到：生命起源於某種「受日照而溫暖的淺水塘」之中。該種環境，不論是在淡水或沿海潮池，都可能成為孕育生命的場所。二十世紀初期，其他科學家如荷登和歐帕林也同意達爾文的論點，並發展此概念。他們各自假設早期地球有「還原」的大氣（所產生之化學反應與氧化相反；在此環境中，鐵不會生銹）。當時的大氣可能充滿了產生胺基酸的基本化學物質，亦即甲烷與氨，因此形成了標準的「原味湯」；原始生命便是在其中的淺水域裡形成。直到一九五〇、六〇年代，人類才相信只要加上水和能量，在早期地球大氣中，名為胺基酸的有機建構物質就能發生無機合成作用，就像是米勒與猶瑞在一九五二年所做的著名實驗中一樣。整個過程需要的，只是一個便於各種化學物質累積的地方而已；而最佳地點似乎就是臭水塘，或位於溫暖淺海邊緣、潮來潮往的潮池。

然而在我們更了解地球早期環境的特質後，平靜的水塘或潮池就愈來愈不可能是生命起源之所，甚至根本不存在於當時地表上。達爾文在他那個時代不會知道（當然，荷登與歐帕林也不知道），地球及其他類地行星的撞積過程，會令整個世界的環境在剛形成時極為惡劣而有害，與十九世紀、二十世紀初期科學家所想像的宜人水塘與潮池大相逕庭。事實上，我們現在對於早期地球大氣和化學物質的性質有極不同的看法。行星科學家多認為原始大氣的主要成分為二氧化碳，而非氨與甲烷，整個環境可能不利於地表上有機分子的合成作用。由此看來，小行星、彗星雨帶來生命基本化合物的說法似乎較為合理。

但是這些化合物如果不是在水塘或潮池中合成而形成生命，又會是在哪裡呢？培斯是對生命演化有興趣的微生物學家先驅之一，他提出了不同的看法：

根據確實的研究結果，我們可以想像出極可信的地球環境，該環境成為生命起源的舞台。現在我們明白，早期的地球基本上是一團火球，覆蓋在外表的大氣層充滿了高壓蒸氣、二氧化碳、氮以及其他來自地球分層時的火山噴發物，似乎不可能有任何陸塊能冒出（全球汪洋的）波濤之上，形成某些生物起源學說所提出的「潮池」。

培斯在尋找另一種完全不同的場景，亦即一個高溫高壓的場所，如深海的火山口。生命起源的「地點」顯然極具爭議，如同美國華盛頓大學天文學家岡薩雷斯所指出，來自不同領域的科學家對棲地假設也各有偏好。他在一九九八年所著之論文《由現代觀點看外星人》中提到：

> 科學家所持之生命起源學說，似乎視其專門領域而定：海洋學家認為生命起源於深海火山口，生化學家如米勒則偏好地表上的溫暖潮池，天文學家堅持帶來複合分子的彗星扮演著不可或缺的角色，而在業餘時寫作科幻小說的科學家，則想像地球是接受了星際微生物的「播種」。生命約出現於三十八億年前，也就是猛烈撞擊結束後；這項事實並沒有說明生命起源的或然率。生命的興起或許是需要異常條件的特殊事件。但儘管有極為豐富的想像力，科學家想像的任何生命都需要一些非常基本的成分。

自達爾文時代以降，人類對於「生命搖籃」的看法已有明顯的改變。現在在科學家腦海中，生命首次出現時之地球到底是何模樣？即使在四十億年前，大約是最初撞積作用之後過了五億年，地球的面貌仍是迥異於今。舉例而言，由於沒有或僅有少數的大陸，因此陸面很少，但是火山作用與地底岩漿的噴發卻比現在頻繁得多。深海洋脊，也就是海床上海洋地殼新生之處，大約比現今長三、五倍，而這些洋脊四周的熱液活動更可能比現在多八倍。這些都顯示當時是一個富含能量與火山的世界，在海洋環境中有大量的地底化學物質和化合物噴出。海水的化學成分可能與現今大不相同，當時的海洋是所謂的「還原」（相對於現今的氧化）海洋，這是因為海水中並未溶入自由氧。海水溫度也比現在高許多，從溫暖到滾燙都有可能；如果我們在場，甚至可能會遭燙傷。最後，大氣中的二氧化碳可能是現在的千百倍。

嗜極生物可能提供了現今仍未發現的最重要線索。達爾文和德迪夫認為生命可能起源於地表（雖然德迪夫仍稍有保留，他認為地底環境也可能有影響），但是生命首次出現時的地表景象，是一片淒涼而單調的畫面：高達致命程度的紫外線汙染著地表；大型彗星撞擊，定期蒸發地球海洋；沸騰的海水一再地摧毀地表一切。但在地表之下，也就是如今嗜極古菌和細菌棲居之處，又是如何呢？這些地球深處的地獄環境，可能就像是防空洞一樣，保護深處的嗜極生物不受地表惡劣條件所傷。會不會地底深處不但是防空洞，也是地球早期歷史中孕育生命的搖籃？科學家對「生命之樹」，或地球生命的演化史，有著新的分析，支持了這項可能。但是在我們檢視生命之樹，了解其中意義之前，必須考量地球生命起源的另一個可能。

行星的交會

還有另一個原因讓生物或至少是微生物廣布：行星可能經常接受其他鄰近行星的播種，地球也可能如此；或許生物是起源於火星或金星，之後才播至地球。如果某星球上有微生物，也就是位在宇宙IQ量表底層幾近不滅的原始生物，那麼該生物必然會移至鄰近星球上。有一套天然的「行星間運輸系統」會在鄰近的行星之間散布岩石；這些岩塊像是天然的太空船，能夠不知不覺地從一星球表面，帶著微生物偷渡客穿越太空數億公里，來到鄰近的行星。這過程純粹是自然而然發生，與該星球居民的意圖及科技無關。每一年都會有六顆來自火星且質量為一磅以上的岩塊撞擊地球。這些岩塊是由於大型撞擊而被轟出火星，接著便進入與地球交會的軌道，最後撞上地球；自火星炸向太空的岩塊，大約有百分之十最後到達地球。所有的行星終其一生，都會受到行星間大大小小的岩塊撞擊，而較大的撞擊會令岩塊噴發至太空中，進入環繞太陽的軌道。

以望遠鏡一探滿月，會看到細長的光線或光束自第谷月石坑射出。從北半球觀察，第谷月坑位近月球底部。撞擊碎片或岩塊從直徑一百公里的隕石坑噴發而出，復又回降，因而產生這些光束。光線幾乎橫越了整個月球可見的那一面，如此長程的「空運」飛行足可證明，有些噴出物的速度快到近乎軌道速率。速度快過脫離速率（每秒二．二公里）的噴發碎片不會降回月球，而是飛進太空中。人類早就知道撞擊會使物質自月球噴發而出，但卻一直到十年前才明白，質量大於十公斤的岩石能夠自類地行星中噴出，而且在過程中不會有太大的改變。過去人類相信，在噴發的過程中，噴發物質會因撞擊而熔化，或至少在撞擊中急速增溫；因此並不期望攜有活微生物的岩石從一行星至另一行星時，在噴發的猛烈力量之下能夠安然完好。然而在南極洲發現的月球岩卻顯示了有此可能。

此外，還有一種名為ＳＮＣ的特殊隕石，多數人相信其來自火星，也就是「火星隕石」。這些特殊隕石可能源自火星的說法，在首次提出時深受質疑；直到發現月球隕石，證明了的確有適當的噴發機制，眾人才為之改觀。由於阿波羅計畫所取回的岩石中含有特殊的成分，和地球岩石以及普通小行星隕石不同，科學家因而能明確判定月球隕石。但要斷定ＳＮＣ隕石是否來自火星則較為複雜。判別的過程包括尋找隕石玻璃內包含的惰性氣體，這種氣體就像是明顯的指紋，成分必須與一九七六年登陸火星的海盜號所探測到之火星大氣相同。ＳＮＣ隕石的一般特性顯示，其為玄武岩，形成於大型且地質活躍的天體上，而此種天體必定不是地球或月球。由於金星大氣太濃，地表也太年輕，因此同樣排除在外。

來自月球與火星的隕石能到達地球，這項驚人發現含有深遠的意義，表示生命能從一行星運送至另一行星。地球終其一生，有數十億顆足球大小的火星岩石落至地表。有些毀於冗長的太空運送過程中，或噴發的高熱下，但有些則否。有的火星噴發物只被稍微加溫，在數月後即抵達地球。這種行星間的太空梭能夠從一行星攜帶微生物至另一行星；就像是植物會將種子釋入風中，棕櫚樹會將果實落在海裡一樣，存有生命的行星也會向四鄰播種。那麼也許相鄰的類地行星上，生命有相同起源。擁有低脫離速率和稀薄大氣的行星，產生的播種作用最為有效。由此觀之，火星比地球或金星更為適合；因此有人認為地球生命可能來自於火星的播種。

那麼恆星系統間的微生物運送又是如何進行的呢？雖然宇宙射線會殺死微生物，但某些深藏於灰塵顆粒中的細菌和病毒，可能因足夠的保護而存活下來。若真如此，透過一種名為胚種論的過程，這些微生物也許可以「播種」於星系區域中。胚種論是由霍伊爾及其研究同仁，於一九八〇年代初期所提出。

一旦某行星系統中的行星「感染」了生命，自然作用便可能將生命散布至其他系統。當然此種作用只對能夠忍受外太空嚴苛真空環境的生物有效，動物生命無法藉此傳播。

生命之樹與嗜極生物之起源

地球上的生命一旦出現（或自他處感染），便會快速發展。遺傳學家對地球生物的首次現身，提出了數種可能情形。

地球的嗜極微生物古菌能生活於極端的環境中，這是古菌所帶來的第一個驚人發現。第二項同樣重大的發現，便是古菌為地球現存最古老的生物之一，而且具有某些學者所說的「原始」特性。科學家利用各種分子生物技術，研究細菌及古菌的基因，發現兩者接近所謂生命之樹的根部（生命之樹亦稱為「渥西生命之樹」，此乃根據發現人遺傳學家渥西而命名。見圖4-1）。

生命之樹是生物演化至現今物種的模型，因此是根據一系列的假設而建立；對於這些假設我們有不同程度的信心。從各種生物基因序列的比較中，我們得出一張理論上的演化史圖。根據這些新研究，現存於地球上的「原始生物」比超嗜熱微生物還多一點（注意在此之原始指的是首次出現；這些生物仍是極複雜的細胞，因生活模式而有極大改變）。根據現今各種遺傳研究，相較於地球上其他生物，古菌似乎和推測的原始生物（推定為所有生物的共祖）擁有較多共同的特點和基因。但古菌仍經歷了超過三十八億年的演化，因此可能與第一代相差甚遠。

系統生物學專攻生物多樣性之意涵與順序，早期的系統學家僅以身體構造的異同將生物加以分類，如今則以演化歷史分類，而不單論相似程度。雖然生物現存的共同特徵，是研究演化過程的有力線索，但也常造成誤解。昆蟲、蝙蝠、鳥類和翼龍都會飛（或曾經飛過），但彼此間的關聯卻極微渺。另一種有效的分類方法所尋找的不只是共同性狀（構造上的細節，如脊椎之有無等），還有經由演化力量形成、代代相傳的共同衍生性狀。這種特殊的方法，結合了新的DNA序列研究發展，帶來理解物種與演化史方面的突破。經由分析生物分子序列，我們可繪出生物演化的草「圖」，這張草圖便是前文所述之「樹」。基因的差異愈多，族群間的演化區分就愈大；此種方式闡明了古菌、細菌和真核生物這三個「領域」的存在，也顯示了這三種生物是目前地球生命之樹中最古老且基本的分枝。這也表示，儘管細菌與古菌擁有某些相似的特質，如缺少細胞核，仍是不同的生物。

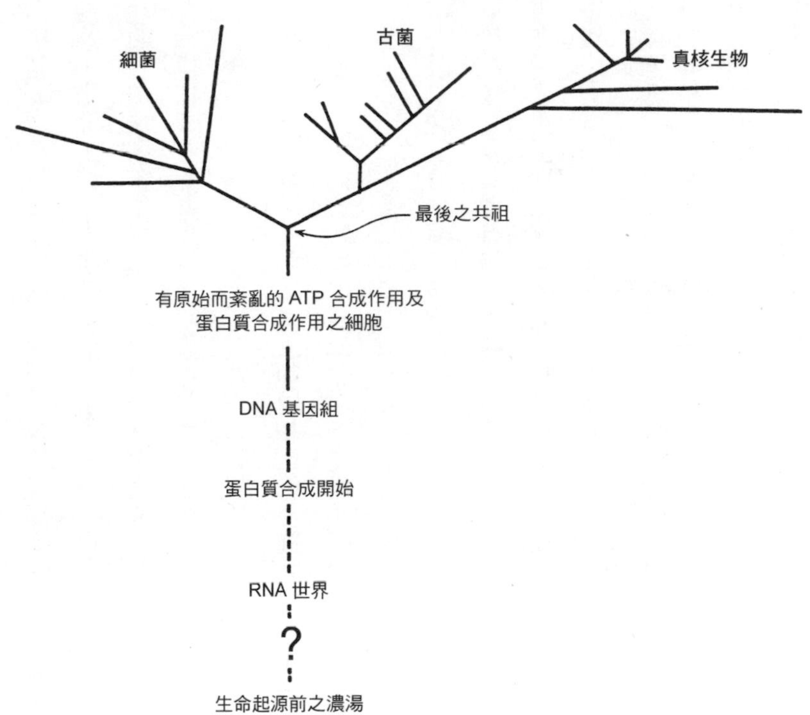

圖 4-1：細胞之起源和早期演化乃從 RNA 世界開始（見前文）。樹端描繪的分枝順序，是根據渥西等人於 1990 年提出的理論。樹幹上每一演化事件的間距並非按比例描繪（改編自拉康諾等人1992年之理論）。

起初，現存生物的基因序列，似乎不可能讓我們對過去有任何真正的了解，尤其是如此久遠的過去，因為這些序列揭露的，是發生於三十多億年前的生物首次分化事件；但是，至少在某些分子中，演化的改變極度緩慢。要研究細胞內的演化改變速率，最佳的對象就是細胞內的核糖體，也就是微小胞器內的次單位RNA；這些研究能讓我們僅憑近代的發現，為古老的過去建構新理論。

這項工作在一九九〇年代完成，推翻了長久以來人類所相信的生物系統發生學或演化過程，也顯示生物領域在久遠前即已分歧。目前最特別的研究結果，是證明了現存古菌和細菌最早都是喜熱的嗜極生物，就像在現今地球極端環境中發現的那些微生物一樣；牠們亦為演化遲緩的生物。從這項發現可知，地球上最早的生命是某種嗜極生物，或是歷經了多次早期幾近毀滅事件而仍存活下來的嗜極生物。對於試圖估量其他行星上生命多寡的人而言，上述的發現極為重要，表示了地球生物可能首次出現在海底，或地殼深處的高溫高壓環境中。如前文所述，生命可能起源自極惡劣的環境，因此在宇宙中的普遍程度，或許也高出我們所想。

嗜極生物讓我們得以推論地球生命初出時的環境狀態，這項觀點直到最近才成立。巴羅斯與S．霍夫曼在一九八五年發表的科學論文中，主張生命起源自深海的熱液噴口系統；當時人類才剛在該種環境中發現嗜極微生物。對巴羅斯與霍夫曼而言，早期的熱液場所和地殼深處，提供了生命首次形成所需的化學物質與能量，也成為地球早期猛烈時期中生物存活的避難所。畢竟相較於劇烈的小行星撞擊，熱液噴口系附近的深洋海床儘管海水翻騰洶湧，卻仍是較為穩定的環境，或許也是地球上唯一適合生命首次形成與繁衍之處。此種假設剛發展之時，科學界多數人都無法接受，因為嗜極微生物在該環境中的遍存度與種類仍是未知數。但是生命之樹的研究結果卻支持了熱液噴口假設，因此許多人也開始認為深海噴口是最有可能的生命起源處。

此種假設之所以可信，是因為熱液噴口的幾個重要特性。首先，熱液噴口區域的溫度、酸度和化學物質含量都對生命有利，此區域亦包含了一系列能夠組成生命的成分，像是有機化合物、氫、氧和適當能量梯度的豐富能量。該處亦提供了反應介面，也就是那些岩床表面，這些可能是早期蛋白質形成的模板。或許最重要的是，這些場所仍留存至今，讓我們能夠檢驗此假設之可能性。

天體生物學家沙克及其華盛頓大學之同事提出最有力的解釋，連結了地球生命起源與熱液系統。他認為早期大氣可能與當時的海洋不同，並非還原的環境。（此種假定與其他人的想法相反。其他人認為大氣在很長一段時間裡都是還原型的，因此有機化合物能夠在其中形成，就像是米勒和猶瑞在一九五〇年代初期所做的著名合成實驗一樣。）沙克認為，因為沒有還原大氣，就無法在地表合成生命必需的建構物質，如甲烷和氨等有機化合物。而首次建構有機化合物的方式，可能是將普通氣體，如二氧化碳或一氧化碳，轉化為有機化合物。原先眾人以為，單是雷擊原始海洋（如米勒與猶瑞所想像）便可產生有機化合物，接著化合物結合形成第一個生物，但沙克的想法截然不同。

沙克還認為，早期地表因紫外線與宇宙碎片的撞擊，最不利於生命起源。就像巴羅斯、丹明以及其他人一樣，沙克也大力支持海底熱液系統是生命搖籃的說法。這些熱液系統具有高溫與化學物質（還原環境）等條件，是二氧化碳轉化為有機物時所必需；富含有害氣體硫化氫的高還原液體以及還原程度較低的海水，在熱液噴口系統的深溝內混合，產生了有機物合成時所需的化學能量。這兩種不同溶液的混合提供了能量，也就是化學能，這也是現代深海噴口生物族群的基礎。在這樣的世界裡，生物最原始的新陳代謝系統就是「化能自養」，亦即生物並非以光合作用或捕食其他生物為生，而是藉由與海水產生化學反應而取得能量。

近來多數關於生命起源的爭辯，都在討論生命起源之環境僅是「溫暖」抑或極「熱」（高於水之沸點），就像在火山熱液噴口裡一樣。如果初出生命的遺傳訊息是記載於RNA上，而非DNA上，那麼「熱」環境便不可能是生命搖籃，因為RNA在高溫環境中，會比DNA還不穩定。RNA可能無法在攝氏一百度以上的高溫中發展或演化，而如此溫度卻常見於熱液噴口系統中。相反於以生命之樹為主要依據所做的詮釋，事實情況可能是，最早的生命是以嗜溫（喜溫）生物的形態興起，而非嗜熱（喜熱）微生物。在如此情形下，真正喜熱的生命形態是從喜溫生命形態演化而來，而且可能是彗星浩劫的唯一生還者；而在災難中，所有的「嗜溫生物」都因過熱而滅絕。

這項爭辯仍會繼續下去。我們無法知悉，現在地球上的微生物和嗜極生物的老祖先到底相像到什麼程度。巴羅斯曾指出，在三十五至四十億年前的這段期間，可能曾有多方演化「實驗」，而最後只有一種演化血統成為現今生物的根源。眾人在一九九七年以前所接受的生命之樹概念，可能只記錄了從古早存活至今的少數生物，而非地球上所有生物的真正始祖。如此看來，生命之樹的基礎「樹幹」，不過只是從紮根更深的樹上所衍生出的其中一枝而已，而其他更古老的分枝，都因滅絕而從地球上削去。

在一九九八年，「生命之樹」的外觀再次改變（見圖4-2）。樹端分枝的細節大致與一九九七年時相同，但根部卻有變異。這次的改變是依據新的DNA序列研究結果；該研究結果得自黃石公園溫泉裡一種名為 *Aquifex* 的嗜熱微生物細胞，此菌類的所有基因密碼皆已解開。出乎許多人意料之外（那些人期望此種菌類之基因序列，與所有生物之始祖極為相似），此菌的基因組和其他非嗜極微生物大同小異。事實上，這種嗜熱生物的基因組中，只有一個序列異於其他生活於常溫中的微生物。這表示微生物即使所屬族群極為分歧（也許甚至包括不同域），但在非常久遠之前，似乎曾經能夠互換整組基因；這過程稱為基因交換。基因交換或橫向基因轉移，一定曾是基本而普遍的基因互換形式。

如果地球第一代生物可以輕易交換基因，這或許有助於解釋為什麼所有生物（至少是地球上所有生物）都有相同的遺傳密碼。渥西認為，古菌、細菌和真核生物這三域的生物，起源於同一個基因庫；這些基因常常藉由橫向基因轉移，在不同生物體間遷移。個體中產生的革新，很快地便為基因庫中的其他生物分享、吸收。最後，隨著複雜蛋白質日益增加，以及編制蛋白質之基因的結合漸趨繁複，這三域便因應而生。

傳統觀點以為，細菌和古菌是兩個最老的族群，而真核生物則是兩者之一的後裔；現在則有兩種不同的說法：這三種族群皆起源於同一個基因「庫」，或曾經有第四個更為原始的域，是其他域族群的起源，但如今則已絕跡（見圖4-3）。

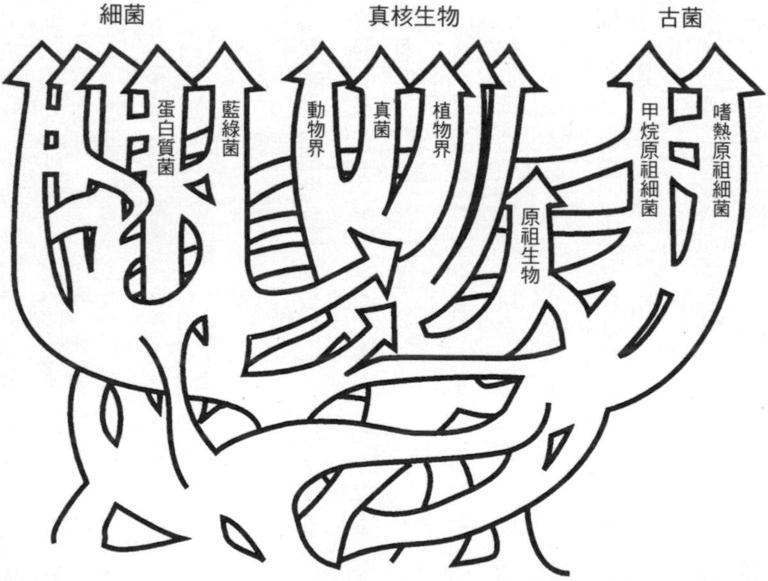

圖4-2：網狀樹圖，表示生命的歷史。改編自1999年杜立德（Doolittle）之學說。

姑且不論地球生命之起源為何或在何處，生命興起與普遍的時間約在三十五億年前。生物不斷地演化；而當生物開始拓展新食糧、棲地和機會，一群新物種也跟著繁衍起來。由生命首次出現的方式與形成速度來看，可知生命可能不是地球才有的特色。也許生命也存在於其他行星或衛

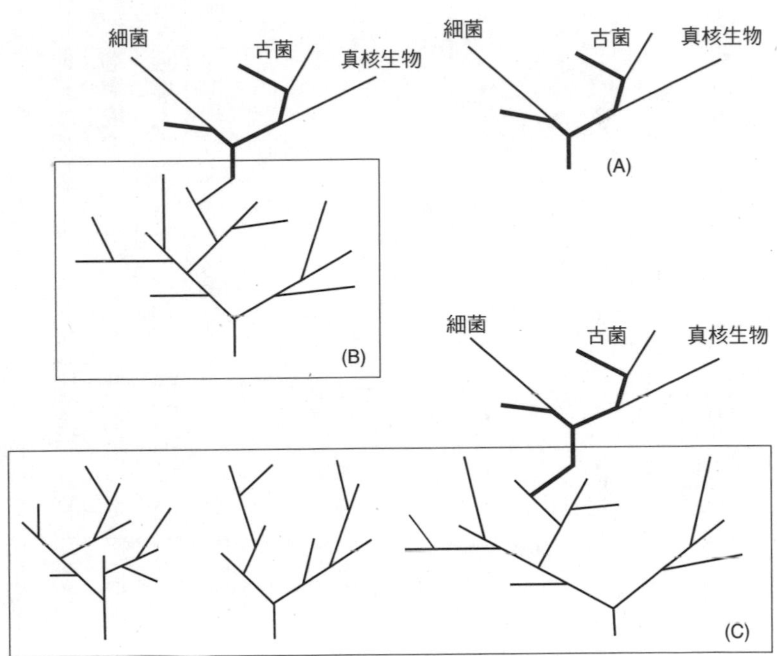

圖 4-3：三種描繪地球生物演化及「生命之樹」的圖。圖 (A) 中，三種生物域起源自同一個祖先。這是現今最普遍廣泛的「樹」圖。圖 (B) 中，圖 (A) 所見之樹建在一系列更古老、如今已無可辨識的分枝上。在這種說法裡，我們所知的 DNA 生物，有一段很長卻無紀錄保存的史前歷史。圖 (C) 中，早期地球上的生命是由數個類型不同、各自獨立演化的生物所組成，最後只有一種（DNA 生物）存活下來。

星上，而這些星球具有熱能、氫，並且岩石地殼中包含少許水分。這樣的環境常見於我們的太陽系之中，也可能遍存在其他星系和宇宙中，因此生命本身可能真的廣布四方。地球的例子告訴我們，生命不只能生活於極端環境中，也可能在其中形成。雖是生命，但卻非動物生命。那麼更進一步的動物生命是如何在地球上產生的呢？我們是否能用地球歷史中生命發展的基本步驟，來推擬其他行星上動物生命的演化和形成呢？這些便是下一章所要探討的主題。

第五章 動物之形成

想當然爾，線粒體首次進入其他細胞時，只是想在惡劣的達爾文世界中生存而已；並未考量到未來與該細胞的互助與整合等利益。

——古爾德

我們可以預測，在物理學家認可的理想行星上，生命一旦出現，其多樣性便會呈指數增加，直至飽和上限為止，不論此上限是如何界定而得。然而，地球上化石紀錄顯示的卻是另一回事。

——莫瑞斯

從前幾章可知，生命能生存於過去我們認為太過嚴苛極端、活細胞無法忍受的環境中；也知道生命不只能生存在上述環境裡，至少在地球上，生命還可能起源自這些環境。近來種種發現顯示，既然微生物能夠存活在這些極端環境裡，甚至可能起源自其中，那麼生命也可能廣布宇宙，或甚至常見於我們太陽系的其他行星上。那更高等的生命形式呢？多細胞動、植物是否也能像細菌一樣，遍存於其他行星上？本章中，我們會藉著探討地球上高等生命形式出現的過程，來檢視上述疑問，並提出我們研究嗜極生物時所探討之問題：這段特殊的歷史，是否能夠用以推論或理解地球外動物生命存在的頻率？

古老之二分法

從細菌到最簡單的多細胞動物，如扁蟲類的渦蟲，兩者間複雜程度的差距有如一條鴻溝；細菌包含了數萬個基因，但大型動物體內的基因則是以百萬計。欲闡明此概念，可將細菌比做簡單不起眼的木製帆船。木船只由三、四個極堅固的部分組成，因此不易毀壞，就像細菌不受大部分環境壓力所影響一樣；相反地，扁蟲就像是遠洋客輪，巨大而複雜，是許多技術成就的結晶。帆船不需要複雜的燃料，僅以風為動力來源，就像自養菌（不需有機營養的生物）能夠以最簡單的能量來源，如氫、二氧化碳等物來製造自身所需的有機物質。但渦蟲則需要尋覓與攝取複雜食物，也需要仰賴許多養分及無機物質而生存，就像遠洋客輪必須靠複雜燃料和內部機械的運作，將燃料轉化為動力，並藉此移動。讓我們將此簡單譬喻加上時間因素再往下推。由於建造帆船的技術很簡單，因此數千年前人類就會製造帆船；反觀遠洋客輪，是本世紀的產物，必須先有複雜的精煉金屬、蒸汽機、內燃機、電子技術以及其他發展後才能出現。客輪無法隨便、輕易地建造，一直要到人類發明出輪船的各種零件並臻於完善之後，才能製造輪船。不論大小帆船都有悠久歷史，但客輪則否，即使最簡單的動物也是一樣。

我們還可以做個最後的比較。就像所有人工建造的物體一樣，小帆船最後也會毀壞：可能一開始先破了帆布，接著傾了桅杆，最後整個木頭船身都腐朽了。但在這之前，這艘船幾乎是不會沉的，就像地球微生物不只比其他生物更經得起各種環境挑戰，也似乎更能長久延續、不易滅絕。但遠洋客輪卻是完全不同的「動物」。當然，本世紀首批客輪裡，有一艘名為「鐵達尼」。

現今地球上的動物，與細菌域及另一個和細菌類似的古菌域不同，而是屬於第三種分枝，也就是真核生物（但這三域都源自同一祖先）。

如前一章所述，生物長久以來都分作兩大「界」，由動、植物組成。後來增加為五界，分別為前章所述之動物、植物、細菌、真菌與原生生物。現代分類法將生物分為基本三組，稱為三域：真細菌（或簡稱為細菌）、古菌（其成員皆具有原核細胞）以及真核生物（由其他一切生物組成，包括了早先分界的標準，也就是動、植物）。因此主要的細分不再照著傳統方法（根據動、植物間明顯的差距而分），而是依據各群集間細胞結構與遺傳內容當中主要的不同點而分。

古菌和細菌（原核生物）沒有細胞核及包覆著膜的胞器，其遺傳訊息皆包含於單獨一束之

ＤＮＡ內，而ＤＮＡ則是深藏於細胞質中，因此該種生物只靠一層細胞壁與外界分隔。原核生物多以無性生殖繁衍，成長快速，細胞分裂頻繁。而真核生物在遺傳上與細菌、古菌大為不同，因此可輕易將之歸為第三域。真核生物也有極不同的內部構造與組織，具有細胞核和細胞分室（即胞器），如能產生能量之線粒體。

在繼續討論之前，讓我們先釐清一些名詞。分化枝意指：和其他生物相比，共同祖先更接近現代的生物群；古菌、細菌和真核生物是不同的分化枝。而所謂的階指的是組織中的分層，例如哺乳類和鳥類雖然來自不同分化枝，但卻同屬溫血，因此皆為「溫血」階。人類以原核及真核二詞來指稱兩種不同的演化階；細菌與古菌分別代表不同的分化枝，但牠們皆屬原核生物階；而真核生物則屬於真核生物階。

但生物群之間，除了簡單結構或基因密碼不同之外，還有一種更為基本的差異。這三種生物群發展出不同方法來應付環境的挑戰。古菌和細菌藉化學方法來解決問題，發展出無數種代謝方法以因應地球長久以來的環境挑戰，但是這麼做卻讓這類生物在形態上的改變甚少。或許正因如此，相較於真核生物域中演化出的許多物種，古菌和細菌的形態變化有限，多維持單細胞身體結構。古菌和細菌成功發展出多種代謝分化方式，因而有生化與代謝等方法來面對環境挑戰。牠們遇上非其所好之環境時，確實會試著改變周圍的化學特性。

相對於以單細胞為主的古菌和細菌，多數真核生物則採取相反的方法，以改變或創造新的身體部位來因應挑戰。真核生物利用的是形態方面而非代謝上的方法，而這種生存模式會使得體積增加。真核生物發展出具有細胞核及其他胞器的生物形態，也因此有了較大的軀體；此外，真核生物亦擅於整合個體內的許多細胞。

最早的生物化石紀錄是古菌或細菌，發掘於三十五億年前形成的岩石中；此二者之一可能是地球上起源最早並真正存活下來的生物。這些最古老的化石皆為絲狀，與現存稱為藍綠菌之絲狀細菌極相似。這種生命形式一直流存至今，表示這些古老的原核生物很早就已發展成功，不需要後續的重要形態微調。但這些生物與現在相隔三十五億年以上，牠們的細胞內部是否已大幅改變？或許是，但可能性不大。如果有時光機能帶我們回到地球上生命初出之時，我們極可能會帶回一些微生物，其形態、化學組成或甚至遺傳方面都無異於（或近似於）現存之形式。由於科學家解開了現代細菌基因序列及功能之謎題，因而得出上述結論。許多現存細菌的發現地環境都與早期地球相似，這些生物的每一個基因都有一種或數種功能，因此可以假設古老細菌為了存活必須具有相似的基因。許多微生物的遺傳密碼仍非常簡單，也可能與存活了三十億年之久的細菌種類相差無幾。細菌和古菌都保存得極好，也就是說牠們皆為活化石；除了年代久遠之外，成就更是非凡，是地球上數量最多的生命形式。單是一滴水中所包含的細菌數量，就相當於全世界的人口。我們居住在「細菌時代」中；而這個細菌時代也會永遠屹立不搖。

過去四十億年來，細菌和古菌的演化在形態上只稍有改變，而第三大域真核生物的演化史卻極為不同（見圖5-1）。只有少數的真核生物保有原始、幾乎類似細菌的形式，其中有些至今仍生活於地球上；其餘的則有最非凡的改變，也就是創造出新型的細胞——真核生物細胞，這種細胞的最大不同處在於細胞核的存在。動物生命便是由這群生物演化而來。現在我們來檢視原核生物階與真核生物階兩者間的不同。這項差異和我們的主題大有關聯，因為很顯然的，真核生物階的存在是演化過程中最重要的一步，讓地球動物生命達到巔峰。

細胞壁是原核生物細胞間以及細胞與外界之間最重要的屏障；而真核生物細胞中，卻有許多屏障，包括了細胞核壁、細胞壁以及多細胞變種之上皮（也

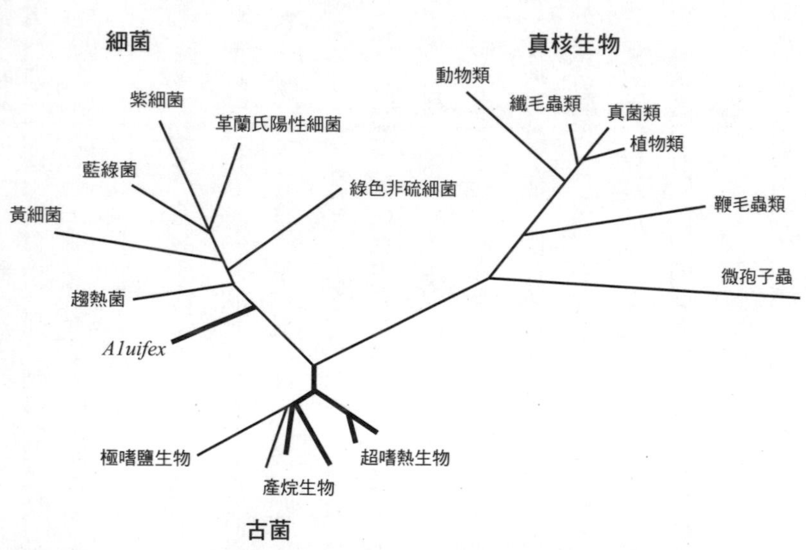

圖5-1：「無根」的生命之樹。三種主要生物域（古菌、細菌和真核生物）皆自中心點延伸而出。每一分枝皆為域的主要種類。

就是外層皮膚）。真核生物的體內具有分室細胞的功能，這些功能保存於包覆著膜的胞器中，像是細胞核、線粒體、葉綠體和其他等等。正因如此，原核生物與真核生物間的形態差距顯著，但仍有其他非形態方面的不同，這些也影響了各生物群的演化歷史。

原核生物與真核生物間最明顯的不同，在於多細胞組織的發展程度。原核生物極少達到較大體型或「後生動物」組織階段（即單一組織中包含許多細胞）；但已演化出的多細胞形體卻已在地球史上擔任要角，而其中，又以由一層層光合細菌群組成的疊層石（意指「石墊」）為要。即使原核生物能發展成多細胞形體，細胞間的運作協調程度也很低，但在另一方面，真核生物的多細胞形體卻是不斷地發展。

這兩種不同的發展對上述兩生物群的演化史有顯著影響。如前述，現今地球上某些種類的細菌，與三十多億年前岩石中的生物化石形體無異；相反地，多數有化石紀錄的真核生物物種（推論身體有堅硬部分），似乎僅維持了五百萬年左右。有性生殖以及許多導致生物形態改變的輻射演化和滅絕等事件，是多數多細胞後生真核生物的特徵，而原核生物似乎採用另一種方法讓自己免於滅亡，同時也抑止了形體的革新。真核生物與原核生物採用的方法大為不同。但這種地球上主要的生物變異是如何發生的呢？

發現古菌和細菌這兩大原核生物姊妹群之間的古老演化差異，推翻了長久以來的觀念。過去大家以為，這些所謂的「原始生物群」皆極為相似，其中一族是另一族的先祖。許多微生物學家如今認為，此二種生物皆起源於另一更為古老、且至今仍未知的共祖。另一項更重要的發現與真核生物域的祖先相關；現代所有動、植物的根源，可能和上述二生物群一樣古老。然而這並非意指現今的真核生物細胞與原核生物一樣歷史悠久。多數（但非全部）研究此主題的科學家認為，真核生物「階」的生物細胞，擁有明確的細胞核和許多高於原核生物階的發展，並且一直到細菌和古菌現身十五億年後，才出現於地球上。這項分析形成複雜後生動物的基本前提，亦即真核生物細胞的發展，是起源於一群類似細菌的生物體，而且僅發生一次；其餘則是靠演化而來。從第一個擁有細胞核的複雜細胞，產生了之後多采多姿生物域中的所有生命形式：植物、真菌和各種原生生物群（包括了鞭毛蟲和纖毛蟲，皆是生活於池塘或湖泊內的單細胞生物，易於以顯微鏡觀察），這一群微生物稱作微孢子蟲；最後發展成為動物。

「核」之一族

簡言之，真核生物細胞具以下七大有別於原核生物的特徵。

一、在真核生物中，DNA是位於包覆著膜的胞器，也就是細胞核之內。

二、真核生物細胞內有其他封閉物體，也就是胞器，像是線粒體（能產生能量）以及葉綠體（能行光合作用的微小內含物）。

三、真核生物能行有性生殖。

四、真核生物細胞的細胞壁富有彈性，能透過吞噬作用吞食其他細胞。

五、真核生物有細胞支架系統，由蛋白質細線組成，能控制胞器之位置，也有助於在細胞分裂過程中，複製出兩份相同的DNA。相較於原核生物細胞內單純的DNA分裂過程，此系統更為複雜且精確。

六、真核生物的細胞幾乎都比原核生物大；細胞數比原核生物的平均細胞數多上萬倍。真核生物的細胞結構與鹽平衡，均比原核生物更為進步，因此可以維持較大的體型。

七、真核生物的DNA較原核生物多，通常多上千倍。DNA成束包含於真核生物細胞或染色體中，通常有許多份。

從生命第一次出現，到第一個可以形成真核生物階組織的細胞生成，中間可能經過了十五億年以上。為何如此耗時？

部分原因可能在於有許多細胞功能和組織需要進化，而每一項工程都曠日費時。或許最重要的並非細菌或古菌的發展，而是真核細胞內部組織更高度的進化；這些組織多因細胞支架結構而產生。真核生物和原核生物結構上最大的不同處在於：真核細胞的DNA聚集在封閉區域，也就是細胞核中，以及其他細胞系統會經由分室作用形成封閉之胞器。有些科學家認為，細胞內部的分室作用，是發展出「複雜後生動物」，亦即動物和較高大植物的必須要件之一。

此種演化轉變是如何發生的？演化生物學家馬古利斯及其他人認為，真核生物之所以能發展出各種胞器，是透過一種始於內共生的過程，也就是一生物體生活於另一生物體內的情形。這項發現如今已廣為人所接受，是二十世紀生物學重大功績之一。現今有許多共生的例子；像是白蟻和牛隻能夠消化堅韌的植物或木頭纖維，是因為牠們消化系統中的細菌，能釋出酵素分解木頭，但這些細菌並不受宿主消化酵素所影響。經由下文所述之情形，共生可能是得到重要真核生物胞器的第一步驟。

久遠以前，某些早期的真核生物（也許已有細胞核，但體型仍極小，亦無其他胞器）可能已固定以其他原核生物細胞為食。這便是真核生物勝於原核生物的主要發展，也因此促成外細胞壁進化，而能併吞或吞噬其他細胞，亦即掠食。然而有些遭併吞的原核生物細胞，並不會馬上被宿主消化，進而毀滅；相反地，這些原核生物細胞可能存活一段時間（或是這些生物可能侵入宿主細胞，而非為宿主所捕獲。牠們可能鑽進較大的真核生物細胞內，並於其中建立寄生地）。最後，宿主細胞從此種結合中得到某些利益：原核生物是極具效能的化學工廠，能夠處理一些宿主無法辦到的工作，像是能量轉換或甚至是能量獲取以及代謝功能等。線粒體（和能量之形成與轉換有關）、質體（葉綠素所在之處）或甚至是鞭毛（為移動之用）等胞器，都可能從上述方式演化而來。

DNA正是此種假設的主要證明。線粒體與質體各有其DNA股，在結構上較近於原核

DNA，而非真核DNA。線粒體可能曾是自由獨立生存的細菌，能將簡單醣類氧化成為二氧化碳和水，並於過程中釋出能量。現今仍有活細菌，如紫色非硫細菌一類的菌種，可能近於原始線粒體的形態。這些併入宿主細胞內的「外來客」最後會失去細胞壁，而成為宿主的一部分；真核生物則因為多了這些胞器，而更接近或達到現今所熟悉的組織程度。

我們如今可以大略了解達到真核生物階組織的演化步驟；一開始是細胞膜包圍DNA，形成一袋的原生質加上DNA，接著發展出吞噬（或吞食物質）的能力，演化出細胞支架（讓我們在眾生之中，體型逐漸加大），進化出需氧呼吸作用，然後有了各種更大的胞器：線粒體、細胞核和核糖體等等。

最後一個步驟是真核生物細胞演化中最有趣也最富爭議的一點，有些人提出的情節頗符合演化和適應之理。其中一項挺有趣的觀點，是由美國加州理工大學的柯胥文教授所提出，他簡述真核生物演化時面臨的問題如下：

真核宿主細胞的問題有：

- 宿主體型應要夠大，才能吞食其他細菌。
- 宿主細胞要能行吞噬作用，才能將入侵者拘於包覆著膜的液泡中（細胞內之小空間），讓線粒體與葉綠體有雙層膜的特性。

・細胞至少要有細胞支架的雛型。
・宿主細胞應為共生體提供較好、較穩定之環境，如此天擇才會有利於此種結合。

唯一已知能符合所有限制條件之細菌，是發現於德國的磁細菌。該菌種在體型上大於多數原生生物。這種細菌的每一個細胞，製造了數千個名為磁體的胞器，亦即膜泡中磁鐵礦（Fe_3O_4）的細小結晶，而膜泡是由吞噬作用所形成。這些磁體存在於鍊形結構中，此結構讓每一個結晶排列妥當；只有發展出細胞內支撐結構，如細胞支架，才能達到上述情形。磁細菌順著地球磁場產生之磁場線游動，藉此讓自己繼續處於最理想的環境中。此種能力令牠成為共生之最佳選擇，這是因為許多生物體為了存留於適當環境中，耗費了大部分代謝能量。

真核生物細胞的演化過程具有兩大意涵，能說明地球上高等生物出現的時機。首先，磁場軸（沿磁場排列之能力）之演化發展以及磁鐵礦的生物礦化作用（由活生物產生礦物），皆極有可能是依據儲鐵能力有無而淘選造成的天擇結果。厭氧微生物可直接自溶液中取得二價鐵，因此不需存鐵機制；但在富氧環境中，鐵會脫離二價鐵的形態而生銹，自溶液中分離出來。因此，磁場軸不可能在缺氧環境中發展，而地球的缺氧環境大約結束於二十至二十五億年前。最早的磁性細菌化石還留有細菌的磁體，年代大約在二十億年前。其次，磁場軸需要強大的行星磁場。地球的原始強大磁場，大約在三十五億年前開始衰竭，直到約二十八億年前，經過地核的成核作用後，才達到如今的強度。

柯胥文因此對真核生物細胞的生成，提出另一種新的、或許也是最合理的情節：一條促成磁鐵礦與強大行星磁場形成的路徑。下一章我們會探討到，並非所有行星都保有磁場。假使這條路是通往較大真核生物細胞的「唯一」途徑（此假設仍有待證實），那麼行星就必須具備另一條件才能有動物生命，那就是磁場。

真核生物演化的環境條件

動物生命的祖先是在何種環境條件下演化？一九八〇與九〇年代的新發現，讓我們更明白上一章所提及之演化過渡時期中，早期地球的情況。地球上最早的生命，似乎是形成於劇烈彗星撞擊結束期間或其後。劇烈撞擊約結束於三十八億年前，而所找到的最早生物化石，年代約為三十五億年前。

現今發現地球最古老化石的地區，是澳洲人所謂的「北極」，因為即使對澳洲這塊偏遠大陸而言，該地區仍是極為遙遠而不宜人居。當地岩石屬於瓦拉烏納系*，該系由沉積岩與火山岩交

*譯註：系，意指某期間內生成的岩層。

疊形成。地質學家推敲，此沉積層是在三十五億年以前的淺海地區累積。這是暴風層的證據，也證明了有時炙陽會蒸發小海水塘，形成海鹽沉澱，但這些構造並非瓦拉烏納岩成為眾人焦點之因。這塊位在澳洲的古老一角，有著全世界最早的疊層石，是石灰以及層層堆砌之沉積物形成的低丘，經由解析，證明是微生物墊的遺骸，換句話說，也就是生物的遺跡。

疊層石（也就是前述的「石墊」，是變異的多細胞原核生物）是最明顯的化石，也是史上現存最普遍、超過三十億年的生物證據。每塊大陸上，在五億年以上的岩層中都曾發現此種生物證據。如今地球上，疊層石只生存於一種環境中，就是平靜的熱帶海洋，該處也是逃離食藻生物掠食的庇護所；在地表大部分的地區中，疊層石都無法生存，因為在那些地方牠們很快便遭吞食。如今名為藍綠菌的光合細菌便是牠們的現代翻版。

從疊層石的存在可推測出，大約三十五億年前，地球生物便已離開熱液或地底等原始棲地，而來到地表上。原核生物主宰世界長達十億年之久，直到二十五億年前，形成疊層石的生物才釋出足量的氧，形成名為帶鐵礦的沉積礦床。在一般疊層石成形前，海中並無溶入氧，大氣中亦無氧氣，因此也不會有礦物氧化。然而隨著氧的出現，大量溶於海水的二價鐵自海水中析出，並氧化成為氧化鐵，易言之就是鐵銹。如今在這些帶鐵礦礦床中，仍有六百兆噸於二十五億年前沉積的氧化鐵。

大約二十五億年前之後的這段期間內，地球上最大的特徵便是板塊特性的改變，也就是造山運動與大陸漂移的速率改變。在此期間之前，地球岩層中放射動物質所產生的熱能已經減少，這是因為有些放射動物質在地球初期即衰變得很快。此類物質就像是地球內部有限的燃料，於告罄之時，熱能產量亦隨之減少。這顯示大陸漂移與造山運動皆是地球內部熱能釋出的副產品，隨著熱能與時俱減，這兩種活動亦跟著減少。也有些證據顯示，陸地主要在該時期形成，因此產生較大的陸塊。隨著新大陸形成，許多淺海棲地也跟著產生，而這些地方已證實有利於光合細菌生長。我們可以推測，在四十億至二十五億年前之間，只有少數較大的陸地，但卻有無數成串的火山島星羅棋布於全世界。自二十五億年前之後，大陸地塊開始形成，全球火山運動也減少。

隨著棲地的增加，更多的疊層石亦隨之成長增加，持續為海洋注入氧氣；只要海水中還有溶解的鐵，注入的氧氣便隨即會被鎖入帶鐵礦中。但是大約十八億年前，儲存的溶解鐵已消耗殆盡，我們之所以知道這點，是因為在那之後就再也沒有新的帶鐵礦形成。這項改變在地球的沉積紀錄中，留下不可抹滅的記號，因為海水充滿氧氣後，帶鐵礦的形成亦不復見，而至少得等到許久之後，地球再度缺少氧氣時才可能再復出。氧氣因無處可去，便開始進入地球的大氣層，藉此，可能賦予生命首股邁向動物成形之路的衝力。

氧革命

我們幾乎無法想像，當時的世界與現今世界的差距有多大。但二十億年前奇特的微生物世界，卻可能是宇宙中擁有生命之行星的範本。如今在地球上，仍有微生物世界的遺跡，存在於遍布全球的細菌泡沫以及池塘浮渣中，尤其在人類造出的腐敗垃圾堆和掩埋場內為數最多，這些地方仍可見一群群繁殖快速的細菌。但在這個真核生物遠多於原核生物的世界中，表面泛著彩光的潮濕沼澤會是個特別的地方。那個擁有二十億年歷史的世界形貌為何？有兩位科學家以想像力馳騁其中數次，憑此而描繪出的世界，是如今可得的最佳描述。下文對於古老「隱生元」時代的描述（此為二十五億至五億年前這段期間的正式名稱），乃摘自一九八六年馬古利斯與薩根合著之《演化之舞》：

> 對任一觀察者而言，早期隱生元的世界多為平坦而潮濕，景象既奇異卻又熟悉。背景襯著噴煙火山，隨處盡是色彩鮮艷的淺塘。一塊塊漂浮於水上的綠色及褐色奇特浮渣卡在河岸上，把潮濕的土壤染得像是發霉一樣。惡臭的水面罩著一層紅。如將觀察的範圍縮到極小，可看見紫色、寶藍色、紅色和黃色的浮動球體，奇妙的景象盡收眼底。在莢硫菌的紫色球體中，黃色懸浮小硫珠會釋出臭氣泡。一群群包著黏稠物質的生物向四

處伸展。有些細菌一端緊附著岩石，其他端則潛入細縫，開始穿透岩石。細長的絲狀體離開同伴，緩緩滑走，試圖找尋陽光更充足的地方。彎曲的菌鞭像是拔塞鑽或螺旋通心粉，從旁急竄而去。多細胞絲狀體和黏稠、類似織品的細菌群，順著水流載浮載沉，將小鵝卵石包覆起來，漆上明亮的紅、粉紅、黃和綠等色。和風拂來，掀起一陣球體驟雨，紛紛濺落在大片低泥地和水域中。

所謂的「氧革命」便是從這個原核生物世界開始。含氧大氣的產生，是地球上重要的生物相關事件之一。原核細菌利用日光、水和二氧化碳，不斷地產出大氣氧，因而改變了地球。氧氣的出現也創造出生物的契機與危機。地球上許多原始生物，無法代謝處理豐富的氧氣。大約二十億年前，氧氣暴增，對多數的古菌而言是一場環境災難，迫使有些物種遁入無空氣的棲地中，如湖泊、死海底、沉積岩或生物屍體中；有些物種則因無法遷移而滅絕。然而對其他生物而言，這場大氣條件的劇變創造出新的契機。有些原核生物細胞開始利用大量的氧代謝能量，以將食物分解為二氧化碳和水。新的代謝方法比其他無氧代謝法產生更多能量；採用新法的生物開始接管整個世界。而其中最能有效利用此法的，便是真核生物域中的成員，牠們在二十億年前便已發展出真正的真核生物細胞機制。

人類在美國密西根州的帶鐵礦礦床中，發現了目前已知最早發展出真核生物階組織的生物化石。這些化石直徑約一公釐長，串成長達九十公釐的長鏈。此種生物比單細胞原核生物或甚至單細胞真核生物大得多，名為碳膜印痕，以捲曲碳模的形式保存於平滑沉積岩的順層面上，也就是沉積岩層裂開的地方。一九九二年的發現顯示，第一個真核生物細胞是在帶鐵礦形成的過程「中」開始演化，當時海中仍只有少數氧，而大氣則可能完全無氧。這些早期的真核生物可能數量稀少，因為在牠們首次出現後的五百年間，並無其他真核生物的化石紀錄，但該種生物的形成仍是生命發展的據點。

二十億至十億年前之間（見圖5-2）的化石中，僅記錄了少數的生命進展。大約於十六億年前，有一種稱為原球體的微小化石開始在地層中出現，之後真核生物便開始普遍起來。原球體是球形化石，有極厚的有機細胞壁。科學家認為這是浮游藻類的殘骸，此種藻類行光合作用，生活於全球海洋的淺海區域中。其他生物也有發展，但因多數原生生物如變形蟲及草履蟲等沒有骨骼，因此並沒有留下化石紀錄。由於類似植物的生物開始增殖，新的肉食原生生物種類亦隨之增加。在這似乎永無止盡的地質年代中，大量的單細胞漂浮植物和較大且行動較自如的草食生物，在浮游生物的世界裡生死輪替著。開闊海洋中的生物較少，但在沿岸養分較豐富的地區，則漂著極小的生物。這是「原生生物時代」，是「小型生物時代」。

現在我們跟著演化之旅，來到十億年前。如果對化石紀錄的解讀正確，那麼演化發展的速度終於加快了，因為從化石紀錄中可發現當時的真核生物種類暴增。這些新種類包括了初次出現的紅、綠藻，這些藻類在現今海洋生態系中仍是重要而多變的。真核生物種類的多樣化，包括原生生物和植物，奠定了更大型多細胞生物的演化基礎，而且這項改變可能是真核生物細胞內重要新形態的發展所致。

真核生物形式與功能之演化

下列四種生物革新，可能是促成較大動物出現之重要原因：㈠生殖周期的發展；㈡改變染色體上訊息的新方法（利用正在發展的能力刪減並重置整個基因序列）；㈢細胞間利用激酶蛋白質溝通的新方法，以及㈣形成新的細胞內架構，也就是細胞支架，

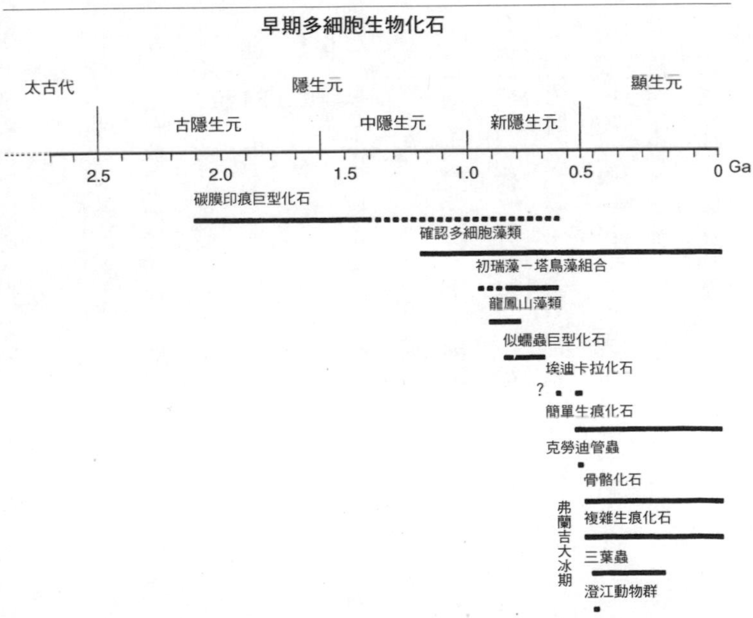

圖 5-2：早期多細胞生物化石。虛線部分表示時間範圍未確定。

使得真核生物細胞的大小遽增。這四種革新大為加強細胞因應天擇發展出新形態的能力，也改善了細胞聚合成為多細胞生物的能耐。

現在我們能更清楚地為所謂的「高等」生物，即真核多細胞生物分類；當然，多細胞生物有很多種，其中包括許多原核生物，大多數的多細胞原核生物是由兩種細胞組成。細胞黏菌屬多細胞生物，有些藍綠藻也是；但這些生物的形式均已到達演化發展的盡頭了。數十億年來，這些生物一直生存於地球上，但就演化角度來看，牠們的變化不大。在生命歷史中，其他種類的多細胞生物較為重要，在此指的是真正的後生動物。

單細胞生物躍進至多細胞的過程中，需要許多演化步驟；而從單細胞生物躍進至後生動物，也就是組織細胞高度協調的生命形式，會牽涉更多。兩位生物學家格哈特與克須納在合著的近作《細胞、胚胎與演化》中，討論到這種演化的完成。他們認為，第一步驟似乎是最矛盾的：轉變的原因並不在於有了某種新結構，而是失去了重要的結構。許久以前在地球上，有些隸屬於真核生物脈絡的生物勇於（或僥倖）改變形態，脫去外層細胞壁。改變的原因至今仍然不明，但影響卻是無遠弗屆。堅硬的外壁保護單細胞生物不受環境侵擾，但同時也成了這些細胞之間的隔閡；藉由脫去外壁，各個細胞便能夠彼此交換活物質和訊息，裸細胞也能相互依附、緩緩越過對方身體及溝通，這便是形成組織的初步過程。而組織就是細胞因互利而組成的群集。

較大動物需要細胞系統高度整合，以執行生命所需的許多功能。呼吸、進食、繁殖、排洩、接收訊息和移動，這些都需要許多細胞的協調整合，而每一種功能最後都需要一至多種組織來執行。

在所有組織種類中，生物外壁（上皮組織）最為重要。上皮組織能為生物抵擋外在環境之嚴寒，但同時又無礙於重要氣體或養分的吸收。上皮組織的出現，是後生動物演化決定性的第一步。

哪一種族群的單細胞生物首先有此突破？海綿是最原始也最神祕的較大真核生物。這類奇特的生物似乎銜接了單細胞真核生物或群體原生動物，與高度整合之無脊椎後生動物門之間的斷層。海綿內有數種細胞，各司其職，但就整體生物組織來看，牠的發展程度很低，並無內臟或空腔以專司食物處理，亦無神經系統。但海綿可能是一窺真正後生動物祖先真面目的線索。

後生動物的根源或祖先所擁有的細胞種類，可能多過海綿（或許多出十到十五種，不像海綿只有三、五種細胞而已）；也可能在體內有空腔，分隔為兩種細胞層：外在的外胚層與向內的內胚層。這兩種組織結構似乎已無演化發展的空間，直到第三層，也就是中胚層加入了動物結構中，真正的內部複雜構造才完成。最後，一種微小類似蟲的生物發展出三種組織層，此生物有貫穿身體長軸的內臟，以及稱作體腔的體內分隔空間來作為內部的液壓型骨骼。有了這種小生物（剛開始可能不到一公釐長），才定下了地球上動物出現的演化背景。

動物門之兩大分化事件

隨著演化生物學家稱作「圓形扁蟲」生命形式的出現，生物界發展出一種體軀藍圖，經由各種改變，形成不同的後生動物，這些新的體軀藍圖就是我們所謂的門。現存的門包括了節肢動物、軟體動物、棘皮動物以及人類所屬的脊索動物；另外還有其他二十五門。我們期望在其他星球也能發現這些複雜的後生動物，但機會可能極為渺茫。這些動物出現於地球生物歷史的晚期。一九九〇年代有一項重要新觀念，認為這些動物的起源以及其後的分化與繁盛，乃肇因於兩個不同的事件，這點與達爾文時代以降人類所深信的大為不同，過去大家一直以為上述變動僅由單一事件造成。

大型動物的化石（即肉眼可見的化石）是在六億年前之後，也就是在「寒武紀大爆發」期間才大量出現，寒武紀大爆發是形成數千種新物種的分異事件；我們會在下一章詳加敘述。但當時大量動物化石的出現，代表了第二次的分異事件，此事件促成地球上較大動物增殖。我們會證明，寒武紀大爆發中的常見成員，如三葉蟲或軟體動物等複雜生物，是某些生物的後裔，那些生物出現於更早以前，大約是六億至十億年前之間所發生的第一次分異事件中。但第一次事件並未留下化石紀錄：在六億年前第一次事件發生時的地層中，沒有發現化石紀錄，古生物學家一直為此所苦。我們並非藉由古生物學而對動物第一次分異事件有所了解，反而是藉助完全不同領域的研究：遺傳學。遺傳學家藉由一項名為「核糖體RNA分析」的特殊技術，檢視活生物的遺傳密碼，而對第一次分異的「時間」有了答案。

基因序列是一連串的鹼基對，沿著雙螺旋DNA分子排列。如先前所探討的，DNA分子就像是一把螺旋狀的梯子，鹼基對就是一級級的階梯，而核糖體RNA分析技術就是研究階梯的排列順序。基因就是DNA梯子上核苷酸序列所編纂的訊息，指引蛋白質形成。核苷酸只分為四種，但此物質所形成的基因密碼，卻是地球上所有生命的基礎。生物和其祖先共有的基因較多，和其他不相關種類之生物的共同基因則較少。比較各種生物的基因，可能得出演化史模型（或許是一株演化樹），各分枝顯示了有些物種起源於其他種類。但許多遺傳學家認為，這種分析方法不只讓我們明白生物的分異，也表示了分異的時間。

一九九六年，華利、拉文頓和夏佩洛等人根據遺傳分析的結果，發表了一篇論文；文中主張第一次動物分異事件，也是最早的一次，發生於十二億年前。這篇論文讓所有古生物學者大吃一驚：年代似乎是太早了。華利等人在論文中假設：基因序列會照著一定的規律發展，因此能夠利用一種分子「鐘」來判定各生物群的分異年代。分子鐘技術推論出遺傳密碼的改變，也就是演化，會依照固定速率發生。兩種DNA序列之間的差異愈大，代表自共同祖先分異而出的時間愈久遠。然而，其他科學家則質疑基因頻率依固定速率改變的這項觀點，認為分子鐘並不可信。但無論如何，華利等人是依據分子鐘的概念而得出結論，這項發現就像是平地一聲雷。假使動物從許久以前便已演化出現，為何直到六億年後才有化石紀錄？在這麼長的一段時間裡，這些動物在做什麼？

華利等人的發現引發了許多爭議，不只是因為此發現與古生物學長久以來所抱持的信條相左，更因這引起其他遺傳學家的批評。單是分子鐘技術的可信與否，便掀起遺傳學家之間的激辯。對於最早的動物分異時間，華利的研究本身就有最大及最小兩種數據。有一組基因顯示，直到七億七千三百萬年前，環節動物（蠕蟲）門才自脊索動物門（我們這一門）中分離，而另一組基因（來自同樣生物體）則顯示此種分異發生在十六億兩千一百萬年前，兩者間的差距真大！這些推論結果讓動物分異的時間有了最近及最遠兩種年代數字。但是，就算是最小的數據也顯示，（根據分子資料）在七億年前便有可辨別的脊索動物與環節動物，但卻無牠們的化石紀錄。這些動物到哪兒去了？難道牠們根本不存在嗎？還是當時的岩石或六億至十億年前之間的化石已全然無存？如英國古生物學家莫瑞斯所認為的，這似乎是太誇張了：

> 訴諸岩石紀錄中的空缺以及普遍的沉積物變質作用，皆不會有任何幫助：如果真有能夠成為化石或留下痕跡的較大後生動物，那牠們必定有厲害的訣竅，能躲開可能留下紀錄的地區。

自從華利等人發表了獨特而引人注目的分析後，其他遺傳學家又重新檢視了基本資料。而他們多半也承認，十二億年這個數據實在是太早了。（然而，在一九九八年底的《科學》雜誌裡，由美國耶魯大學賽拉傑為首的小組發表了一篇報告，表示發現了十億年前的生痕化石（蠕蟲生痕），可能是由一種小型、類似蠕蟲的生物體所留下。針對這項發現，有評論家認為化石中的生物痕跡可以輕易地經由無機活動造成，甚至，若這些痕跡真是由生物所造成，那麼疑問仍然未解：為何幾億年來只發現這麼一塊化石而已？）因此可以說，動物分化發生於十億年前之後。但我們仍需解釋，在一段重要時期中，有動物存在，卻沒化石留下的原因。古生物學家一直以為，從古至今只發生過一樁主要分異事件，也就是發生於五億五千萬年前所謂的「寒武紀大爆發」，而此事件與化石紀錄相符。但如今大家則認為，寒武紀大爆發其實是更古老事件的後續事件。

這難解謎題的答案是：當時的確有動物存在，但卻因為太小而無法見於化石中。最近一項關於微小動物胚胎化石的驚人發現，似乎更證實了這點。古生物學家諾爾及其同事利用最新研發之技術，在磷礦中尋找微小但複雜的動物；他們發現了一群極小，但保存完好的化石，是五億七千萬年前的三葉蟲胚胎，這種動物和現今多數動物一樣，有三層身體組織層。這些化石讓我們明白，即使之前並未找到這些生物的化石紀錄，現今動物門的始祖確實已存在至少五千萬年。遺傳訊息和新發現的化石紀錄兩相結合，讓我們對動物的興起有了更完整的概念：十億年前並無動物，或許七億五千萬年前也沒有。在地球的生命舞台上，動物的確是姍姍來遲。

多虧了這些新發現和解釋，對「何時」發生動物分異這個問題，已有了令多數人滿意的答覆：動物興起可分為兩階段。如華利及其同仁所提出的，第一階段似乎發生於十億年前之後（而且可能與第二階段非常接近）。雖然經過重新評估，但華利等人的發現仍讓我們對宇宙動物生命存在的可能，有了另一種值得注意的理解。華利的研究證明了的確有兩次「大爆發」。第一次演化出各種體軀藍圖；第二次則是在各個動物門之間，造成了各物種的分化，而出現的動物都是大型且為數眾多、足以留下化石紀錄的生物。遺傳學家可證明，早在環節類蠕蟲以及脊索動物的體型大到能夠留存化石紀錄的數億年前，牠們的基因便已分化。這點讓我們提出一個重要問題：即使動物演化，是否就必定，或註定會分化、變大並生存下去？第二次動物生命的興盛，也就是目前遺傳學家所知的「寒武紀大爆發」事件，是否一定是第一次分異事件的後續發展，還是另一個可能（卻未必一定會）發生事件的開端？或許宇宙中某處，也有動物分化變異，卻未能在某種類似寒武紀大爆發的事件中，達到體型較大以及數量較多的程度。古生物學家莫瑞斯首先發表了以下的特別觀點：

相對於五億年前寒武紀大爆發開始後的許多必然結果，我們須商討的是後生動物歷史在十億年前到底有多「隱密」，至少要有大概的了解。即使後生動物的歷史悠久，古生物學家對於這點仍持保留態度，但當時的生物可能大小只有一公釐，也可能沒有發展成肉眼可見之體型以及複雜生態的潛能……華利等人深入新隱生元（十億年前，前寒武紀時代晚期）迷霧所追尋的線索可能是正確的，但真正的生物大爆發似乎仍是在寒武紀發生。

易言之，動物的發展似乎分成兩步驟。而第二步驟，亦即寒武紀大爆發，未必是第一次動物門分化所預定的結果。

同樣的問題一再提起：為何地球上的動物花了這麼長的時間才興起？是由於外在環境因素，像是地球上長期缺氧，還是出於生物因素，如缺少形態或生理上的關鍵革新？

動物演化：是生物突破抑或環境刺激？

複雜動物必是從簡單的單細胞生物一步步演化，最後才在地球上出現。從單細胞微生物改變為多細胞生物，這條路徑在每個星球上都一樣，即使各處的生物分子皆不相同，但由簡至繁的定理卻是不變的。因此地球上動物演化的例子，對於理解其他星球上動物出現的頻率高低而言，可能極為重要。

要想了解單細胞祖先演化成為動物的途徑，必先明白這些重要演化發展發生時的環境。我們已知悉這項改變的出現「時間」，為五億五千萬至十億年前之間的五億年中。第二次事件，也就是發生於五億五千萬至五億年前之間的「寒武紀大爆發」，包括了各種動物門形態上的變化，可以依據體軀藍圖的不同加以細分。該事件也包含不同動物門中，具骨骼及較大體型之物種的出現（見圖5-3）。

在這段期間，地球經歷了幾項重大的環境改變，包括了史上最嚴重的冰河時期、急速的大陸運動以及海水化學成分的劇變。我們因此有了難解的問題：這段期間內的環境改變（於下文詳

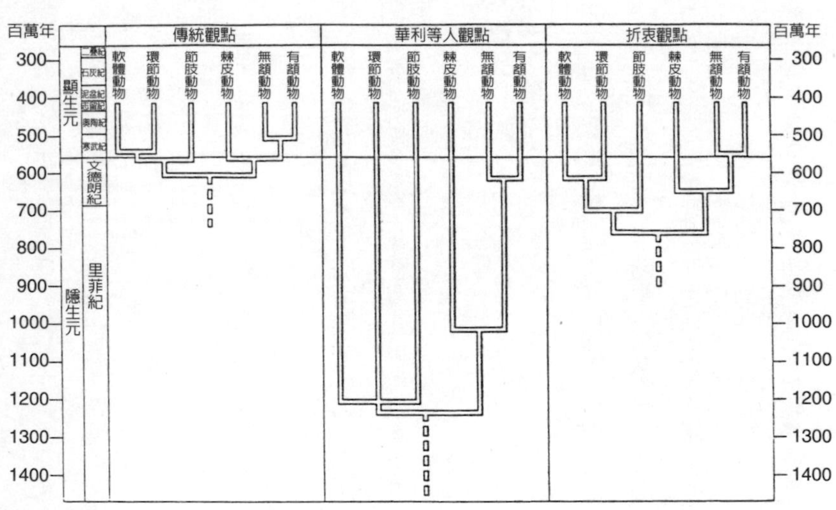

圖 5-3：對於後生動物發展史的不同觀點。多數古生物學家仍抱持「傳統觀點」（圖左），認為化石紀錄是極為可信的原始事件指標。華利等人認為分子鐘（圖中）顯示了主要後生動物門的古老起源。而「折衷觀點」（圖右）則認為有些分子鐘跑得較快，意謂著要尋找第一代後生動物，應集中於7億5千萬年之後。

述），是否引發了動物的分化變異？或是即使沒有這些環境劇變，一樣會有動物？這些問題無疑是了解地球生命演化的重點，對於明瞭其他行星上動物存在的可能，亦極為重要。一旦有適合的祖先，動物生命是否一定會（或通常會）演化？還是仍需要某種額外的刺激，或一系列的環境變化步驟，才能促成演化？我們可以用烘焙蛋糕來譬喻動物演化過程。在十億年前，所有的材料都已齊備，也攪拌均勻成為麵糊，是否應在特定時間和溫度嚴格控制的條件下，才能成功烘烤出蛋糕？或是在任何溫度條件下，烤出來的蛋糕都會一樣完美？或甚至根本不需烘烤，就能有蛋糕（也就是說，只要備齊材料，混合成麵糊，就能成功）？

地球史上的豐碩時代，並非始於新動物種類的出現，而是植物。大約十億年前，開始出現多種藻類的化石，包括了現今仍遍存於地球的綠藻與紅藻。當然藻類並非動物之祖，但卻揭開了當時最重要的演化突起事件之序幕。數億年之後，發生了第一次動物門分歧變異，接著又經過數億年後，開始了動物生命的寒武紀大爆發。

十億至六億年前之間，地球環境又有哪些變化？當時陸塊大小已和現今相似，地球陸地總面積也與如今大同小異。但是當時的陸地卻非平靜之處；主要造山運動以及大陸漂移皆發生於該時期內，此後亦有空前嚴重的大陸冰河作用。這些事件是否和動物分化相關？有一派想法認為有關。布萊瑟以及其他科學家於著作中表示，海平面的快速改變，尤其是新大陸中寬廣平淺的陸內海之形成，會開闢許多溫度及養分都恰到好處的新棲地，這些條件可能刺激了動、植物的分化。

但仍有人反對此論，尤以伏倫泰為甚，他認為「板塊運動…與動物起源和輻射演化之間的關聯，仍有待證實。」但是美國哈佛大學古生物學家諾爾則認為，活躍的新板塊運動可能在其他方面影響了當時動物的初期輻射演化。一九九四年他更指出，「由於板塊運動成為調節地表環境的生化循環作用之一……這可能影響了某次或多次的（動物）輻射演化。」

種種的影響實例中包括了熱液在海水化學成分方面的作用。第一章所提及的熱液噴口位在海底地區，該處有大量高溫且化學成分特異的水與海水相混合，這種因火山作用而產生的水混入海裡，總量於十億至五億五千萬年前之間不停變動，而這些波動對海水化學成分、大氣組成以及氣候都有顯著效果。板塊運動也影響了有機碳於沉積岩中深埋或發掘的比率。氧氣和二氧化碳的數值一直有改變，因此地球的溫度及氧化作用也不斷變化。

但仍有另一項環境刺激促成了原始動物的分化。由於十億年前板塊運動開始活絡，海洋的化學成分因而改變，促使骨骼構造演進。這段期間內有一種稱作磷灰岩的特殊岩石，有些人認為這種岩石增加了當時海水的養分，因此也有助於催生六億年前開始的動物種類暴增情形。活的生物體中包含的磷比環境中多，因此磷是有限的養分。這種元素來源的遽增，會成為名副其實的生長肥料。

諾爾探討了所有不同因素後，提出三個說法：第一，發生於十億至五億五千萬年前的複雜物理事件，以及一連串同樣複雜的生物事件，可能只是巧合，彼此間其實並無關係。果真如此，造成生物大分化的原因僅在於生物革新（如細胞相互聯結、產生外細胞壁，以及發展內部細胞間調合等各種能力），而種種革新與同時發生的環境變化並無關聯。

第二種說法是，演化的確藉助物理環境的改變，其中又以氧氣多寡的改變為首要。約在六億年前，較大的後生動物，亦即埃迪卡拉動物，是緊接在大氣氧含量遽增之後出現（由穩定同位素可證明這點）。因此大約七億年前發生的動物首次分化，可能是生物界在氧含量達到某關鍵程度後，產生的回應。

第三種說法正好與前兩者相反，認為生物革新引發了某些物理事件。在此情形下，新演化的動物普遍具有碳酸鈣外殼，這點改變了海水含鈣量。同樣地，生物也可能有利於磷元素的形成，而非磷元素促成了生物生成：大量生物出現，改變了海洋自然環境的化學成分，增加了這種礦物的形成。

諾爾偏向最後一種說法。他強調第一次原生生物及藻類的主要輻射演化（約於十億年前），可能肇因於有性生殖的首次發展。第一次動物分化的火苗，是由性別所點燃，而非起於環境誘因；但諾爾亦說明了充氧作用在較大動物演化中所扮演的重要角色。少了氧，較大動物便無法演化，而這段期間內的板塊運動，更精確地說，就是複雜地球化學循環中海平面的改變以及大陸侵蝕，都有助於充氧作用。由於許多生理因素，氧是大型動物出現的關鍵；動物的代謝作用需要氧氣。

的確，我們大可質疑：在沒有大陸可侵蝕的世界中，充氧作用及動物之興起是否仍可能發生？或許「水世界」會對動物生命不利，但可能還有比諾爾所列舉、那更為突然且劇烈的改變；其中最重要的，就是星球溫度的遽變。一九九〇年代後期發現的證據，引發了激進的新觀點：史上至少發生過兩次地球大結凍事件；一次是在二十五億年前，而在八億至六億年前之間又發生了第二次（可能在此期間內一再發生）。在這全球驟冷的時間內，甚至連海面都覆上一層冰，因此我們稱之為「雪團地球」。下一章會探討結凍事件在生物方面的重要影響。

第六章 雪團地球

「下雪吧，下雪吧，下雪吧。」

——聖誕歌曲

要完全隱藏住我們的基因很難。

——基奇納，《即將到來的生命》，一九九六

春天通常與誕生、成長和豐饒相連，是冬季的嚴寒荒蕪之後，溫暖和新生的時刻，因此似乎久遠以前地球上動物的出現，是因為長期溫暖、豐饒和如春般的環境；但數位具真知灼見的科學家找到了新證據，證明地球上動物的誕生並非導因於一段溫暖的時期，而毋寧是前所未有的酷寒冬季。如果最後結果顯示這個所謂「雪團地球」的現象與動物的起源有關，對其他行星上動物出現之可能性而言，又代表了什麼意義？

正如之前所言，許多天體生物學家相信，早期地球自約三十八億年前第一個生命出現，到約二十五億年前真核細胞誕生的這段時期，溫度都是很高的；應該說太高了，不適合動物生命。然而也有其他人認為，地球或許有個「微冷的開始」，因為當時太陽釋放出的能量比現在少很多。雙方陣營都同意，當時地球的大氣中幾乎沒有氧氣。相信「炎熱開始」的人認為，地球在大氣中的溫室氣體量漸漸減少時溫度下降，但可能最後冷卻過頭（或者若你相信「微冷的開始」，此時地球無法獲得足夠的熱度），至少在短期內情況是如此。有證據顯示當時出現過多達四次的大型冰河時期，規模遠超過以往或之後的任何一個時期，甚至兩百五十萬至一萬年前最後一次冰河期的更新世，相比之下似乎也不過是短暫的寒潮。

已知的第一次雪團地球時期開始於二十四億五千萬年前，第二次則是數次冰河期的連結，發生在八億至六億年前。這兩個時間受到極大矚目，因為這也是生命第一次出現後，生物歷史中最重要的兩個事件所發生的時期：其一是約二十五億年前第一個真核生命出現，以及化石紀錄顯示，大約五億五千萬年前，多樣且豐富的動物生命在所謂「寒武紀大爆發」事件中開始興盛；其二即是下一章的主題。或許一切只是湊巧，才會讓這兩次重要且影響深遠的生物事件，緊接在地球歷史中兩次最嚴重的冰河冰封時期後發生，但根據一項具爭議性的新理論，兩者可能均導因於雪團地球時期。

禁錮於冰中

大陸冰河作用會遺留痕跡，證明其曾經存在：一種地表上的特殊地形，亦即流動的冰河通過堅硬岩石而造成之溝渠和刮痕，和（或許最重要的）名為冰磧石的特別沉積物。冰磧石是有角的岩石碎片沉積，由移動的冰河搬運然後遺留。最近的一次冰河期發生於兩百五十萬至一萬兩千年前，就遺留了許多此類沉積物，南北半球都有。在年代更久遠的岩石內也有發現冰磧岩。前寒武紀的兩段不同時間裡，曾出現很厚的冰磧石沉積：在大約二十四億年前，以及約八億至六億五千萬年前間。厚層冰磧石不尋常的地方在於：在地球各緯度地區幾乎均可發現，顯示冰河作用曾擴展到近赤道地區（和較近期的冰河作用大不相同，近期是自兩極到中緯度地區）；或許當時地球上沒有一個區域不受到冰河作用所影響。在這兩段前寒武紀的冰河期中，地球的大部分地區都覆蓋在冰下，因而一九九二年時加州理工大學的柯胥文稱其時為「雪團地球」事件。這兩個時期迥異於之後的冰河期，當時地球差點因為太冷而不適合任何生命。雪團地球理論在一九九八年八月得到哈佛地質學家保羅．霍夫曼支持，他在「科學」雜誌中發表了一篇文章，提到新證據顯示約七億年前的前寒武紀晚期，冰帽延亙至近赤道緯度地區。

發生於五億五千萬年前骨骼演化後的較晚近冰河作用，只影響到陸地區域，除了冰山增加，或頂多鄰近大陸的海面罩上冰層之外，海洋並未受冰覆。這些或許並非前寒武紀冰河作用時的情況。在兩次「雪團地球」時期，所有海洋可能都蓋著很厚的冰；雖然海洋較深處仍維持液態，但也許海面蓋滿了厚大的冰山或深度達五百至一千五百公尺的塊冰。地球當時的確很冷，平均表面溫度在攝氏零下二十至五十度之間。

這種極寒的溫度會為地球表面帶來巨大影響，例如大陸風化作用會減緩，或甚至停止。而在內陸，覆蓋的冰最後會融化（蒸發），如同今日南極洲乾燥山谷中的冰，留下貧瘠的岩石表面。這些地區的塵土會被吹向海洋，因此覆蓋海洋的塊冰沾染上來自陸地的物質而呈現棕色。從太空中觀望，地球會是白棕交雜的；白色部分是海洋上的冰，棕色部分則是光禿的陸地。

籠罩海洋的塊冰如同罐子上的蓋子，兩者具有相同功效。在廣大的海洋和大氣間通常有許多自由的交換作用；水自海洋蒸發進入大氣，然後下雨再回到海洋。然而假如海洋被冰覆蓋，海洋和大氣會被「拆離」，海中的化學變化會因海洋表面厚達一公里的冰蓋而與大氣隔離。極劇烈的化學變化可能會（根據柯胥文和其他人所言，的確曾經）在海洋中發生。

即使有冰的覆蓋，在地表上以及海洋底部的中洋脊火山沿線，仍持續發生火山作用。今日在這些地區（參考第一章），大量富含金屬的流體自海底火山噴出；在被冰遮蓋的海中，此種物質會產生毒性，造成所謂的「還原狀態」。海洋會開始累積金屬離子，主要是鐵和錳。在長達三千萬年的時間內，冰河和冰一直緊緊包裹著地球表面。

這種全球冰凍的現象，當然會對所有海洋淺水區中的生命有不利影響。生物圈僅出現在赤道周圍的狹窄帶狀區域、深海熱泉和熱液噴口；或許有些生命也生存在如黃石公園的熱液系統中。

天文學家曾經想過，原本溫暖的世界降溫成為此種「冰屋」或「雪球」後會無法復原，理由是在行星表面的冰愈積愈厚時，會有更多陽光反射回太空中，而溫暖地表的太陽能則會減少。在今日的地球上，陽光為顏色較深的大地和海洋所吸收，但仍會因雲層而反射回太空中。完全受冰覆蓋的行星則會將大部分的陽光反射回太空，因而變得更冷。然而很明顯的是，地球過去曾逃過被冰凍的命運，而且不只一次；方法是透過火山作用將二氧化碳之類的溫室氣體排放入大氣中，產生「溫室效應」。

逃脫

正如第二章所言，行星的平均溫度深受大氣中溫室氣體量的影響；許多此類氣體因活躍的火山噴發而進入大氣中。雖然海中也常有火山噴發，但是這些事件所製造出來的大多數二氧化碳無法進入大氣。冰冷的海水可以容納大量溶解的二氧化碳，在超過七百公尺深之處，海水中的二氧化碳已達到飽和時，二氧化碳會堆積在海底。在雪團地球時期，足量的二氧化碳最後會進入大氣，融化海冰，並且讓富含金屬的海水接觸到空氣。此種「回融」現象需要四百萬至三千萬年的時間，此數值為霍夫曼和其小組成員所估。在海中的冰融化以及氣溫再度上揚之後，地球會經歷驚人的改變。以下是柯胥文對這些事件的描述：

要逃離此「冰屋」狀況，唯有藉助火山氣體的累積，尤其大多是來自海底火山活動的二氧化碳。在這些冰凍事件的末期，冰消狀況必定規模驚人。將近三千萬年所積蓄的二氧化碳、亞鐵和長期掩埋的養分突然接觸到新鮮空氣和陽光。激烈光合作用活動的直接結果，是造成數百公尺厚的碳酸鹽岩石覆蓋各個緯度、各個大陸上的冰河沉積物。短期內，地球海洋會像愛爾蘭苜蓿草般翠綠。大量的光合作用產生許多氧氣，大氣中氧的含量達到高峰後，可能促使早期動物演化發生。

在今日的海洋中，生物生產力最重要的根源來自浮游植物的繁殖。浮游植物為單細胞植物，是海洋的牧草，對製造氧氣十分重要，但這些植物的增長受限於養分和鐵的供應。如果把鐵丟入現在的海洋，會出現大量的浮游植物，這或許就是緊接著第一次雪團地球事件後所發生的情況。冰封的海洋開始融化時，包圍海冰表面之精純且富含鐵和錳的塵土有如肥料一般，強烈刺激藍綠「藻」的成長（藍綠藻是真正進行光合作用的細菌，也就是「藍綠菌」）。許許多多的藍綠菌在已融化之海面區域聚集成塊，進行光合作用，釋放大量的氧氣。在數百萬年的寒冷和缺乏生命後，突然出現如此豐富的生命形態，會帶來一場重大革命，可能刺激新的演化改變發生。

這些事件會產生豐富多樣的地質與生物方面的成果。海中和空中的氧氣激增，會讓富含鐵和錳的海洋沉澱出氧化鐵和氧化錳。在之前的章節中，我們談到帶鐵礦沉積物如何在大約二十五億年前開始累積。柯胥文和同仁認為，帶鐵礦沉積物在第一次雪團地球時期結束後馬上就出現了。不只是鐵質沉積物，富含錳的沉積物也在第一次雪團地球事件終結後很快產生。證據就在南非，當地有全世界陸上蘊藏最豐的錳礦，已有二十四億年之久的歷史，且礦藏之下正是二十五億年前雪團地球時代積蓄的沉積物。如同帶鐵礦的形成情況，這些富含錳的沉積物似乎是行星雪球融化時，大量出現之氧氣所造成的直接結果。

因此，二十五億年前雪團地球事件結束似乎導致氧氣量增加，氧氣不但溶解於海中，在大氣中也有自由氧存在。海洋受陽光照射的部分含氧量太高，以致鐵無法以溶液形式存在於海水當中，此類現象或許在地球歷史中是第一次出現。柯胥文和同事認為，這種海洋化學作用的劇烈變化，會為地球上的生命演化帶來極大壓力，生命因而停留在原核細菌發展階段。氧氣對動物的生存不可或缺，但或許對當時大多數的生命而言卻是毒藥。多數生命在幾乎或完全沒有氧氣的環境中演化，對牠們而言，化學反應元素的突然出現就像是全球浩劫一樣，但對其餘生物來說，反而成為強烈的演化刺激。在那遠古時代，地球上的生命只有兩種選擇：演化以適應環境，或是死。

海中的所有生物必須採取兩種主要方式適應：第一，必須發展出酵素，功能在於減緩分解之分子氧與化學物質「氫氧基」所造成的損壞。（人類仍試著朝這方面努力。我們攝取抗氧化物，如維生素E和C，是希望能減少分解氧和「自由基」對活細胞的破壞。）第二，海水中的鐵沉澱形成帶鐵礦，減少了海中的鐵含量，活細胞不再生活在富含鐵的溶液中，但細胞內的蛋白質自第一個生命生成，就一直受到高鐵溶液的環繞，現在為了生存於低鐵的環境中，必須加以改造。

近來DNA序列顯示，數個發現於古菌和真核生物中的酵素，是源自二十五億年前發生的那次事件；在較古老的細菌中，沒有此類酵素。這件事代表的意義十分重要：柯胥文及同事提出的主張，其實完全否定了我們在第三章末尾所檢視的生命之樹模式，此模式內容為：三域（古菌、細菌和真核生物）是在至少三十八億年前，生命第一次演化後馬上出現的。新研究不只將此樹連根拔除，還放了把火燒之殆盡。假如柯胥文小組是對的，那麼三域中的兩域，亦即古菌和真核，只會在二十五億年前的雪團地球事件之後興起，因而比細菌年輕得多。之後不久，人類在約有二十一億年歷史的岩石中，發現最古老之有胞器真核生物的紀錄，此類生物就是所謂的「碳膜印痕」，我們在第三章提過。

這個新版生命之樹可說是革命性的科學發現，如果為真，會完全重塑眾人對生命演化路徑的認知。雪團地球事件對生物方面的研究十分重要，可由兩個方向來探討：第一，雪團地球事件開始時，可能造成了地球歷史中規模最大的「大滅絕」（第八章的主題）。全球寒凍氣溫持續，海洋與陽光隔離，地球的沉澱模式改變，以及所有地表水分消失，這些都會破壞當時適合微生物生存的大部分地表棲息地。微生物只能存活於少數地方：地底深處、熱泉四周和熱液所在處。第二，三千萬年後，地球自此冰凍狀況解脫，帶來新一波浩劫：環境自冷到熱，自無氧到富含氧氣；再次地，生物必須迅速適應。我們或許能在所有現存生物的DNA中看到這個成果；那些存活下來之生物的DNA中，帶有度過雙重浩劫（先是寒冷，後來溫度變暖並出現氧氣）的證據。早期地球上的生命經歷冰凍瓶頸，最後產生劇烈變化。

二十五億年前的雪團地球事件可能讓地球上出現真核生命，而真核細胞對動物而言是必須的。第二次的雪團地球事件（數個冰期緊密連接）或許留給地球甚至更為有趣的生物遺產，即我們所知的動物生命。

第二次全球冰川作用

正如第五章所言，次回的雪團地球事件橫跨了八至六億年前的那段時間，之前動物生命就已出現在地球上，但才新生成。新動物門出現的同時或之後不久，地球又鎖入冰屋中，再次地，必定有段大滅絕的時期；溫暖的行星凍結，嗜熱生物必須退回高溫綠洲，如火山和熱液噴口附近，否則就會死亡。然而這些嚴苛的情況可能有益於新生動物；雪團地球事件所形成的環境條件會帶來沉重壓力，因而刺激新生動物極為快速地演化，同時也會造成許多生物族群隔離，這是因為團聚在海底火山附近的小生物族群，會失去和其他動物族群基因交流的機會。此種隔離或許是危機結束後，形形色色動物門出現的主要原因；在最後一次雪團地球事件後，亦即大約六億年前（或更晚），全新的生物族群蓄勢待發，準備接管整個世界。就是在這段期間，動物生命開始在所謂的寒武紀大爆發事件中劇烈分化，此即為下一章的主題。

若沒有冰河期，動物多樣化會發生嗎？柯胥文和霍夫曼認為，在大規模冰川作用終止和動物出現之間，有個偶發的關連。霍夫曼曾說：「沒有冰凍事件，可能就不會有任何動物或高等植物。」他相信冰在冰河期末期融化有利於生物繁衍，且在過程中刺激演化發生；這種想法尚未獲得證實，但此種可能性讓人心動。

正如我們所知，兩次大型雪團地球事件幾乎終結了地球上所有生命，但每次事件到最後，在促成動物演化所需之重大生物突破上，可能都扮演了重要角色，包括真核細胞演化和之後動物門分化。這讓我們想問：雪團地球事件是否是產生現今地球多樣動物生命的必要條件？

最後一次雪團地球事件結束時，也是所謂的前寒武紀終結時。之後不久，在寒武紀大爆發中，許多有骨骼的較大動物開始在海中出現。假如柯胥文和霍夫曼所領導的兩組科學家團隊對雪團地球的見解是正確的，那麼可以說地球上的生命就某種程度而言源起於這些事件。

行星表面溫度和生命出現

雪團地球的發現顯示，在行星歷史中，溫度所引發的事件可能會對生命的演化過程有很大影響。此論證或許不但能延伸適用於某段時期的行星溫度變化，也能用以理解長久以來實際溫度變化的數值。有沒有可能行星表面溫度降至某個關鍵程度，是生物演化中其他重要突破發生的原因？

正如第二章中所言，適居區最常定義為有液態水存在的區域，因而涵括了生存於沸點至冰點溫度範圍中的所有生命形態。可能地球在過去大多時候若非太熱，就是太冷，因而動物無法出現。溫度近冰點或是沸點的環境，主要是微生物的天下；動物能承受的溫度範圍窄小許多。史瓦茲曼和修爾指出，具線粒體（將燃料轉變為能量的胞器）的真核生物能生存的溫度上限是攝氏六十度，此限制明顯可歸因於線粒體壁的化學結構。真核生物演化自原核生物，因此行星的適居區變得更窄，從有水（攝氏零至一百度）存在的地區變為攝氏零到六十度的區域。史瓦茲曼和修爾說：「我們的假設是，在地球般的行星上，較簡單之生命形態幾乎可說一定會出現；此種生物非常活躍。然而複雜生命對物理環境要求更多，尤其需要較低的溫度。」

史瓦茲曼和修爾提供下方的表，列明地球上多種生物能承受的溫度上限。（見下頁表）

史瓦茲曼和其他人認為，地球表面溫度曾限制了微生物的演化，從而決定了重大創新的時程。他們相信在三十五億年前，地球表面曾降溫至攝氏七十度以下，藍綠菌因而得以演化。這些微生物居住在陸地地表，因此增加了風化率和土壤形成率。新土壤接著有如大水槽般，降低了大氣中的二氧化碳含量，令地球進一步冷卻。微生物每次創新都會造成風化作用之生物增強效應；這種過程稱為「生物性介入的地表冷卻」。隨著具複雜根部系統的高等植物演化，此一過程的效率激增。「蓋婭假說」以為地球是自律的「超有機體」，許多科學家都抱持著這種看法，包括馬古利斯、沃克和這個詞的發明者洛夫洛克。我們對此特殊解釋保持不置可否的態度，但相信地表溫度或許對動物的出現有極大影響，而生命本身對行星的溫度也會造成很大衝擊。

動物是否有可能以他種方式（在任何行星上）演化，且速度比在地球上還快？在有骨架之

族群	溫度上限估計值（攝氏）	初次出現的時間（億年前）
多細胞植物	40-50	5
動物	50	10-15
真核微生物	60	21-28
原核微生物		
藍綠菌	70-73	35
甲醇菌	＞100	38
極嗜熱生物	＞100	

大型動物出現前影響地球的物理事件，是地球歷史中最複雜難解的謎之一。這一切只是巧合，抑或所有事情的確加速了動物的演化過程？約五億四千萬年前的地球化石紀錄中，突然開始大量出現動物的主要體軀藍圖，此種不尋常且戲劇性的登場方式，加上之前提出的種種問題，就是下一章要探討的主題。

第七章 寒武紀大爆發之謎

大體來說，演化如同人類歷史，有著一段段的朝代更替。

——威爾森，《繽紛的生命》

地球在生成之後的前三十五億年是沒有動物的，而在長達將近四十億年的時間內，沒有體型夠大到足以留下可見化石紀錄的動物；但五億五千萬年前，大型且多樣的動物生命終於在海中湧現，就像是大霹靂一樣，在一次稱為寒武紀大爆發的突發事件中誕生。短期內，所有動物門（依獨特體軀藍圖而歸類的各種動物類別，如節肢動物、軟體動物和脊索動物門）不是正在演化，就是首次出現在化石紀錄中。在有六億年歷史的沉積層中，從未找到過無庸置疑的後生動物化石，在地球上每個角落均是如此；然而在五億年久的岩石中，此種動物的化石既豐富又多樣，其中包括現今地球上之多數動物門的代表。似乎在至多一億年的時間裡（且事實上正如我們會看到的，在更短許多的時間內），地球由一個沒有肉眼可見之動物的地方，變成充滿無脊椎海洋生物的行星，這些生物的體型，可與今日地球上幾乎所有的無脊椎生物相比擬。這緊接著七億多年前初次動物多樣化（上一章中有加以介紹）後發生的事件，就是寒武紀大爆發。

寒武紀大爆發期間演化創新和新種族形成的比率，沒有一個時代能比得上。早先的動物多樣化必定只牽涉到極少物種，且每種的體型都非常小；另一方面，寒武紀大爆發產生了成千上萬的新物種，其中許多具有全新的體軀藍圖。正如我們在此章所述，寒武紀大爆發對天體生物學是項很大的挑戰，問題非常多。比如說，若適居的行星沒有發生此類事件，有可能出現動物嗎？寒武紀大爆發是因還是果？也就是說，今日地球上豐富多樣的動物生命，是否可能是這次突發多樣化的副產品，而若寒武紀事件的規模只是小型爆炸，不到大爆發的程度，這些動物生命是否就不會出現？是否只要前寒武紀晚期第一次事件發生，一切就會不可避免，還是需要另一組刺激？有哪些動物牽涉其中？此一事件的生物起因為何？成因為何？（有某種生物或環境刺激存在嗎？）還有，與天體生物學最相關的是，是否一旦演化出某個程度的生物組織，就必然引發寒武紀大爆發？換句話說，寒武紀大爆發是否有可能不會發生？

寒武紀大爆發何時發生？

寒武紀大爆發的特色為：較大的化石突然出現，在世界許多地方均可輕易發現。證據清楚明白，即使最早期的地質學家也知之甚詳。比如說在美國華盛頓州，寒武紀事件的跡象在艾迪小鎮旁清楚可見，當地有條鄉村小路迂迴曲折於海岸山脈的山麓丘陵，並穿過低處裸露的石英岩，這些岩石是超過五億五千萬年前，白色沙灘的石化遺跡。假如時光能回溯，那片沙灘大概不會引起任何注意，因為那裡看起來一點都不特別，沙灘就是沙灘，在任何時空都是如此；但近處海岸和內陸景色的景觀會十分特殊，沒有任何植物或動物存在。在今日地球上，有些地方的植物並不容易見到，像環境最嚴酷的沙漠、北極和南極地區，但這些地方，是這個覆滿生物之星球的例外；然而這並非五億五千萬年前的情況。而且不只是陸地上荒涼：如果我們能涉過淺灘、暖海，會發現水裡看不到閃亮的游魚或急促逃離的螃蟹，沒有海星、海膽，或任何蛤蜊躲藏在沙中，而其他今日海邊常見的動物也幾乎都不存在；或許有一些蟲或水母，但沒有擁有骨骼的動物。結論是，這個世界極少有生命存在，或至少極少有目前所謂的動物或陸上植物。

這個區域內的石英岩一層疊著一層地裸露著，假如要計算個別的層疊（或層），為數可達數千；這些岩石依成形時間先後而層層相疊，最底層中沒有化石。假如我們沿著路旁露頭再走遠一點，穿過這些連續的地層向上移動，從而進入岩石中更近現在的年代，會看到不可思議的景象。突然間，像被施了魔法一般，豐富多樣的化石出現了。我們發現一種有殼生物——腕足類動物的遺骸，看起來像小蛤蜊，還有一些其他種類的化石，如海綿動物和一、二隻極小的軟體動物。但是到目前為止，在艾迪鎮蘊含化石的第一層地層中，最普遍同時也是最壯觀的化石，就是三葉蟲。

除了菊石和恐龍外，三葉蟲或許是所有化石中最具代表性的。第一眼看來，牠們像是某種大型的蟲或蟹，但經過進一步檢視，牠們不像任何現存生物。最接近牠們的現存生物是鱟和鼠婦，但只能算是遠親。三葉蟲化石的大小差異很大，從極小到長度將近九十公分的都有；牠們有許多的脊柱，似頭盔的大頭，和各種特有的眼睛，而下側有一長排的腳、鰓和其他各種節肢動物的器官。大體來說，這些化石是複雜生物形成的複雜化石，因而沒有榮幸成為世界上最古老的動物化石。假如達爾文的進化論是正確的，最原始的化石應該比三葉蟲簡單得多，而事實也的確如此。然而在艾迪鎮，正如地球上許多有寒武紀沉積岩的地方，數量最多的化石的確是三葉蟲，下方則是明顯沒有化石且很厚的地層序列，這項觀察顯示，地球上令人驚愕的複雜動物在沒有演化前兆的情況下出現；就好似一個管弦樂團沒有奏出一個單音來調音，就開始演奏一樣。

這種較大動物突然出現在化石紀錄中的情況，是寒武紀大爆發最戲劇化的一部分，讓達爾文發狂，並對新興的地質學提出質疑；地質學的中心原則是，地球歷史中的重要事件是漸進發生，而非突然出現的。然而就算對最早期的地質學家來說，寒武紀大爆發也絕不可能是漸進的。

在十九世紀初期，地質學是新生的科學領域，主要是為了經濟方面的考量而成立，如尋找燃料和金屬。很明顯的，要找到這些有價值的商品，靠的是判定岩石的相對年代。在那個時候，大家都同意化石是古代生命的遺骸，依相對的疊放順序出現，因此提供了實際又有效的方法來判別岩體的相對年代。地質學家利用化石，很快地依時間單位細分出地球的沉積地層。

在一八二三年，英國地質學家沙巨維克將某一時間單位命名為寒武紀。據他觀察，在威爾斯的厚層沉積岩中，蘊含特殊的化石組群，包括為數甚多的三葉蟲。在這些地層之上，是具不同化石組群的沉積岩，代表的時間單位最後命名為奧陶紀。然而在沙巨維克繼續詳細標出並描述當地蘊藏的礦物和化石時，發現一件異常的事：有些地層「沒有」化石。沙巨維克研究的威爾斯沉積岩中，有極厚的無化石地層，其上同樣厚度的地層中則含有三葉蟲和腕足類動物。更令人驚訝的是，無化石和有化石地層間的轉變是突然的，而非漸進的。

有化石的寒武紀岩石下的地層，就是大家所知的前寒武系。寒武紀是指某一段時間，沙巨維克於威爾斯發現之滿布化石的地層便是在該期間形成。因為現代的鑑定技術，我們現在知道此段時間約開始於五億四千萬年前，結束於約四億九千萬年前。雖然沙巨維克的地層只在威爾斯部分地區發現，我們將地球上所有於五億四千萬至四億九千萬年前形成的岩石，都歸入寒武系。

沙巨維克將寒武系的底層定為第一批三葉蟲化石出現的地層，這種觀點流行了一個世紀多之久。在地球上的任一角落，地層只要有三葉蟲化石，又位於無化石地層之上，即被認為是寒武系的底層。然而近年來，辨識寒武系底層的方式改變；現在的底層，是沙巨維克認為之「底層」之下的地層。今日的地質學家將特殊生痕化石（動物行為的化石紀錄，而非留存下來之動物自身堅硬部分）首次出現的地層，視為寒武系的底層。

沙巨維克發現，複雜化石似乎是瞬間出現。此點讓當時多數的科學家相信，生命是在不知不覺中被創造出來，然後透過某位造物主的行動而來到地球；這種觀察結果現今仍有神造論者加以引用，當作對抗演化論的證據。對達爾文來說，這項結論或許最難以符合他新提出之演化論，因為化石紀錄顯示，大型且複雜的動物是明顯又突然地出現，這和他預想的完全相左。他在《物種原始》這本著作中推測，前寒武紀必定為期甚久，並「充滿了生物」。那這些生物的化石在哪？當然假如達爾文是正確的，就必須有較簡單的生物經長期演化而產生複雜的生命，後者即為沙巨維克和其他人在最底之地層，亦即現知的寒武系中所收集到的化石。達爾文從未能反駁此有力證據，相反的，他嘲罵化石紀錄的「瑕疵」，認為在地球各處有三葉蟲的第一層地床之下，必定有層地層被忽略了；他相信必定有前寒武紀化石的存在。最後結果證明他是對的，但他卻未能一償宿願就已撒手人寰。

古生物學家證明了達爾文是對的，因為在藏有曾以為是第一批化石骨骸的地層之下，亦即原視為「不毛」的地層中，的確含有達爾文尋找並據以建立學說的祖先。然而由於牠們的數量十分稀少或體型極小，因此長久以來都被忽視或忽略。「前寒武紀」最近現在的年代中，多數生物身體極小且缺乏骨骼，因而很少在化石紀錄中留下明顯的痕跡。除非利用特殊的處理技術，將牠們由埋藏的地層中分離出來，否則很難找到，那是達爾文和其當代人士尚未夢想到的技術。五億四千萬年前以前有骨骼生物的「突然」出現，只是具大型骨骼之生物的第一次出現，而這些生物產生顯而易見的化石。因為如此，現在寒武系的底層「下移」，位居含三葉蟲的第一層地層之下，也就是原以為不毛的地層。正如同達爾文所想，極少留下化石之較簡單生物，在經過一段較長時間的演化後才出現三葉蟲。

二十世紀見證了一場地質學革命，化石不再是鑑別岩石年代的唯一方式。各實驗室精密分析火成岩和一些沉積岩，找出了這些岩石確切的年代，而對整個岩石紀錄（包括寒武系）的年代鑑別，也變得精確許多。在一九六〇年代，科學家斷定寒武紀的底層有五億七千萬年久的歷史，一直到一九八〇年代晚期，這個日期仍受採信。然而近年來放射性定年技術大幅進步，前寒武紀和寒武紀的界限現在斷定為五億四千三百萬年前，「中」寒武紀約為五億一千萬年前，然而最老的三葉蟲不會超過五億兩千兩百萬歲，顯示寒武紀大半時間是「先於三葉蟲的」。有趣的是，雖然寒武系的「底層」變得較近現代，「頂部」的年代卻沒有改變。相較之下，寒武紀大爆發仍是突然且明顯的動物爆發事件：豐富而多樣的生物解放，建基於較早的細菌世界，而細菌世界仍持續存在，興盛不衰地過了五億多年。除了生命的第一次形成外，寒武紀大爆發仍是地球上最重大的生物事件。而我們認為，寒武紀大爆發甚至比達爾文（或現代的化石和演化紀錄學者）所認為的更為重要：我們相信，其中隱藏了推測宇宙中動物出現頻率的關鍵證據。

寒武紀大爆發中出現何種動物？

大家都同意大型動物豐富多樣的情況，於六億至五億年前迅速出現。事件本身發生在海中，這是因為當時的陸地除了地衣和一些可能出現的低等植物外，大多是一片荒蕪；沒有樹、灌木或有莖植物。由於缺乏紮根的草木，極少有土壤附著於地表。

然而在淺海和水道中，生命十分繁茂（雖正如之前所提過的，和今日海中生命情況明顯不同），且造構改變很快。在為期四十億年的前寒武紀時代中，疊層藻，亦即有分層的細菌生命形態，在大部分的時間稱霸地球，然後在五億年前幾乎完全消失。事實上，疊層藻是被吃到絕跡的，這是因為一場重要的生物革命創造出了全新且能適應環境的生物組合，以植物為食；這些新演化出來的放牧動物（許多看起來像小蟲）以疊層藻為食。七億年前之後，疊層藻的多樣性銳減，新演化的草食動物無疑地是造成此情況之因，雖然這些放牧生物沒有留下任何化石紀錄（體型太小，且沒有礦物化的骨骼能留下化石），大多時候，我們只是推測牠們的存在。

重要的演化大戲，也就是所謂寒武紀大爆發的舞台已準備妥當。戲劇場面雄偉，共有四幕，每一幕有每一幕的角色群，雖然其中有些在退場（走向滅絕）前到處串場。

第一幕：埃迪卡拉動物群

第一幕出現的角色群真的很怪，這個生物組群看起來像怪異的水母、突變的蟲和有生命的拼布空氣墊；開幕的演員陣容就是所謂的埃迪卡拉動物群。

我們現在知道埃迪卡拉動物群約於五億八千萬年前揭開第一幕，而人多在五億五千萬年前離去（雖然有些出現在年輕許多的岩石中）。多數的埃迪卡拉動物群多少類似腔腸動物門和櫛水母動物門內的生物，如我們世界中的水母、海葵和軟珊瑚。埃迪卡拉化石中最常見的兩種，其一類似水母，另一是名為海筆且似海葵的有莖群集動物，這種動物在現今地球仍十分常見；一開始科學家視這兩種埃迪卡拉生物為這些現代生物的古代版。動物群的其他成員看起來較像蟲，但算是配角。

有的埃迪卡拉動物體型很大，有些留下的化石將近一公尺長，令牠們成為當時名副其實的巨獸；然而，牠們似乎很少有我們熟悉的組織器官。譬如說，牠們沒有可見的嘴，也沒有肛門，組織器官為一連串似管子的構造拼接在一起。古爾德在一九八八年的論文中提到，這些奇怪的動物的確是「二胚葉」，或說體軀藍圖有二細胞層之生物的成熟型；此種體軀藍圖今日只有在珊瑚和水母身上找得到。

人類一直到一九四〇年代才發現埃迪卡拉動物群，當時澳洲的地質學家史匹格注意到，在南澳埃迪卡拉山區的砂岩礦破片上有些看來怪異的化石殘留，該地位於偏遠孤離的不毛鄉間。化石只是砂岩上的痕跡，而非任何保存下來的骨骸。有些像蟲；有些像巨大的葉子；還有一種是圓形的。史匹格蒐集了一些化石，發現許多砂岩上的圓形痕跡看起來像是今日的水母，亦即腔腸動物，但這種水母一類的軟體動物，只有在最特殊的情況下才能留存在岩石中，也因此許多人懷疑這些是否真為化石。然而史匹格在一本科學期刊中簡述其發現，說這些化石「存在於世界上最古老而直接的動物紀錄中」，且提出「牠們似乎均缺少堅硬部分，且看來代表各樣不同之動物類別。」化石的長度不一，從少於二．五公分至超過一百公分者都有。這個區域的其他化石開始現身（參考圖7-1），最後成為澳洲古生物學者葛萊斯納狂熱研究的對象。他促成了第一次怪異埃迪卡拉化石的生物重建，且對這些生物生活的環境特性有獨到見解。很快地，許多人開始深入研究此形形色色的動物群在分類學上的關係。

葛萊斯納最後將他所命名的埃迪卡拉動物群，歸類入已知的門，如腔腸動物門中，這個門內的動物是所有最原始動物的一員。對他來說，埃迪卡拉動物群因此代表了動物的第一次極盛期，而且屬於地球分類學上現存之族群。葛萊斯納利用樹狀類比，將埃迪卡拉動物群畫為在小型且可能是所有動物的簡單祖先，與現今水母和海葵間的「失落的環節」。埃迪卡拉世界似乎類似腔腸動物的世界，而這符合多數生物學者對後生動物演化的觀點：始於最「原始」的門，如海綿和腔腸動物，接著不久後出現較複雜的動物群，如節肢動物（和隸屬節肢動物門的三葉蟲）。依此觀點，現代動物是埃迪卡拉動物群的後裔。今日許多專家仍抱持著這項觀點，包括劍橋大學的墨瑞斯。

自葛萊斯納首次公開其觀點後將近四十年內，埃迪卡拉動物群愈形重要。首先，在澳洲以外地區發現了組成此動物組群的奇怪化石。在俄羅斯的白海地區、極區西伯利亞、加拿大的紐芬蘭島和南非的那米比亞，都保存有此類奇怪生物的化石，表示事實上，埃迪卡拉動物群在前寒武紀末期，已散布至全世界。（這些地點中有許多現已透過放射性定年法斷定年代，地球上已知最古老者是位於紐芬蘭島的錯誤點，年代為五億六千五百萬年前。）其次，埃迪卡拉動物群分

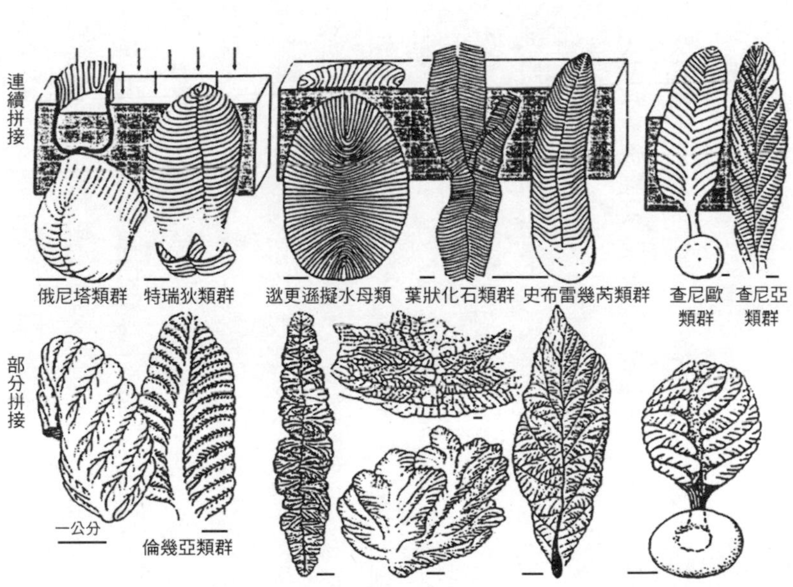

圖 7-1：兩側對稱之文德期生物類群的生活方式。埃迪卡拉動物群。此圖由 A．賽拉傑所繪。

布的地層範圍似乎比原先預想的更廣，在世界的某些角落，牠們實際上曾與無疑是動物的動物群短暫共存。最後，有些研究者相信埃迪卡拉動物群絕非動物，而是大型植物、菌類或甚至地衣類。有人將牠們歸類為動物，但屬於現今分類學上已絕跡的動物群集。埃迪卡拉動物群因而由寒武紀大爆發的必然先祖，變為演化大戲中更具爭議性的角色。

埃迪卡拉動物群並非生命之樹中導向動物出現的主要分枝，而是代表了現已絕跡的旁枝（因此和現在所有動物的祖先無關），這種看法得到美國耶魯大學和德國杜賓根大學古生物學家賽拉傑的大力支持。他認為埃迪卡拉動物群和水母及海筆等現存生物的相像只是湊巧。在他的觀念中，埃迪卡拉動物群代表了一種絕跡的生物組群，是不同的生物「實驗」結果，與具堅硬外壁且內部充滿流體的生物相關。賽拉傑推測，在埃迪卡拉動物群時代，有一層厚厚的細菌覆蓋著海底，這能用以回答為何生物沒有堅硬部分，卻能變成化石的複雜問題。

這層細菌或許能解釋埃迪卡拉動物群為軟體動物，卻能留下如此多化石的原因。在砂覆蓋過埃迪卡拉動物群時，後者被向下推，埋入細菌層中，其結實的外壁無法輕易壓碎，因而在細菌層中製造出痕跡，由上覆的砂以三度空間的方式保存。賽拉傑認為，寒武紀初期新生且食量頗大的動物，如軟體動物的演化，讓這種細菌層很快就消失了，並且改變了寒武紀最早期沉積物累積的方式。

或許埃迪卡拉動物群最令人百思不得其解之處為，沒有捕食牠們的行為證據；化石紀錄中，沒有任何埃迪卡拉動物的身上有著咬痕，或少了一部分。是否這些生物生存於沒有捕食者的時代，正如古生物學家馬克・麥那林所描述，住在「埃迪卡拉樂園」之中？

埃迪卡拉動物群的實際遭遇為何？墨利斯問，牠們是否是漸漸消失的？也就是說，是否寒武紀底層中大量演化的動物，只是在化石紀錄的數量上壓倒了牠們？（換句話說，埃迪卡拉動物群的確存在，但數量太少，無法形成化石。）是否埃迪卡拉動物群軀體形狀的消失，是地球上第一次大滅絕的結果？是否牠們在生態中被取代，或甚至被新的動物獵食，亦即因為幾乎無法抵抗有效率的新生捕食者而絕種？化石紀錄仍充滿了謎團。在地球上某些地方，埃迪卡拉動物群在第一批「寒武紀」動物出現前即滅亡，顯示新的動物只是填補了滅絕的埃迪卡拉動物群所留下的空位。但正如之前所提，在其他地方，兩者間有明顯重疊的部分，表示曾出現過相互競爭的情況。

埃迪卡拉動物群的確上演了齣好戲——難解、神祕，而且是舞台上的第一部。接下來的戲很難演，但在眾所矚目中，埃迪卡拉動物時代的末期出現一波劇烈的多樣化浪潮，目前仍在地球上持續翻覆著。寒武紀大爆發的第二幕開演，真正的動物出現在舞台上。

第二和第三幕：生痕化石和小殼類動物

我們可以合併接下來的兩幕，因為兩者的演員陣容都不齊全，而且沒什麼特點。在第二幕中，新的一批演員似乎戴著面具掩飾真面目，並取代了開幕的大多數演員。我們只能透過牠們留在舞台上的腳印來辨識牠們，這是因為沒有真的「本體」化石（通常是骨骼堅硬部分的遺骸）。組成寒武紀大爆發的第二批生物組群，只在古代沉積物中留下雜亂的線條和痕跡。這種化石遺跡稱為生痕化石，並非動物的遺骸，只是行為的證據，記錄了古代生物的行進軌跡或覓食模式；然而這些化石卻極為重要。相對於埃迪卡拉動物終其一生中只停留在固定的位置上，這第一批的生痕化石顯示能移動的大型動物已經出現在地球上，或許是大型蟲類或扁蟲，或可能屬於現已絕種的門。最早且最原始的生痕化石，於埃迪卡拉動物群時代就出現在岩石中，但在較晚期的岩石中變得多樣並成為主角。生痕化石今日仍不斷形成，且自寒武紀以來便常見於岩石紀錄中；但這些化石很明顯地是由許多不同的生物所造成。令人存疑的是，形成第一批生痕化石的生物是否曾存活至比寒武紀更近許多的年代。

第三幕出現的是許多極小的鈣質管、球和扭曲的脊柱，大小都不超過約一公分半，全來自動物，直至今日仍無法完整重建。有些是破成碎片的較大骨骼殘骸，但大多是某種多元件骨骼的單一部分，像豪豬身上個別的刺。總的說來，這些化石被稱作小殼類化石。小殼類最先發現於年約五億四千五百萬年前的岩石中。此類極為重要的化石顯示，另一次偉大的生物突破已經達成：小殼類是最先有礦物化骨骼的大型動物。

第四幕：三葉蟲群

戲劇的第四幕是華麗的終曲，我們對於該幕中呈現的化石較為熟悉。包括第一批三葉蟲、腕足類動物，和一群新演化的軟體動物和棘皮動物。和之前三幕相比，這幕的角色體型大了許多，且數量也增加了；諷刺的是，這些演員長久以來一直被視為出現在寒武紀大爆發的開端，而非末期。直到約五億三千萬年前，這最後一批的生物才出現，而其多樣化進行了另一個三千萬年。在約五億年前，寒武紀大爆發結束。

到目前為止，三葉蟲是這群生物中最多樣而明顯者。最古老的三葉蟲多刺，多少像似環節蟲類，且有大大的新月形眼睛，其中的小油樹蟲屬是代表。牠們都有用來走路的腳和鰓，且似乎均攝取海床上的沉積物或微粒物質為食；極少有防衛方面的調整，以抵抗掠食行為。

另一組與三葉蟲同時的奇異生物是不能動且似珊瑚的動物，名為原細胞海綿類。這群生物有圓錐形的石灰質骨骼，具群居特性，似乎是世界上第一批會形成礁石的生物，住在今日珊瑚偏好的相同環境。原細胞海綿類除了是第一個長排礁石的形成者外，有另一個較不確定的名聲：牠們或許是第一個絕種的動物門。原細胞海綿類之骨骼的基本體軀藍圖，和今日存活的任何生物均不相像。分類學家將這些生物歸類在現代海綿的門中，但這無疑是為了方便。牠們似乎組成了一個不同的門，且是我們所知已徹底滅絕的少數門之一。

加拿大卑詩省重要的伯吉斯頁岩動物群的化石中，藏著非凡的資訊，得以一窺生活在三葉蟲間的動物。因為在那個古老環境中沒有氧氣，即使柔軟的部位也保留了下來，而這些遺骸給了我們一探過去的空前機會。伯吉斯頁岩顯現了在三葉蟲演化的時代，海中的生態系統有多麼多樣；但到了伯吉斯頁岩動物群的時代，亦即約五億五百萬年前，大多數的動物門似乎都已出現。

寒武紀大爆發是否無可避免？

達爾文的進化論提到兩個最重要而且空前絕後的科學發現：㈠所有的生命來自同一個共同祖先，和㈡傳承自此一始祖的各類物種藉由改變而繁衍。物理和化學方面的長足進展是人類理解力的里程碑，但本身並未描述生命。我們是生物，透過演化出現在這個行星上；這是影響我們的中心法則。然而不管進化論有多重要，仍是科學的最大誤解之一。這種普遍的錯誤概念將演化和複雜度漸增畫上等號，假定演化改變（達爾文的「後代漸變」）總是代表了愈加複雜的生物，或生物內部構造漸次出現。雖然更複雜的生物常常演化出現，但這並非演化過程的最終結局；即使複雜度沒有增加（或減少），改變仍可發生。只要觀察古菌和細菌域，就能明白這個事實。觀察化石紀錄會發現，現在的古菌和細菌與三十五億年前的相比，形態上並未更為複雜（雖然正如我們提過的，其生物化學幾乎已無止盡地多樣化）。當然，牠們已有演化，但此演化並未牽涉到形態複雜度的大幅增加。

在生物的三域中，只有一域，亦即真核生物域進行過新形態和體軀藍圖的全面性實驗。假如生命創造的過程不斷重複，等同於真核生物的物種（此一血統採取形態改變路徑，以適應環境，而非古菌和細菌所採的化學路徑）不一定每次都會出現，或甚至會不再出現。但至少在這個行星上，真核生物的確出現，而現在獨霸地球的多細胞動物正是演化自這群生物。牠們在地球上的演化模式和時程可能提供重要線索，有助於我們了解等同於地球複雜動物的生物，是否能出現在其他行星之上，還有出現頻率會有多高。

此觀點與天體生物學的關聯值得注意：是否動物或其他種複雜生命必能在行星適居區中的所有世界發展？我們的推測是，總是假定第一個生命的形成是最難的；但一旦生命出現，便無可避免地會在複雜梯度上向上「攀升」，最後形成十分複雜的動物。但地球上實際的生命歷史述說著不同的故事；第一個生命出現在約四十億年前。真核生物在之後的十五億年間並未現身，而直到第一個生命出現的三十多億年後，多細胞動物才誕生。單就此資訊來看，我們必須下結論說，動物生命的形成相比於最初非動物生命的誕生，更為困難許多，或至少是更費時的工作。或許在地球上觀察到的時間表只是源自運氣；或許其他類似地球的行星上，在演化出等同於原核生物的生命後數百萬年，而非數十億年後，動物就會出現。然而來自地球歷史的豐富證據，讓人對此種可能充滿疑慮。

很明顯地，地球上動物的演化出現並非漸進的過程，而是在經歷長期一連串的微小改變後，突然大幅演進。在一九九七年「科學人」雜誌的一篇文章中，古生物學家愛爾溫、伏倫泰和賈普隆簡單解釋了此演化「門檻」的模式：「最後三十五億年的化石紀錄所顯示的，不是生物形態漸進累積變化，而是較突兀的轉變產生，從單細胞的體軀藍圖變為具豐富多樣性的動物門體軀藍圖。」因此演化並非逐漸創造出複雜的後生動物。生命產生時與其後動物演化時之環境條件極為不同，動物之所以快速演化，或許正是為了因應此種情況。

此種「大躍進」曾發生過數次：一次是真核細胞封閉細胞核的演化，另一次則是動物門最初的擴展，後者在上一章曾加以描述；然而影響最深遠的，是寒武紀大爆發。此次短暫的演化創新爆炸，產生了較大、較複雜的動物，我們認為，這在宇宙中極為罕見。在這段單一且大約四千萬年的時間裡，所有主要動物門（所有在地球上找得到的基本體軀藍圖）出現，每一門中都有數個代表物種。

這次事件和其他行星上生物出現的可能性有很深的關聯。地球上的模式，也就是較大動物單次、短暫的多樣化，是獨一無二的，還是所有行星的範本？又為何一直到地球上生命首次出現的三十億年後，寒武紀大爆發才發生？是否演化總是需要花上三十億年，才能將細菌轉變成多細胞動物，或演化只是在等待有利於動物繁殖的環境？這或許是新興天體生物學面臨的最主要問題之一。

寒武紀大爆發代表了演化「步調」的一大改變，之後蔓延至整個地球。在此之前，地球最複雜的生物是藻類、黏菌和演化機率很低的單細胞動物，牠們很少有形態上的改變，而在很長的一段時間內，極少新物種產生（參考圖7-2）。後生動物的第一次演化改變了一切。生命歷史的前三十五億年中，演化一直是以穩健的速率在前進，而後生動物出現時，轉變的速度加快，新物種以迅捷許多的速率出現。牠們，或說我們，以前所未有、異常快速的速度多樣化。

研究各式各樣的動物門，就是研究數十種固定且維持長久的體軀藍圖。這類研究有三項驚人發現；第一是肯定了演化僅創造出數量很少的體軀藍圖。今日地球上為數可能高達數千萬的動物種類，隸屬於僅僅二十八

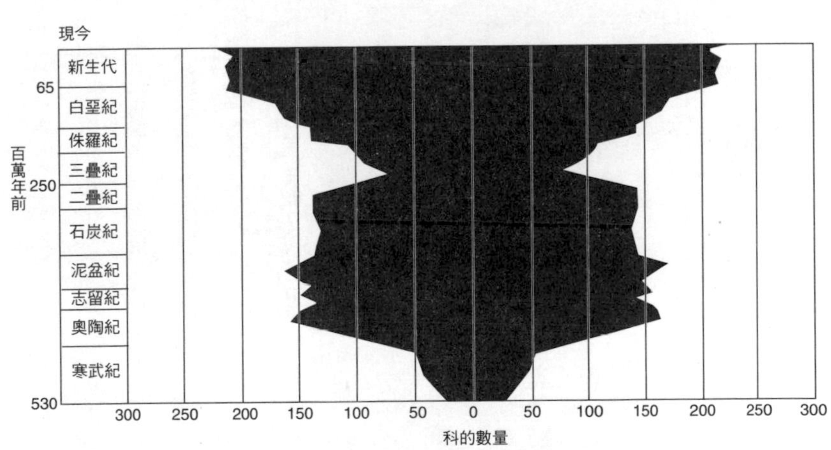

圖 7-2：過去5億3千萬年中，無脊椎動物生活在地球的大陸棚上，留下完整的化石。這張圖表即依據地質時代表示這些動物在「科」上的數量變化，因而也代表了其多樣性的改變程度。表中愈往上愈接近現代。

至三十五個門，這項發現對十九世紀和二十世紀的古生物學家和動物學家而言，十分具震撼力。為什麼會是這些數字，而非一百？或一千？或只有五？現今地球上許多不同物種的多樣化（預估數量介於六百萬至三千萬間），早已經過科學家簡單又謹慎地仔細推敲或爭論。天體生物學家正試著找出是否這是所有動物（或其同等生物）演化的模式；還是這只是地球的方式，而在宇宙中可能有其他世界，其中物種的數量差不多等同於體軀藍圖的數量？

第二項發現或許是最驚人的，即幾乎所有的門似乎都起源於寒武紀末期結束前，其後「不再」有新的門出現。這點無法證明，因為有些小門（如輪蟲）沒有留下化石紀錄，而且可能有些門在寒武紀後現身，但這些我們都無法確知。所有劇烈改變均發生於最後的五億年，就這段長遠歷史中所有演化和大滅絕事件來看，似乎至少會有一些新的體軀藍圖出現。然而事實是，每個有留下化石紀錄的門都出現在寒武系地層中，這讓以上假設顯得漏洞百出。

第三項發現是，寒武紀時地球上門的數量，或許遠超過今日的數量；現存的動物門總數少於四十。然而根據某些古生物學者的說法，在寒武紀時代，門的數量可能高達一百！雖然生命之樹上的物種數目會隨著時間流逝而增加，但較高階的分類單位，如門，卻一直在「減少」，因此生命之樹是在漸減的主幹上，持續加上更多的小枝和葉子。或許其他行星上的生命之樹迥異，會隨著時間進展，不斷出現許多新的大枝幹。

如果有原因，那是什麼原因引發了寒武紀大爆發？

在上一章的結尾，我們思考動物門最初的多樣化是受到演化抑或環境因素的刺激而生，更確切來說，意指八億至六億年前之間發生的雪團地球事件。同樣的問題能拿來檢視後續的寒武紀大爆發：是否這次事件發生在這麼晚近的地球歷史，是因為必須花上這麼久的時間，才能建立有利於大型且多數具有骨骼之動物的環境，或因為必須費時如此之久，才能演化出必備的基因，也就是讓這些後生動物得以多樣化的基因？原因是基因還是環境？許多人開始研究寒武紀大爆發之前和發生期間的環境條件，以及讓體型較大之多細胞動物得以出現的生理學、解剖學和遺傳學方面的革新；這些研究讓我們對地球史上的這個關鍵時刻產生新的看法。

科學家提出許多假設，以解釋寒武紀大爆發，可分為兩部分：環境因素或生物因素。

環境因素

氧達到某個重要關鍵值

這或許是所有環境假設中最常提及且廣受偏好的論點。根據此種假設，當時可用之氧量達到某個關鍵程度或門檻，讓新生物得以劇烈多樣化。據推測，此氧量高於七億年前第一次動物多樣化時之含量。許多科學家認為，對較高的新氧量所產生的生物反應是種生化突破，讓動物生命首次有了堅硬的骨骼。若沒有豐富的氧，生物在凝聚礦物形成骨骼構造時，會面臨很大的困難。早在一九八一年，羅文坦和馬古利斯已假定膠原（類似人類指甲的具彈性蛋白質物質）形式的骨骼，可能早在二十億年前即出現，因為膠原形成不需如此多的氧。然而鈣質和矽質的骨骼和外殼，不可能在那麼早時出現。

大量的養分

如同草坪需要肥料，生態系統，尤其海中的生態系統，也需要有機和無機營養源，以維持高水準的生產力和多樣性。許多證據顯示在前寒武紀晚期，養分相當突然且劇烈地增加，這或許對生物的演化有重要影響。

在此時期的岩石中最常發現的礦物之一，是富含磷的磷灰石；磷是生命所需最重要的無機營養物之一（其他為硝酸鹽和鐵）。在前寒武紀晚期似乎有段很長的時間，生物無法獲取磷酸鹽和硝酸鹽，這是因為這些礦物被埋藏在深水底的沉積物中。然而在前寒武紀的最晚期，海洋的條件改變了，湧升流常常出現，將深水帶到海面，在過程中釋放了原先鎖在底部沉積物中的養分；湧升流似乎與大陸輪廓的改變有關。

前寒武紀最晚期時，出現大量的板塊運動，尤其是名為羅德尼亞的巨型「超大陸」開始分裂，改變了全球洋流循環的模式，因而引發湧升流。根據此假設，磷酸鹽養分的釋出加上新的板塊運動，促使寒武紀大爆發的發生。

在前寒武紀晚期的「雪團地球」事件後，溫度開始緩和

如同人類的演化是在全球冰期的背景中進行，寒武紀大爆發也在冰川作用中準備就緒，因為該事件在上一章所描述的「雪團地球」事件結束後，就立即出現了。最後的冰川作用終於畫下了休止符，象徵著在兩億年內冰河不斷地前進和撤退後，地球的長期暖化。這是否正如上一章所述，是刺激寒武紀大爆發解放之因？

慣性互換事件

最後一個可能的環境因素接近異想天開，卻又十分可信。長久以來，古地磁學家知道多數（若非全部）的大陸在寒武紀時，曾歷經大規模的大陸漂移。大陸的位置對全球氣候有十分驚人的影響，常控制了冷暖流的流向、冰帽的形成，甚至大氣中溫室氣體的含量；我們在第九章會有更深入的探討。過去數年內，寒武紀時間表的數值校正，以及古地磁學資料的增加，透露了令人震驚的訊息：多數大陸漂移發生於寒武紀大爆發時，整個延續的時間不超過一千至一千五百萬年。大陸漂移極具戲劇性，北美自接近南極的位置移到了赤道，同時，整塊岡瓦那超大陸繞著南極洲的一點打轉，致使北非同樣從極區移至赤道。就好似大陸突然變成溜冰者，在再次成為石頭

前的短時間內，帶著無比的輕鬆如意滑過地球表面。

在一九九七年，無所不在的柯胥文和兩位同事在有名的「科學」雜誌中，發表了對此板塊運動成因的解釋，極具爭議性；此看法若非理解行星和其歷史的革命先鋒的真知灼見，就是一派胡言。由於這篇文章，科學界差不多一分為二，並且急切地等待進一步的發展。柯胥文、伊凡斯和利普登認為，寒武紀大爆發或許是受到地球歷史中的另一項特殊事件所引發：地球自轉軸方向相對於大陸產生了九十度變化。原先在南北極的區域遷移至赤道，而兩個原本在地球赤道的地區，變成了新的南北極。這個有趣的假設，唯有在取得許多更新的古地磁學資料後，才能加以證明或懷疑。

柯胥文與同事注意到，地球的所有大陸在大規模演化多樣化發生時，也就是六億至五億年前這短短的一段時間內，經歷了劇增的大陸板塊運動（大陸漂移的「漂移」運動）。相對於地球內部，此次地表的迅速移動被視為是行星本身質量分配不均所造成。此理論繼續引申，說明在質量重新分布的過程中，地球所有的固體部分一起移動，但因為地球也有液態部分（如內核），外殼基本上是相對於地球的旋轉而翻轉著。此現象不只會在地球上發生，也可能出現在火星上。柯胥文和同事指出，現坐落於火星赤道上的大火山塔西思，正位於太陽系中有名的行星重力最異常之處（中心質量很高，產生的重力大於周圍岩石的重力）的上方；此地密度極高，會產生行星重力場中不可忽視的攝動現象。根據柯胥文與同僚的說法，塔西思不可能形成於赤道上；他們相信，質量守恆定律令塔西思稍後移動至現在的赤道位置。此改變是由「慣性互換事件」所造成，與假定之影響寒武紀時地球的事件類似。一旦火山位於赤道，火星就會轉動，直到其最大慣性矩與自轉軸成一直線。

地球本身的慣性互換事件僅發生了約一千五百萬年，其快速讓柯胥文和同事推測，該事件可能和產生多樣生命的寒武紀大爆發相關。在這段期間，已存的生命形式必須適應急速改變的氣候條件，如極區滑移至較熱的赤道地區，還有較暖且低緯度的地方向上移動，來到地球緯度高又寒冷的區域。這些運動會瓦解海洋的循環模式，擾亂地球上多數生態系統。在地球四十五億年的歷史中，特殊的板塊事件和特殊的生物事件同時發生；這可能只是碰巧，但某人連續兩天贏得百萬元樂透獎金的機率又有多高呢？

慣性互換事件也能解釋地球當時最奇異的現象之一。許多地質學者都知道，前寒武紀晚期和寒武紀最初期時，地球曾經歷某種事件，證據就是碳同位素的劇烈振盪。（碳同位素是在海中發現的化學信號，會對地球上不同的生物數量有所反應；這些記號被用來探測格陵蘭的伊蘇阿地層，正如第三章中所述。）在前寒武紀近末期時，此種振盪約發生了十數次，長期困擾著地質學者。這些同位素的振盪，顯示長久以來被埋在海洋沉積物中的大量有機碳，突然被挖掘了出來，並再次進入地球的碳平衡中。再重複一次，海洋循環模式的劇變能產生這些作用，然而此類的全球變化需要在短時間內有大規模的板塊變異；這些變異會粉碎生態系統，並能促進演化的多樣化。慣性互換事件會造成這種結果。

假如寒武紀大爆發是地球動物多樣的必要條件，假如慣性互換事件正如推定般發生，又假如寒武紀的慣性互換事件促成了寒武紀大爆發，或甚至多少是寒武紀大爆發產生的先決條件，那麼身為多種動物之棲地的地球，的確十分稀有。

生物因素

古生物學家克勞德在其重要著作《太空中的綠洲》中寫道，寒武紀多樣化有四個生物上的必要條件：早先生命的存在、氧化新陳代謝的達成（在氧氣中存活和成長的能力）、真核生物域中性別的演化，以及適當之原生動物祖先出現，以產生較複雜的動物。克勞德認為，達到這些里程碑花費了將近四十億年的時間，也就是百分之八十五的地球歷史，因此他似乎相信生物演員，相較於之前所探討過的環境因素，在寒武紀大爆發事件的誕生上更具重要地位；但其他生物因素必定也扮演著極具影響力的角色。

開始凝聚骨骼

對許多動物來說，要擁有大體型，骨骼十分重要；骨骼通常有數種功用，如保護（避免捕食、乾燥和紫外線）、肌肉附著（因此能移動）和維持身體形狀。但建立此構造需要許多演化突破。氧量十分重要，有兩點原因：第一，大型骨骼，如覆蓋的殼（在最早的三葉蟲和軟體動物身上發現），讓海水不會接觸到柔軟的身體部位。許多早期動物透過體壁呼吸，直接自海水吸取氧氣。第二，殼的出現意味著，身體的大部分區域不再適合此種呼吸方式。在氧量低時，動物很難擁有足夠的氧氣，而覆蓋身體只是讓情況更糟，因此如殼之類的骨骼，是在海水中的氧量較高後，才演化出現。

賽拉傑教授（我們在討論埃迪卡拉動物群時提過）相信，骨骼的取得，在多細胞動物門的突然出現上，扮演著關鍵性的角色。他提到，堅硬的骨骼不僅是已存在之體軀藍圖的附加物，其演化更「變更」了體軀藍圖。他論道，寒武紀大爆發並非由環境條件所引發，這些條件讓較大的動物得以出現，而是導因於令骨骼演化的因素。這個區別既微妙又重要，因為新的動物群集能夠製造堅硬的身體部位，就能以這些部位為顎、腿或用以支撐身體，而這讓牠們能開拓全新的生活方式和新環境。

獲得能產生大型體格的演化條件

第二個因素是，演化方面的突破首次讓龐大體型得以出現。我們知道，直至當時，過半的生物仍少於一公釐長；大多甚至更小。是否基因創新令較大的形體出現，因而引發寒武紀事件？創新包括更有效率的器官系統，如改良的循環、呼吸和排洩系統；每一種都必須在較大形體出現前演化成功。

掠食行為假設

在一九七二年，古生物學家史丹利（和稍後的馬克．麥那林）提出，掠食者的演化會影響寒武紀大爆發的發生。有些動物的存活率增加，演化為有能力經由生成殼、掘深洞、游泳或迅速離開危險，來保護自己免受掠食者的侵擾；而這些生物「附帶」發現，自己有了更多食物資源，這些資源是在前寒武紀時未受充分使用或完全沒被用到的。殼的演化產生了新的濾食方式，深洞挖掘讓這些動物接觸到新的食物來源。寒武紀掠食者因而逼迫動物採行新的生活模式，最終結果十分成功。

寒武紀大爆發是否只是人類對化石紀錄的穿鑿附會？

用最簡單的話來說，寒武紀大爆發就是動物種類的突然激增。該事件所牽涉的新物種數量並不清楚，但最多數千，或許遠少於此；令人驚異的地方是，新物種中有許多新的體軀藍圖。正如之前所提，每個體軀藍圖形成一個分類學上較高階的類別，如門或綱，寒武紀大爆發因而與許多較高階的分類單位相關，而各單位僅由數個物種所組成。但是，我們是否只看到了有效化石作用的出現，而未見到真正的多樣化「事件」？

我們如此認定寒武紀大爆發，是因為一個簡單的原因：大家看到了化石紀錄中突然出現數量龐大的化石。但我們是否見到了新的生命形式真正的極盛狀態，或這些化石只是象徵了骨骼第一次出現在早已存在許久的生物群中？換句話說，寒武紀大爆發是否僅是人類對極不完整化石紀錄的穿鑿附會？有骨骼才有化石作用；或許，象徵寒武紀大爆發的體軀藍圖多樣化，實際上早已發生，但因為該多樣化出現在無骨骼的小動物身上，沒有留下化石，所以我們無法察覺。

接下來的觀點可以視為「虛無」假說。要是根本沒有寒武紀大爆發呢？可能在前寒武紀的最後十億年間，各種動物門逐漸累積，由一者演化至另一者，但沒有留下可辨識的化石紀錄。因此，唯有演化出龐大的體型和骨骼，化石才得以保存，這解釋了「寒武紀大爆發」。

寒武紀事件是包括了體軀藍圖的多樣化，還是只由首次出現的骨骼和大體型所構成，而此二者演化自多樣化之體軀藍圖，這個問題仍待考量。某個原因刺激許多有骨骼的大型動物在短暫的地質時間中演化。甚者，馬克和戴安娜．麥那林在一九九〇年的著作《動物起源》中，強調礦物化的骨骼，尤其是殼，對新體軀藍圖的演變有重要影響。許多生命形態不只用殼保護自己，也視殼為覓食的必須工具。腕足類動物和雙枚貝類均是有兩個殼的無脊椎動物，就將殼當作濾食過程中不可或缺的一部分。在殼生成前，很難去了解這些動物的基本體軀藍圖如何形成。

寒武紀大爆發，寒武紀結束

對所有動物門來說，出現於單一又短暫的多樣化爆發中，並非明顯可預知的演化結果。雖然從第一隻後生動物出現到持續了兩千至三千萬年的寒武紀大爆發間，是段很長（兩億年？）的時間，但後生動物在這段時間中多數形態上的多樣化，卻是在相對較短的時日內發生，包括骨骼的演化，這對許多無脊椎動物門而言是極為特殊而不凡的。

然而即使此項發現已十分驚人且令人意想不到，「門」的第二個演化面向同樣讓人困惑。依化石紀錄，寒武紀大爆發是多數門的「開始」，此外也代表了生物門演化創新的「結束」：自寒武紀以來，沒有出現任何一個新門。讓人吃驚的事實是，新動物體軀藍圖的多樣化在寒武紀時代開始並且結束了。此種演化模式是否在所有（或任何？）能成功產生動物的行星上，都是動物演化的特徵，或只有地球是如此？

寒武紀大爆發結束後缺乏新的門和綱，這可能又一次地，是眾人對化石紀錄的自行演繹；或許很多新興較高階的分類單位的確演化出現，後來卻絕種了。這似乎不可能；更為可能的是，象徵寒武紀的創新劇增之所以畫下休止符，是因為大部分的生態空位已被新演化之海洋無脊椎動物軍團占領。

然而難解的問題仍在：在寒武紀大爆發後，地球遭遇數次大滅絕，短期內，居住在地球上的多數物種均絕種；在下一章會詳細介紹。這些事件大幅降低多樣性。最嚴重的一次是兩億五千萬年前的二疊紀－三疊紀大滅絕，消滅了約有百分之九十的海洋無脊椎動物物種，並因此提供了人類能檢視的自然實驗，以更了解引發寒武紀大爆發的因素。而我們觀察到的是，即使此次多樣性大幅降低，新門並沒有產生。雖然物種的數目遽降至近似早期寒武紀低物種多樣性的情況，但其後在早期中生代的多樣化形成了許多新物種，不過，卻極少出現分類學上較高階的類別。在寒武紀和三疊紀早期發生的演化事件則迥然不同；兩者均產生無數新物種，但寒武紀事件有許多新的體軀藍圖成形，相對地三疊紀事件結果只出現新物種，顯示體軀藍圖早已完整建立。

人類提出兩種假設以解釋此一顯著不同：一是認為，在生態機會真的很大時，才會出現演化新異。比如說在寒武紀，有許多棲地和資源沒被海洋無脊椎動物占用或利用，而新的體軀藍圖劇烈演化突破，是對這些機會的回應；這種情況在二疊紀－三疊紀大滅絕後未再出現。即使多數物種均在此次災難事件中滅跡，但已有足夠的各式體軀藍圖代表種屬存留，足以填補大多生態空缺（即使多樣性或豐富性低），並且在過程中抑制演化新異的發生。

另一種解釋認為，在二疊紀－三疊紀滅絕後未出現新門，是由於這些倖存者的基因組自寒武紀早期已有足夠的改變，而抑制了大規模的創新，因此雖有演化機會，但演化過程本身無法自當時的ＤＮＡ中，產生完全不同的新設計。這是十分審慎的假設，不容易加以質疑，因為我們沒有任何當時基因來和現存動物身上的ＤＮＡ比較。可能這些基因組漸漸堆滿了不斷增加的資訊（基因組蒐集愈來愈多基因），而在過程中，變得較無法發生能開展創新之路的重要突變。

多樣性和體軀變異性

寒武紀大爆發的中心（且極具爭議性的）面向之一——尤其以西加拿大地區伯吉斯頁岩中驚人的化石群為參考時（當地不僅保存著具有堅硬部位的早期動物，不具骨骼的生命形態也以汙點形式出現在岩石上）——關係所謂的多樣性和體軀變異性。多樣性（或本書的生物多樣性）是多數人相當熟悉的詞；大家認為，這個詞通常是指存在物種數目的多少。生物學家有個較專業的說法，涵括了不只某地存在的物種數量，還表示這些物種的相對豐富度。比如說，用較技術性的角度來看，一個生物組群具有某個數量的物種，每個物種有同樣數量的個體，相較於第二個生物組群，其有相同數量的物種，但每個物種的個體數目呈現極度不等的情況，那麼前者就具備較高的多樣性。體軀變異性是指體軀藍圖、種類或構造形式數量的多少，而非物種的數目。這個分野首先由古生物學家朗寧格提出，起初看來頗細膩。當然，每個不同物種的體軀藍圖多少有些差異，因此體軀變異性和多樣性應是永遠相等的；但這並非實際的情況。今日，地球上有數以百萬計的物種，然而一般體軀藍圖的數量卻遠少於此。

在動物界中，主要的體軀藍圖出現在主要的演化家系中，也就是門。正如我們所見，這些動物群均於寒武紀大爆發時興起。然而古生物學的驚人發現指出，寒武紀中物種極少。古爾德於一九八九年的《奇妙生命》一書中，將此發現稱為「重要的早期生命矛盾：在物種明顯缺乏豐富多樣性的情況下，體軀藍圖的體軀變異性如何能演化得如此之高？」

寒武紀大爆發中（或更確切地說，「創造」寒武紀大爆發之）多樣性和體軀變異性的歷史，是地球動物多樣性另一難解之謎：是否這是產生動物的唯一方式，或只是方法之一？是否每個有動物的行星上，都會發生和地球同樣的變化，在少量物種間出現一場大規模的演化急流，產生所有的體軀藍圖？或這個過程能否更為緩和，物種在長時間內緩慢增加，漸漸地增多體軀藍圖的數量？

在了解動物最初之多樣化方面，伯吉斯頁岩的確具相當影響力，其清楚地告訴我們，多數或所有各樣的動物門（或主要體軀藍圖）在寒武紀時迅速興起；但伯吉斯頁岩可能也訴說著，寒武紀前後不只出現了今日在地球上的體軀藍圖，還有其他體軀藍圖演化，只是後者現已絕跡。古爾德之《奇妙生命》一書的其中一個重點為，寒武紀不但是偉大的起源發生期，也是大規模滅絕的出現時期，因為古爾德等人主張，寒武紀時存在的門遠比今日為多。有多少呢？有些古生物學家預估，和現今仍留存的三十五門相比，寒武紀期間有多達一百種不同的門。古爾德深信，寒武紀的門較現在多：「我們應承認在生物歷史上一項重要且驚人的事實：體軀變異性的劇減，隨後，在少數存留的生物構造中，物種的多樣性顯著提升。」

這個觀點有力且清楚地呈現在古爾德的《奇妙生命》中，卻受到英國古生物學家墨瑞斯的強力反對。墨瑞斯在一九九八年的《創造的嚴苛考驗》一書中，批評伯吉斯頁岩和寒武紀大爆發。諷刺的是，墨瑞斯是古爾德書中重要並採相同立場的人物，致力且成功地讓眾人更了解寒武紀大爆發。但墨瑞斯並不認為體軀變異性自寒武紀以來逐漸下降，他舉出數個例子證明事實正好相反，同時藉由展示演化的集中性（不同的家系演化出相似體型，以因應相似的環境條件）如何能讓完全不相關的演化族群，產生同種類的體軀藍圖，來攻擊古爾德的「重放帶子」譬喻。墨瑞斯辯駁，即使脊椎動物的祖先在寒武紀期間或之後不久即絕種，但其他族群也可能演化出有背脊的體軀藍圖，這是因為此種構造最適於在水中游泳。這種想法與古爾德所信奉的觀念對立，因此我們有了數種多樣化的模式（參考圖7-3）；但地球上實際發生的情形仍舊未解。

寒武紀大爆發後：多樣性的演變

另一個寒武紀的面向（我們同意最好直接忽略）是，不只物種的多樣性和複雜性隨時間增加，生物居住的生態系統也有所變化。真核生物演化和出現（在寒武紀大爆發時達到極盛）時，細菌的生態系統演變為更多樣且複雜的生物組群。直到十億年前，疊層藻這種層狀細菌組織仍十分常見；牠們的劇減可能足以證明世界的轉變：自原核生物獨大至成為真核生物的世界。因為動物興起，食量大的食草動物出現，被動的細菌層（石化後被稱為疊層石）成為現蹤之食草動物的食物。

寒武紀是這些變化發生最劇烈之時，但並非主要多樣化出現的最後階段。美國芝加哥大學的古生物學家塞柯思基花費二十年以上的光陰分析各時代生物的多樣性，找出寒武紀後有兩次重要的多樣化時代：一為早期奧陶紀（寒武紀後一階段），一為新生代的開端；後者約為六千五百萬年前，緊接其後的是毀滅恐龍和許多其他物種的大滅絕時代。重要而又未解的問題是：是否只要動物出現，最後五億年中物種大量增加就會無可避免，或一切只是湊巧？

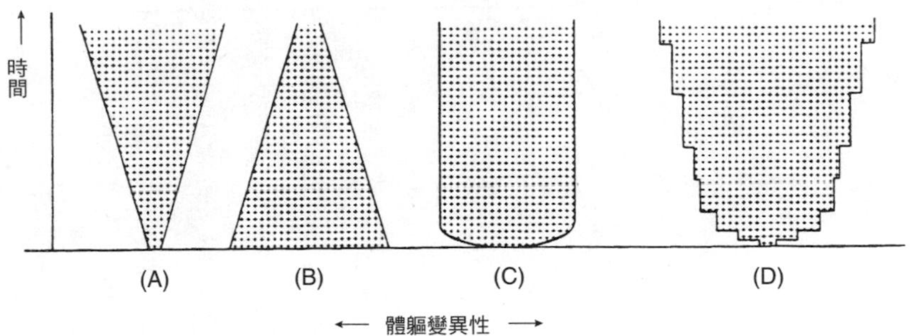

圖 7-3：生命歷史和其體軀變異性的各種解釋。(A) 傳統觀點認為體軀變異性隨著地質時間逐漸增加。(B) 古爾德的觀點，認為最高的體軀變異性出現於寒武紀。(C) 此觀點認為體軀變異性在寒武紀期間急速攀升，之後多半維持一定。(D) 此觀點認為體軀變異性在寒武紀時以高速增加，之後仍緩慢增加，只是速率不同（墨瑞斯的看法）。

套用到其他行星上生命之頻率

是否動物費時久遠的演化，亦即地球上動物的歷史只是特例，還是其為其他生命漸現之行星的範例？完成複雜動物體軀藍圖所必須的充氧或演化步驟，是否可能以更快的速率在其他行星上發生？而若真如此，需要何種條件？在地球寒武紀大爆發的情況中，必須採行兩個平行的準備步驟，才能讓複雜的後生動物，也就是動物現蹤：第一，必須建立含氧大氣；這當然是最重要的環境步驟。第二，必須有大規模的演化適應，令海上客輪，亦即地球上的動物，得以自簡單的帆船——身為一切之始的細菌——開始演變。

這兩條平行路徑需要時間完成，而且似乎沒有任何捷徑。在地球上，每一條路或兩條路徑都需要數十億年的時間，而在此時間裡，地球必須維持一定溫度，讓液態水得以存在，以及避免所謂的大規模「行星災難」；這會毀滅動物演化之根。在下一章中，我們會知道為何沒有此種災難結束地球上所有的動物演化。

第八章　大滅絕和地球殊異假說

身為科學家，我們的工作多是為基本上已經了解的事物填入細節，或將標準技術應用至特定新案例上；但偶爾會有難題賜予良機，讓我們有真正的大發現。

——華特．阿佛雷茲，《霸王龍的最後一眼》

試著想像我們正在一艘太空船上，繞行著六千五百萬年前的地球，約是上一章所描述的寒武紀大爆發之五億年後：那天，一顆小行星進入大氣層，直奔向今日墨西哥的猶加敦地區。我們即將目睹一場撞擊，該撞擊會毀滅恐龍和百分之六十的其他生物，令牠們自生物名冊中消失。

這顆小行星（或許是彗星）的直徑介於九到十六公里間，以約四萬多公里的時速進入地球大氣。以這種速度，星體穿過大氣只需十秒，然後猛然撞進地殼。撞擊時的能量產生了一場非核爆炸，規模是人類所有核武同時爆炸的萬倍以上。小行星撞上當時覆蓋猶加敦地區的赤道區域淺海，產生的隕石坑大小等同於美國新罕布夏州*。數千噸來自撞擊地點的岩石和整個小行星都被炸到了半空中；有些碎片進入地球軌道，較重者在經過一段次軌道之旅後，便重回大氣，如隕石群般奔回地球。整個天空很快就因這些閃爍的小型隕石而轉為暗紅色。百萬顆隕石如燃燒的火球般落回地球，在過程中點燃了青翠的白堊紀晚期森林；超過一半的地球草木在撞擊之後的數星期間燃燒殆盡。巨大的火球同時於撞擊點產生，帶著其他岩石物質向上方及四方擴展，微塵透過平流層氣流傳布至世界各處，凝結了大氣；巨量的岩石和塵埃花費了數天至數月才散回地上。森林燃燒所製造的許多飛灰和滾滾煙塵也升至大氣中，有如黑色帷幕般遮蓋住地球。從太空中，我們逐漸看不見地球的表面，只能看到灰濛濛的煙霧掩蔽了曾經蒼翠的地表。這是但丁《地獄篇》中的景象，是赤色火焰和黑色煙灰所組成的惡夢。

撞擊也令地面和空中溫度驟升。大氣急劇加熱的結果，讓空氣中的氧和氮結合成氣態的一氧化氮；此氣體在遇水之後變成硝酸。驚人且濃縮的酸雨開始落在地表和海上，在此情況結束前，全世界海洋表面以下約九十公尺的海水已經酸到足以溶解鈣質的貝殼。這場撞擊也產生了衝擊波，衝擊波自地殼已被炸爛的隕石坑穿過岩石向外擴散；地球像鐘一樣被敲響，發生規模前所未有的大地震。巨浪生成於撞擊點，最後猛然衝撞北美大陸海岸，或許也撞上歐洲和非洲，在消退時，留下毀壞的痕跡，和海濱上令人毛骨悚然的沉積——串在無根樹上的浮腫恐龍屍體。世上存活的食腐動物歡欣鼓舞，而腐敗的味道四處飄散。

在此可怖之日子後的數月間，地表沒有日照，大氣的顏色比波斯灣戰爭時掩蓋科威特的濃密石油雲氣還要深。爆炸本身一開始造成溫度上揚，但隨之而來的黑暗讓地球許多地方的溫度直線下降，令原本熱帶的區域出現嚴冬。熱帶樹木和灌木開始枯萎，生活其中或以之為食的生物開始死亡，然後狩獵較小草食動物的肉食動物開始滅亡。中生代始於上一章描述過之寒武紀大爆發後的兩億五千萬年，在持續了將近兩億年後，於此時結束。

在數月的黑暗後，地球的天空終於開始晴朗，但滅絕，即無數物種的死亡卻仍未完結。寒冷的衝擊結束，地球溫度開始上升，再上升。因撞擊而生之巨量水蒸氣和二氧化碳進入大氣中，引發大規模的溫室暖化效應。在地球的氣溫恢復平衡前，全球的氣候模式快速、無法預期且徹底地產生變化。從酷暑至嚴寒，然後回到比撞擊前更炙熱的情況，所有改變在數年內發生；溫度的擺盪造成更多死亡、更多的滅絕。

浩劫產生死亡：個體的死亡、物種的消失以及整個生物科的絕跡；這個事件是行星災變。只要撞擊的物體大小是原來的兩倍，就可能讓地球表面完全不毛。對複雜的後生動物而言，真是千鈞一髮。

在僅僅六千五百萬年前的這次撞擊事件，的確結束了中生代時期，也終結了恐龍時代。但過

---

*譯註：約為兩萬三千四百平方公里。

去五億年來，地球經歷的許多次撞擊和其他各類的全球浩劫，也都曾危及複雜生命，而上述事件只是其中一次。此類事故在宇宙的其他行星上必定也發生過，而對可能活在當地的任何複雜後生動物而言，也必然是持續生存的最大障礙。滅絕事件是地球殊異假說的一個重要面向。雖然隨著時間推移，地球的動物和植物已在各種大滅絕事件中遭受嚴重的苦難，但情況有可能更糟；而在其他許多可能演化生命的行星上，更糟的情況可能已經或即將發生。假如撞擊出現在不恰當的時候，行星的高等生物可能毀滅，或可能一開始就從未有機會演化。

正如我們在上一章中看到的，五億年前的地球充滿了複雜的動物和植物。要「達到」這種世界，亦即首次有動物居住的世界，需要許多次演化和環境變化，而且得花上三十至三十五億年的時間。「維持」這些生物還需其他條件。和細菌相比，複雜的後生動物能容忍的環境條件少許多；比如說，沒有嗜極或厭氧的複雜後生動物存在。同時，複雜的後生動物也更易因短期環境惡化而滅絕。

為大滅絕下定義

宇宙中動物生命出現的頻率必定是一種函數，變數包括動物興起機率的高低和演化出現後的存活時間。我們認為強力影響這兩點的因素有：所謂大滅絕的頻率和規模，以及星球動植物一次次大量滅亡間的短暫間隔。造成生物死亡的原因眾所周知：太熱或太冷，食物或養分不足，水、氧或二氧化碳太少（或太多），過量的輻射，不適當的環境酸度，環境毒素以及其他生物。在這些因素之一出現或有數項結合時，行星上多數的動植物就會滅亡，大滅絕因而發生。過去，大滅絕從來不虞匱乏。

大滅絕能結束任何行星上的生命。在地球上，過去五億年間約有過十五次此類滅絕事件，其中五次滅亡了當時地球上過半數的物種。這些事件對地球動植物的演化史有極大影響；比方說，假如六千五百萬年前彗星撞地球後，恐龍並未突然絕跡，或許就不會出現哺乳類時代，因為只有在恐龍完全被掃離舞台後，大規模的哺乳類多樣演化才會發生；恐龍存在時，哺乳類的演化受到抑制，因此大滅絕同時是演化和創新的推力和阻力。然而許多關於大滅絕的研究發現，其妨礙之特性較助益特性來得重要許多。假如有生命的行星是花園，那麼大滅絕就是害蟲和乾旱，或許也是肥料。而正如所有園丁所知，植物在剛生長時最為脆弱，生長季早期災害造成的影響會最嚴重。一場晚到的霜害、災難性的冰雹、早春蟲害的出現以及日照的缺乏，凡此種種均會令生長季早期成為最危險的時段，對任何行星上的動物來說也是如此。我們認為，複雜後生動物演化史的早期階段，顯然是最不安全的時刻。在我們的觀點中，行星災難（造成大滅絕）若發生於複雜後生動物演化出現「之前」，或是經過物種多樣化「之後」，就比較不可能令所有生命滅絕。地球上生物的化石紀錄支持這項論點，顯示寒武紀時期，複雜的動物生命才剛演化，較高階的物種傷亡情況最為嚴重。

不同於既脆弱又容易死亡的動物，細菌較不受大滅絕影響。一旦深處細菌生物圈形成，細菌階的生命可能很難消滅。若無超新星或非常巨大的小行星撞擊毀壞星球，任何行星深處的細菌生物圈必定能有效地儲存生命，這是因為即使地表遭受規模驚人的災難，地表以下數公里的區域也不會受到波及。另一方面，地表生命（甚至是地表的細菌）必然會受到大規模的行星災變所影響，例如非常大的彗星或小行星的撞擊。或許在約四十億年前的猛烈撞擊時期中，地球表面生命不斷滅絕，但憑著地球深處的細菌或因撞擊而彈出的岩石回到地球，而再次出現；但對動物而言，情況絕對會相反。動物無法生存於較安全的地下，或蟄伏於太空的真空狀態中。假如動物因災變而滅亡，無法立即自某些地下藏所再次繁衍，而必須再度以緩慢、逐步的過程演化，花費數億或甚至數十億年的時間。

在每個行星上，或早或晚，都可能出現行星災變，若非嚴重威脅到動物的生存，就是將牠們毀滅殆盡。地球一直處於行星災變的威脅中，主要是因為經過地球軌道的彗星和小行星的衝撞，來自太空的其他危險也會導致行星災變。然而威脅著地球和其他有生命之行星上生命的多樣化者，不只是外太空的危機，地球本身也有某些因素形成災變。此二者在過去均造成地球上的大滅絕，也可能會在其他行星上引發同樣的事件。

行星災難的種類

所有大滅絕之立即或直接的成因似乎是「全球大氣存量」的改變。大氣氣體改變（可能是大氣量或相關組成物質）有很多原因：小行星或彗星撞擊；在洪流玄武岩噴發期間（大量岩漿湧至地球表面時），排放至海洋和大氣中的二氧化碳或其他氣體；海平面（升降）變化時，富含有機物的海洋沉積物鬆動所造成的氣體排放；以及海洋循環模式的改變。致命機制的出現導因於大氣組成和作用的變化，或是一些變數，如由大氣特性主導的溫度和循環模式。

造成行星災難的原因眾多，我們在不依照重要順序排列的情況下，檢視其中一部分。

改變行星的轉速

我們把地球二十四小時的轉速視為理所當然；事實上，若將地球與太陽系其他行星和衛星相比，會發現地球轉速似乎十分異常。例如木星和土星，質量較地球重許多，直徑大很多，而旋轉的速率更快了許多；然而其他許多行星，如金星和水星（甚至我們的月球），旋轉的速度都比地球慢很多，因此總是以同樣一面對著所繞行的天體。至於質量較小的恆星，適居區的行星會受到所繞行之較大恆星或行星的引力影響，而被「潮汐鎖定」。在總是以同樣一面面對該恆星時，那特定的一面會變得非常熱，另一面則因一直面對著寒冷的太空而變得嚴寒；任一環境均會為表面生物帶來致命後果，並且阻礙其演化。

行星能改變轉速。在此情況發生時，任何已適應特定轉速的生物，可能會因劇烈的溫度改變而面臨行星災難。地球本身轉速已逐漸趨緩，這可能已漸漸改變了雲氣的分布情況。

移出動物「適居區」

動物生命需要液態水，因此需要讓液態水得以存在的全球平均溫度。行星若有任何移動，離開了讓此溫度出現的軌道，就會遭遇行星災難。雖然此種軌道的改變不太可能發生，但仍有機會因恆星系統中的另一行星影響而出現；這種攝動現象在疏散星團中十分常見。

改變太陽（恆星）的能量釋放

任何行星上的複雜動物生命均倚賴恆星的能量。假如恆星的能量釋放增加或減少，導致液態水無法存在，結果對動物或其演化的前景來說，都會是場災難。恆星能量釋放的短期或長期改變，可能是行星滅絕最常見的形式之一，甚至會造成不毛。有些科學家認為，增加的太陽能量釋放最後會導致地球生命完全消失；這並非新的看法。正如眾人所看到的，太陽——且的確，多數恆星——所產生的能量隨時間增加。地球上，在太陽能量增加時，相對常溫因溫室氣體的漸減而得以維持，因此氣溫受到控制；然而，我們似乎逐漸接近此種行星溫度控管的終點。和較早的地質時間相比，現在大氣中的二氧化碳量非常少，而太陽的能量釋放則持續增加。有些科學家預測，自現在算起，地球溫度會在數億年間變得太高，以致動物無法生存。當這一天來臨，會造成地球上最後也最大的一次大滅絕事件，也就是地球生命的完全滅絕。

彗星或小行星撞擊

任何行星系統中均布滿宇宙碎片：小行星和彗星，是行星形成後的殘餘。大量此類物質最後會撞擊行星系統中所有的星球，而釋放出來的能量可能造成行星災難；現在眾所皆知這種災難曾經導致地球上的大滅絕。在一九八〇年，美國加州大學柏克萊分校的路易斯和華特．阿佛雷茲、阿薩羅和米契爾提出，所有大滅絕中最嚴重的一次，亦即六千五百萬年前中生代末期滅亡恐龍和許多其他物種那次，是由一顆大隕石或彗星撞擊地球所引起，正如此章開始時所述。當支持此觀點的證據增加，多數的科學家了解到，隕石或彗星的撞擊可能造成任何行星上生物的危機；而且在地球歷史中（參考圖8-1），此類事件至少發生過一次（可能有許多次）。

許多變因都能影響撞擊的毀滅性，如隕石的大小、組成、衝撞角度、速度和撞擊目標區的性質。譬如在白堊紀事件中（也就是大家熟知的白堊紀／第三紀撞擊），由於目標岩石中富含硫，加深了撞擊對環境的作用。（硫在遇到空氣和水時起作用，產生高毒性的酸雨，在撞擊事件後持續下了數個月。）甚至，不只撞擊點的地質條件，連該處的地理位置也可能有很大影響。大小相似的隕石以類似的角度和速度撞擊低緯度和高緯度地區，會有完全不同的結果，這是因為大氣循環模式可能讓破壞力擴散至全球。最後，撞擊當時的生物圈和大氣圈特性當然也很重要。相較於生態「萬事通」之低多樣性地區，生態「特化適應者」——對環境改變沒什麼忍受力的動植物——所在的高度多樣性地區若發生撞擊，可能產生較大的滅絕事件。又，在

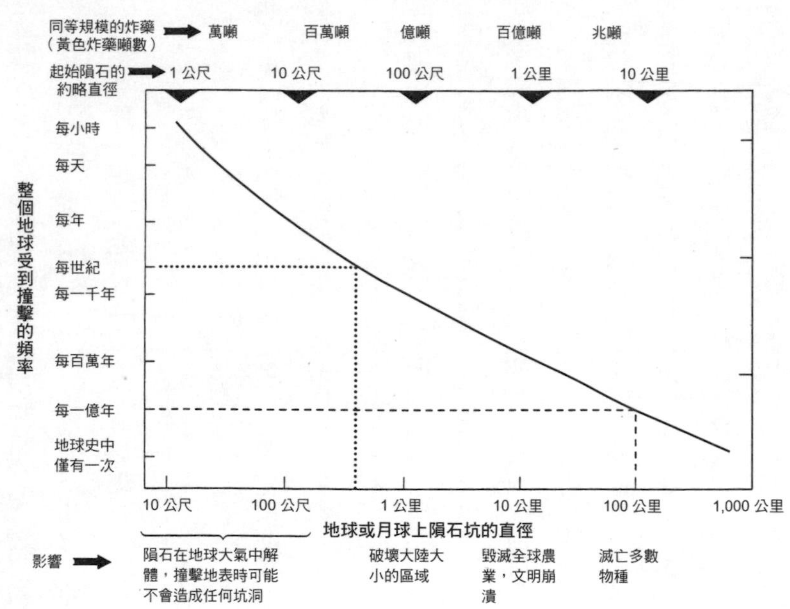

圖 8-1：地球大氣頂端之隕石撞擊機率隨著隕石大小而變化。底部尺規表示每秒約 15 公里的典型撞擊速度，所造成的隕石坑大小。頂端尺規則顯示以黃色炸藥噸數為單位計量隕石大小和能量。點線代表 1908 年西伯利亞隕石爆炸的規模。虛線表示 6 千 5 百萬年前毀滅恐龍和其他物種的撞擊規模。（參考哈特曼和英培，1994 年；1993 年的資料則來自 E · 修梅克、查普曼、莫利森、紐肯和其他人）

兩個不同世界中，一為有溫室效應的世界，另一為溫室氣體存量或氧氣含量較今日地球為少的世界，撞擊可能得到不同的後果。

在阿佛雷茲假設提出數年後，有些研究者認為會有一個概括綜合的模式出現，將多數或所有大滅絕事件與撞擊相連結。這是美國柏克萊的天文學家穆勒提出「那美西斯」假設的原因，該假設也成為美國芝加哥大學的駱普和塞柯思基的研究基礎。在一九八四年，此二人假設大滅絕每兩千六百萬年定期發生一次。自那時起，科學家陸續在地質紀錄的十一個不同時期中找出銥元素增加的情況（鉑族元素，阿佛雷茲團隊視之為撞擊發生過的記號），但濃度大多很低，因此不能代表較大型撞擊事件的發生。直至今日，證據顯示只有三疊紀末期和白堊紀時代（白堊紀／第三紀滅絕）的大滅絕肇始於撞擊。

太陽系的每一個石質行星或衛星上存在的無數衝擊坑洞，是代表此類事件頻率的鮮明證據，至少代表了我們太陽系歷史早期的情況。可能撞擊也是其他多數或全部恆星系統的威脅。撞擊或許是所有行星災變中最頻繁也最重要的，能藉著移除原先占優勢的生物族群，完全重設行星的生物歷史進程，因此為全新的族群或原來較弱勢之族群的支配和興起開展出一條路。

鄰近超新星

另一個會造成大滅絕的機制是太陽的鄰近銀河社區中出現的超新星。美國芝加哥大學的兩位天文學家於一九九五年算出，在距離我們太陽十秒差距（parsecs，一秒差距約三十三光年）內變為超新星的恆星，會釋放出旺盛的電磁流，並讓宇宙輻射強度高到可在三百年或更短時間內，毀滅地球的臭氧層。近來許多探究現今大氣中臭氧破壞情況的研究結果顯示，臭氧層的消失會為生物圈和其中生存的物種帶來災害；遭破壞的臭氧層會令海洋和陸上生物暴露在可能致命的太陽紫外線輻射中。行光合作用的生物，包括浮游植物和礁岩群落，尤其會受影響。

天文學家參考過去五億三千萬年中位於太陽十秒差距內恆星的數目，和恆星間超新星爆炸的機率，而有以下結論：過去五億年中，在地球十秒差距內，非常可能已經發生過一次以上的超新星爆炸；他們也相信，這種爆炸有可能每二至三億年就會發生一次。鄰近有超新星的機率，在較近銀河中央處會高許多，正如第二章所言。

伽瑪射線的來源

天文學家已探測到來自許多星系之強烈伽瑪放射線的突然爆發（伽瑪射線是原子彈散發的最危險輻射線）。雖然人類對這些短暫但極為猛烈的能量釋放所知極少，但也明白其對鄰近行星系統中的任何生物而言，都是致命的。

宇宙射線噴發和伽瑪射線爆炸

大屠殺惡棍陳列室中的新進者，為猛烈恆星撞擊造成的致命輻射爆發。宇宙射線噴發和伽瑪射線兩者可能有著相同來源：中子星融合。天文學家達爾、羅雅和沙威大假定，宇宙射線噴發或許是數次主要大滅絕事件的成因，並且可能可以解釋之後所發生的迅速演化事件。他們認為，高能量的宇宙射線流在中子星融合或解體後產生，而中子星本身是超新星的殘留；在宇宙中，這些爆炸的威力最強，在數秒內所釋放出的能量，等同於一顆超新星產出的全部能量。兩顆中子星結合時，會創造出一大束高能量的微粒，如果撞擊到地球，會剝去臭氧層，並以致命的輻射轟炸地球。

這些事件的頻率十分重要；新的計算顯示此類事件或許較原先所想的更常發生，對任何星系中的生物來說也更危險。美國芝加哥的物理學家安尼斯於一九九九年提出，伽瑪射線爆炸足以致命，因此只要出現一次就能消滅整個星系中大部分或所有的生命。他推估出每個銀河系中此類爆炸的機率：約每數億年會發生一次。比如說，他認為若此種事件的能量撞擊到地球，即使爆炸發生在我們銀河系的中心，仍會殺死地球所有的陸上生物。如果此類猛烈又危險的撞擊十分稀少，這種情形就像意外，是另一樁低可能性的事件。然而安尼斯和達爾均主張，其實這種撞擊發生的機率頗高，而且在宇宙較早期時甚至更為常見。他們推測，此作用會每數億年就造成一次地球上的大型大滅絕事件。

毀滅性的氣候改變：冰屋和失控的溫室

在某些情況下，氣候的劇烈改變能造成大滅絕。大型冰河作用和溫室暖化就是兩例，而且兩者均取決於大氣中二氧化碳或其他溫室氣體的總量。這些實際的致命機制，導因於恆星能量釋放的減少或增加，或行星軌道距離其恆星更近或更遠。氣候改變強烈到足以威脅生物圈、引發大滅絕者，包括行星平均溫度的劇烈擺盪、洋流系統的重組，以及行星降雨模式的變化。

此類改變中情形最嚴重的兩者，稱為冰屋（雪團地球事件即為一例）和失控的溫室。在這兩種情況下，全球溫度會超出攝氏零至一百度的範圍，因而地球上的液態水無法存在。於下一章檢視金星和火星的命運時，我們會看到各種情況的可能範例。

有智慧生物的出現

人類這種物種散布全球，並且擁有科技；有豐富證據顯示，人類的出現，已引發了地球上新一波的大滅絕。可以說，任何有智慧物種崛起後，就會利用尖端科技和農業，消耗行星的資源，結果必然造成行星大滅絕。

大滅絕的頻率

大滅絕多久發生一次？或許解答此問題的最佳方法，是氣象學家和水文學家在進行天氣和洪水的風險評估時所採用之法。許多自然現象，如洪水、地震和乾旱，會隨著時間以一種類似的方式在各地發生。小型事件常見，大型則稀少。要知道真正稀有事件發生頻率的最好辦法，是蒐集所有可得資料，並依復甦時間或等待時間加以排列。譬如說，我們可能會問，一個世紀或一千年中，某個強度的洪水發生頻率為何？接著可以界定「十年」洪水（這種規模的事件平均每十年會發生一次），並將其與更大許多的一百年事件，甚至更具毀滅性的一千年事件相較。這並非代表一百年事件不會在幾年內連續發生兩次，只是發生的可能性微乎其微。水文學家利用名為極值統計學的技術，推測歷史紀錄以外的等待時間。當然這些預測並非完美，但卻讓科學家能在只有一百年歷史紀錄的情況下，推估如一千年事件的頻率。

古生物學家駱普已運用相同技術來研究大滅絕的問題。有些氣象學家致力於預測巨大洪水的發生頻率，他們所舉出的問題和駱普所提出的十分雷同。駱普注意到，人類有地球歷史過去六億年的完整紀錄，因此可以有信心地界定一千萬年和三千萬年事件；他利用這些統計，計算出他所謂的獵殺曲線。

獵殺曲線是種圖表，顯示各種規模之大滅絕的預估等待時間，代表了一連串等待時間的平均

「物種滅亡」——地球上某時的所有物種，因某次大滅絕事件而突然絕種的比例。駱普的曲線並非完全純理論；他根據生物實際的地質壽命，首先蒐集超過兩萬個屬的生物滅絕紀錄，衍生出此曲線。駱普利用「動物學紀錄」，亦為現在地球上生物的概論，找到所有這些生物屬第一次和最後一次出現的時間，然後將結果做成表，成為一驚人的資料庫，因此他是藉由彙整所調查之生物的實際地質年代範圍的最佳資料，而形成他的資料。

獵殺曲線讓我們知道在某段時間內有多少物種滅亡。根據此曲線，約每十萬年就會出現導因於自然現象並且無關輕重的滅絕。百萬年事件較為重要，地球上所有物種的百分之五到十都可能絕種。在一千萬年事件中，這個數字升至所有物種的百分之三十，而在一億年事件中攀升到將近百分之七十。這些數字十分嚇人；假如在每一億年的短期行星災變中，所有物種有將近四分之三絕種，顯示我們正住在非常不安全的行星上。

駱普在一九九〇年《滅絕：壞基因或壞運氣》一書中論及最後應該關心的一點：足以滅亡整個行星生物圈的事件，亦即地球上高度多樣之所有生命完全滅絕，發生的頻率為何？「我曾經試著用極值統計學來計算滅絕資料，以提出『地球上所有物種滅絕的頻率為何？』這個問題。我對結果沒什麼信心，但這至少讓人舒服一點：足以毀滅所有生物的滅絕，彼此之間的平均間隔應超過二十億年。」

然而這數字不應會讓人感到放心；的確，這正是地球殊異假說的重點。假如每二十億年會發生一場行星災變，結束行星上所有生命，而且假如生命已持續存在了四十億年，那我們真的是在用掉我們的運氣！而在只能靠機運才能拖延冷酷的行星滅絕死神時，運氣或許正是動物長時間演化所需要的。

大滅絕的影響

大滅絕若並未造成完全不毛，是否會對行星多樣性的發展有絕對不利的影響？或許可說，大滅絕並非有礙於多樣性，反而實際上是增加多樣性的力量。譬如，古生代的各種滅絕，讓古代礁岩群落中再度有較現代的珊瑚種類聚集。大滅絕為較現代（且較多樣）的軟體動物鋪路，讓牠們接掌了原本由腕足類動物（古代貝類）稱霸的底部群落。在另一例子中，恐龍的滅亡讓許多新種的哺乳動物得以演化，而且哺乳類的種類似乎比過去恐龍的種類還多。假如大滅絕沒有發生，其他變因（譬如大陸漂移歷史）維持不變時，行星的多樣性（現存物種的數目）會比現在高還是低？

大滅絕之謎和其對全球生物多樣性的影響可以描述如下：寒武紀大爆發讓多樣性突然增加，之後在古生代大概維持平穩狀態；奧陶紀和泥盆紀的大滅絕造成多樣性短期下滑，但很快又因新生命形態的演化而彌補過來；結束二疊紀的重要大滅絕製造出較長時期的多樣性赤字，但最後在中生代時也回復了。事實上，過去五億年中，地球上每次大滅絕後，生物多樣性都不只是回復，甚至會超過原本情況。今日世界上，生物多樣性比過去五億年中的任一時期都高。假如大滅絕的次數是實際的兩倍，地球的多樣性是否甚至會比現今還高？或許大滅絕產生了正面影響，透過拔除腐敗或極不能適應、卻又頑固生存並獨占資源的物種，來製造新機會和支持演化創新。另一方面，或許相反的情況為真：假如大滅絕並未發生，生物多樣性會比現在要高（參考圖8-2）。我們如何抉擇？

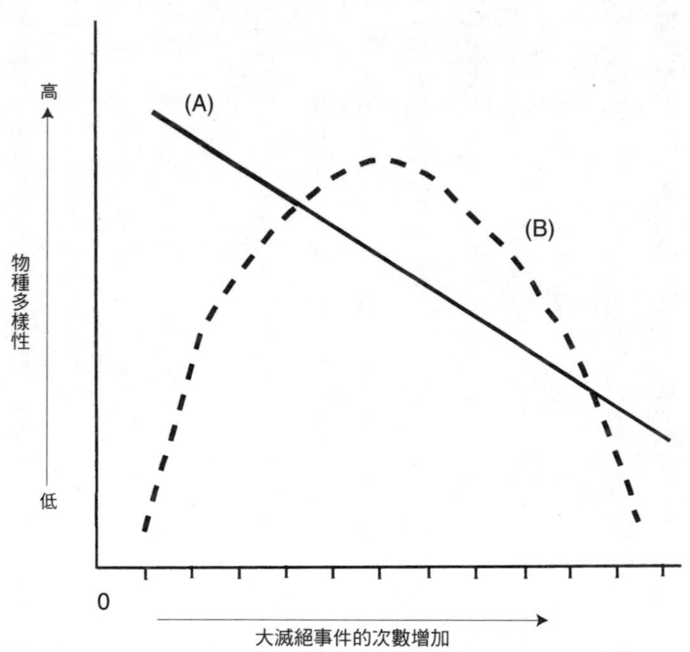

圖 8-2：大滅絕影響多樣性的兩個模式。(A) 大滅絕的增加造成較低的多樣性。(B) 大滅絕的發生次數若到達某個關鍵，會導致較低的多樣性。

此問題雖然有趣，但尚未用任何方式加以檢視過。然而化石紀錄的確藏有一些線索，顯示大滅絕必定位於生物多樣性天平上有害的一方，而非有益。或許最好的線索來自大滅絕後礁岩生態系統的比較歷史。礁岩是所有海洋棲地中最具多樣性者，是海中的雨林，原因是礁岩內藏許多有堅硬骨骼的生物（和雨林相反，雨林中極少生物有任何化石作用的能力）。人類有極棒的歷來礁岩紀錄。所有的大滅絕事件都對礁岩環境有嚴重又不利的影響；在過去五億年間發生的六次大規模滅絕事件中，每一次礁岩環境都較其他海洋生態系統遭遇更高比例的滅絕。每次大滅絕後，礁岩都會自地球上消失，通常要花費數千萬年才能重新建立。比如說，無論是寒武紀、奧陶紀、泥盆紀、二疊紀、三疊紀或白堊紀的大滅絕，之後都不見礁岩的存在。礁岩的確會重新出現，以非常緩慢漸進的速度，而且似乎需要很長時間，才能建立和重建複雜的生態系統（參考圖8-3）。在礁岩系統最後再次出現時，其中的生物會是全新的組合，顯示大滅絕，至少對礁岩而言，是極度有害的，並且會產生生物多樣性的淨赤字。

風險和複雜度

生物的複雜度和遭受大滅絕之風險間的關係，我們是否能夠辨明？近來的證據顯示，生物在變得較複雜時，滅絕的風險增加，亦即複雜度上升時，脆弱性也會上揚；因此多數例子中，複雜度的增加令生物對環境的忍耐力下降。細菌能承受外太空的嚴苛條件（至少短期內），但動物不行。在人類由細菌生命形態變為原生動物，然後是後生動物時，所能承受的溫度、食物供應和環境化學性質的範圍，都變得較為窄小。

此歸納似乎不只適用於個體，也適用於物種。化石紀錄傳達的最強烈訊息之一為，滅絕機率是複雜度作用的結果。一般而言，簡單動物比複雜動物更能成功避免絕種，因而存活較久（就地質時間而言）；物種愈簡單，在地球上稱霸的時間就愈久。在有三十億年歷史的岩石中所發現的許多細菌化石，和地球現存並且常見的形式一模一樣，牠們是否為同個物種？除非能比較古今細菌

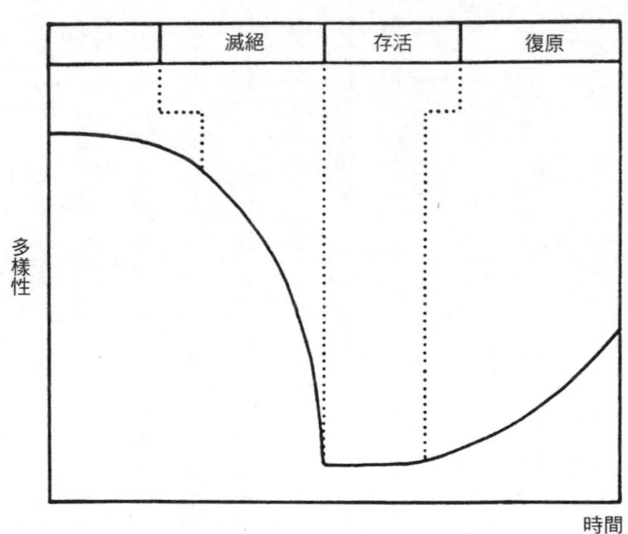

圖 8-3：大滅絕危機的各個階段。（參考寇夫曼，1986 年；資訊來源為多納文，1989 年）

的DNA，否則無法確知。但最佳的推測是，牠們可能的確屬於同一物種，已確定兩者有相同的外部形態。簡單的細菌物種一旦演化，似乎會存活很長一段時間，這或許是因為該種細菌十分簡單，而且無須發展新的身體形式即能適應環境。另一方面，複雜的後生動物所能適應的環境範圍小很多；甚至對後生動物而言，複雜度和演化壽命之間的關係似乎呈現反比。比如說，哺乳類（地球上最複雜的動物）的平均物種壽命只稍多於一百萬年，然而簡單許多之雙枚貝軟體動物的存活壽命就長很多。

但如何衡量複雜度？或許細菌其實並未比複雜的後生動物來得簡單，而上述所觀察到的關係是緣於湊巧，或是複雜度以外的因素。事實上，有許多方法可以比較複雜度。判定整組基因的長度（及其中涵括之基因數）是方法之一；而另一個甚至更容易辨別後生動物複雜度的辦法，是找出牠們擁有之不同細胞種類數目，正如一開始古生物學家伏倫泰所建議的。

動物學者和生理學家歷年來已能辨別動物之細胞種類。當然細菌或草履蟲只有一個細胞，但隨著多細胞動物出現，各種身體細胞開始有不同的功能。海綿是多細胞動物中最簡單的形態之一，至少有四種細胞：一種是為了捕食，一種為隱藏針骨（原始的支撐架構），第三種會將物質送至身體各處，而最後一種則有如皮膚細胞。像人類一樣的脊椎動物所擁有的細胞種類數量遠多於海綿；哺乳類有超過一百種細胞。

奇怪的是，尚未有人試著將依細胞種類畫分的複雜度和演化壽命相連；後者即所謂的滅絕率。古生物學家塞柯思基已算出多數動物和植物群落的滅絕率。我們在此結合這兩組資料，並尋找其中關連；結果似乎證實了複雜度的出現，是以降低演化壽命為代價。這個發現顯示，無論在地球或他處，較複雜的動物或植物物種會有較短的演化壽命，也意味著滅絕的風險會隨時間而增加（參考圖8-4）。

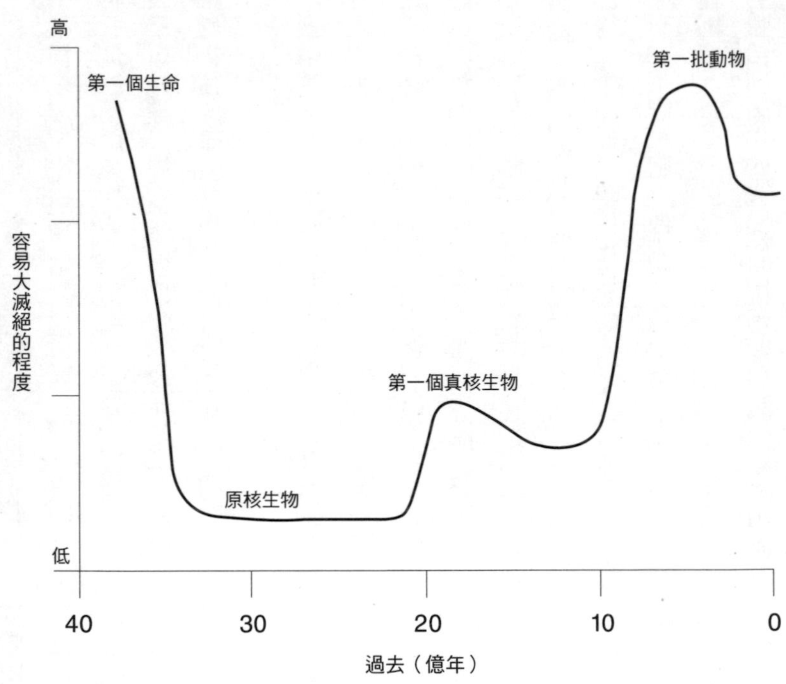

圖8-4：假設各時滅絕「風險」或易遭滅絕程度的曲線。在一種新的演化形態出現後不久，滅絕的風險最大，然後隨著多樣化而漸減。多樣化能防範滅絕。

地球上大滅絕的歷史：十次事件

古生物學家已發現，自寒武紀大爆發以來（亦即在過去五億四千萬年間），發生過許多次大滅絕，然而其他更早期的大滅絕事件大多未知；這是因為在這些事件發生之時代，生物很少有堅硬的骨骼部分，因此很少變成化石。或許骨骼出現前的漫長地球歷史，是以大規模的全球災變為間隔，這些災變大量毀滅地球上的動植物，等於是未留紀錄的大滅絕，但極少有人將注意力放在較早的滅絕事件上。比如說，天體生物學家凱斯丁相信，規模最大的大滅絕是由七億五千萬年前「雪團地球」事件所引起。

已知的過去五億年間各次大滅絕中（有十五次事件正式認定為「大滅絕」），有六次特別具毀滅性，無論是由科、屬或種的絕滅數目，或由其後生命演化所受之影響來衡量，均是如此。我們建議在這個表中加上另三次發生於五億年前以前的大滅絕，和近年來人口無止盡成長所造成的生物多樣性危機；後者目前仍在進行，因此尚不能計算最後的滅亡總數。儘管如此，該現象或許代表了無論何時，只要有智慧物種興起於布滿複雜後生動物的行星上，就會引發大滅絕。

我們對各次事件的了解，依事件之發生時間而呈現反比，也就是事件出現的時候愈早，就愈是一團謎。現代仍在進行中的滅絕也只會簡單地加以介紹。古代事件中最近者（白堊紀／第三紀滅絕）至今最多人研究，而且最為人所知，因此我們會討論得最詳細。

撞擊滅絕，四十六至三十八億年前

一般認為，劇烈撞擊時期已至少數次滅亡了地球表面生物。沒有其他資訊。

氧的出現——雪團地球，二十五億至二十二億年前

氧的出現當然會導致當時地球上大多厭氧細菌的滅絕。此現象極少或沒有化石紀錄，或許和第一次「雪團地球」事件同時發生。

七億五千萬至六億年前的雪團地球事件

幾乎完全沒有這些事件的資料，或許其中包括了三或四次不同的滅絕事件，與不斷出現的冰河作用同時發生。疊層藻和名為疑源類群的浮游生物似乎遭遇了大規模的滅絕。這個時期缺乏能留下化石的動物，因此情況不明。

寒武紀大滅絕，五億六千萬至五億年前

寒武紀前以及期間所發生的滅絕，仍是所有滅絕事件中最難解的。我們相信，就對地球上動物的影響而言，這些事件也是最重要的。

正如之前章節所言，「寒武紀大爆發」是地球動物歷史中最重要的單一事件。短時間內，所

有地球現存的動物門都出現了；而自寒武紀結束後，再也沒有新的門演化出現。然而，雖然寒武紀是個多樣化的時代，同時也是個重要的滅絕時期；似乎有些出現於寒武紀的門並未留存許久。古生物學家古爾德所描述的伯吉斯頁岩動物群包括了無數生物，但似乎不屬於任何現存之門，而許多古生物學家認為，很多門在五億四千萬和大概五億年前的這段期間就已滅絕。

有些科學家主張，寒武紀大爆發之前曾發生過一次滅絕事件，致使埃迪卡拉動物群消失。此動物群由奇怪的水母和似海葵動物組群所構成，在世上許多地方，被發現於寒武紀底層的下一地層中；這似乎是第一次動物多樣組群的出現，或許是已熟悉的動物，如腔腸動物和各種蟲的早期先鋒，或是現在早已絕種之門的組群。無論如何，埃迪卡拉動物在寒武紀前不久即以突然而又戲劇性的方式消失。牠們的消失仍是個謎，或許導因於與新演化且較現代之動物族群間的競爭，後者為典型的寒武紀動物群，也或許埃迪卡拉動物的滅絕是由於環境突然改變。

第二波滅絕發生於埃迪卡拉危機後約兩千萬年，並持續了數百萬年，嚴重影響第一種形成礁岩的生物（稱為原細胞海綿類群），還有許多三葉蟲和早期軟體動物族群。我們再次提出，這些滅絕事件似乎與全球海平面改變和底層海水開始缺氧有關，除此之外，極少有直接證據顯示發生的原因。

寒武紀大爆發仍是個謎（參考第七章），重大事件雖然發生了，卻找不到明確成因。這些事件影響有多深遠，本章稍後會加以討論。

奧陶紀和泥盆紀大滅絕，四億四千萬至三億七千萬年前

古生代另有兩次大滅絕事件：約三億七千萬年前泥盆紀期間，和超過四億三千萬年前的奧陶紀期間，都發生了大規模的大滅絕事件，令當時的海洋動物群銳減。因為很少有這兩個時期陸地生物的紀錄，因此這些事件對陸上生命的影響到底有多大，仍極需探索；然而清楚的是，海中大多物種均絕跡。這兩次滅絕消滅了超過百分之二十的海洋生物「科」。

此二滅絕的肇因仍然不明。有人提出撞擊是泥盆紀大滅絕的發生原因，但儘管進行了密集的調查研究，這個說法仍缺乏明確證據；也沒有證據證明奧陶紀滅絕是由撞擊所造成。缺氧、溫度變化和海平面改變，是較為人採信的理由，但很難單獨解釋這麼大規模滅絕的發生。人類仍在尋找造成這兩次大滅絕的因素。

二疊紀－三疊紀事件，兩億五千萬年前

就各滅絕的規模而言（在事件中，全球物種、屬或科被消滅的比率），兩億五千萬年前的二疊紀－三疊紀大滅絕，似乎是地球上所有滅絕事件中最具毀滅性的。專家如美國芝加哥大學的塞柯思基和駱普，蒐集了各時期的滅絕紀錄後指出，此次事件和其他滅絕事件相較，情況最為嚴重，有超過百分之五十的海洋生物科死絕；這個數字是其他滅絕事件的兩倍以上。這次事件中絕種之物種（屬於各個科）比率，約從將近百分之八十至超過百分之九十都有。顯然地球上大部分

的動植物都被消滅。

過去十年來許多人詳加研究此次滅絕的成因，讓曾經令人困惑的問題有了較清楚的答案。雖然這個事件長久以來被視為是最嚴重的大滅絕事件，但成因一直未明。現在，大家似乎覺得，縱然此一事件有數個成因，最重要的有兩個：一為海床上被隔離的沉積物在短期內排出二氧化碳的作用，另一則為約兩億五千萬年前特別嚴重的火山爆發所噴出的火山氣體。巨量的二氧化碳突然釋出，直接造成了海洋生物因二氧化碳中毒而死亡，間接則透過全球急遽加溫，而大量毀滅陸地生物。過量的二氧化碳釋放至大氣中，令溫室效應愈加嚴重，結果增加了大氣中的熱能含量。溫度突然增加了大約五至十度，並持續了一萬至十萬年，陸上生物可能是因此而滅絕。

三疊紀末大滅絕，兩億兩百萬年前

三疊紀末期一次重要的大滅絕事件中，有約百分之五十的屬滅絕。現在仍少有紀錄顯示此次滅絕中陸上生物的命運，但確定的是，當時的海洋生物受到極廣且極具毀滅性的影響。眾人以為，這次的大滅絕如同本章開端所述之白堊紀／第三紀滅絕，是由巨大外星天體撞擊所造成，可能是彗星或小行星。加拿大魁北克的曼尼古根隕石坑直徑有一百公里（而白堊紀／第三紀滅絕有關的奇休魯布隕石坑，直徑大約是兩百公里）。此隕石坑存在已有兩億一千四百萬年之久，比三疊紀／侏羅紀交界時間還早出現。除了撞擊，環境變化也和此次滅絕有關；最廣為人知的是在三疊紀末期，海洋的改變讓許多淺水環境呈現缺氧狀態。然而，很難看出這些轉變對陸地生物有何影響，當時牠們也遭逢嚴重的滅絕。最可能的原因仍然不明。

白堊紀／第三紀事件，六千五百萬年前

地球上恐龍，和當時其他百分之五十或更多物種的滅絕，在過去超過一個半世紀以來，一直被視為地球長久歷史中生物大規模死亡最慘重的階段之一。雖然此次事件曾有多種解釋，現在廣為大家接受的是一次小行星的撞擊。

一九六九年時，加拿大地調所的麥拉倫博士提出，約四億年前，一次尚未得到廣泛接受的大滅絕發生，令許多海洋生物絕種。他認為這次滅絕是一顆大隕石撞擊地球後，產生的環境影響所造成。麥拉倫當時沒有撞擊的確切證據，如年代正確、看來可疑的隕石坑。芝加哥大學的諾貝爾化學獎得主猶瑞也指出，中生代末的大滅絕導因於一顆和哈雷彗星一般大小的彗星撞擊地球；這個想法也因缺乏證據而受輕忽。然而不久後，美國柏克萊的阿佛雷茲團隊再次提出這種看法，這次則提供了豐富的科學證明。

一九八〇年阿佛雷茲假設的內容為：㈠地球在約六千五百萬年前，受到某個通過地球軌道的物體（小行星或彗星）撞擊；㈡此次撞擊對環境造成影響，令大滅絕發生；這個假設目前為許多人（雖非所有人）所接受。然而確定的是，這些嶄新假設改變了古生物學研究的全貌，對天體生

物學極為重要。核心論點變為，小行星和彗星撞擊能造成大滅絕，而無論藉由何種原因造成，大滅絕能以相當快的速度發生。

如同多數重要學科，阿佛雷茲理論的概念十分簡單。柏克萊團隊依據義大利、丹麥和紐西蘭之白堊紀／第三紀地層的鉑族元素濃度判斷，認為直徑至少有十公里的小行星，於六千五百萬年前撞擊地球，引發的環境後遺症造成了大滅絕。根據柏克萊團隊的說法，最後讓生物死亡的原因是，撞擊後長達數月的黑暗期，或光的消失。黑暗之所以出現，是因為巨量的隕石和地球物質在爆炸後被拋入大氣中，而且存在的時間頗長，令當時生存於地球上的許多植物絕跡，包括浮游生物。而因為植物的死亡，災難和饑荒透過食物鏈慢慢向上擴散。

一九八四年前，在地球五十處以上的白堊紀／第三紀地層中，偵測到銥元素高度集中的情況。在許多白堊紀／第三紀地層，也發現了撞擊過的石英微粒。在相同的白堊紀／第三紀期泥土內，找到散布著的完好煤灰微粒；尋獲的這種煤灰只可能在草木燃燒後產生。而於全球許多地方的泥土中所發現的最終煤灰量顯示，約六千五百萬年前，地表多處的森林和矮樹叢被火吞噬。十分嚇人的景象出現：撞擊後不久，當時地球上的多數植物明顯被焚燒。有些火可能起自撞擊所造成的火球和灼熱，但大多可能生於數天後，發生原因為，岩石碎片一開始被猛烈撞擊的爆炸力炸入軌道中，後來如明亮的毀滅飛彈直奔回地球。

僅僅一顆彗星或小行星撞擊，就產生了寬度介於一百八十到三百公里間的隕石坑，現在名為奇休魯布隕石坑。撞擊目標區的地質情況（尤其目標區中存有富含硫之沉積岩），可能讓生物後續死亡的機率達到最高。全球大氣氣體存量的改變、溫度劇降、酸雨和世界野火，都可能是大量生物殞命之因。

以上一連串相連的災難足以讓我們懷疑，複雜後生動物如何能在此次事件中存活。假如有大小足夠的撞擊物，很顯然地，造成白堊紀／第三紀大滅絕的撞擊，就能夠毀滅行星上所有的複雜後生動物。假如引發白堊紀／第三紀滅絕的物體為原本的兩倍大，可能就是地球末日的來臨。

現代滅絕

說人類已經進入大滅絕的時代，最多只會在一九八〇年代有所爭議；但現今大多研究者均承認，自最後一次冰河時期結束後，亦即約一萬兩千年前左右，生物滅絕的數量，讓全新世明顯成為滅絕率顯著並且逐漸上升的時期。許多評估都說明了近來每年有多少物種絕跡；雖然很多地區的可靠資料極少，確定的是，全球森林正遭受人類毫不容情的砍伐，以作為農業用地，而森林的消失導致滅絕。目前人類對海洋了解較淺，幾乎沒有證據顯示其中有大滅絕發生；雖然在全球對魚的需求量增加時，這點可能很快改變。冰融和化學汙染的情況於接下來的幾個世紀會愈趨嚴重，因而海中滅絕率可能大幅上揚。動物群總數的估計時時在變，但都帶著值得注意的訊息：地球正快速失去許多物種。或許最足以讓人醒覺的預測來自美國國家科學院的雷文，他認為在二三

○○年以前，世界物種會有三分之二消失無蹤。

這次滅絕的根本原因是「智人」人口不斷增加。

比較大滅絕的嚴重性

傳統用來比較各次大滅絕事件嚴重性的方法，是計算分類學上類別滅絕的比率；此規模龐大的工作主要由美國芝加哥大學的古生物學者負責，透過由駱普和塞柯思基開始的文獻研究來進行。首先著手的是海洋動物科。數年後，塞柯思基開始記錄絕種之生物屬數量，他現在正在計算物種的數量。利用這些統計數字，「五大滅絕事件」（奧陶紀、泥盆紀、二疊紀、三疊紀和白堊紀滅絕）和其他顯生元的滅絕才能有所區別。假如用滅絕屬的數量來比較大滅絕，那麼二疊紀／三疊紀事件造成的災難最大，再來是奧陶紀、泥盆紀、三疊紀和白堊紀末；而寒武紀滅絕並未如此「顯著」。塞柯思基最新的編纂成果（基於私交，他在一九九七年慷慨地將資料寄給我們）顯示二疊紀中，各科的滅絕率是百分之五十四，奧陶紀是百分之二十五，三疊紀百分之二十三，泥盆紀百分之十九，而有名的白堊紀／第三紀滅絕則為百分之十七。然而分別由古生物學家塔潘和紐威爾所進行的另兩項分析中，寒武紀時海洋生物科的滅絕數量超過二疊紀。寒武紀滅絕是所有滅絕中最嚴重者，當時約有百分之六十的海洋生物科絕種，二疊紀則為約百分之五十五。

這些研究的結果呈現矛盾。在二疊紀，嚴重大滅絕的成因十分明白：大陸接合成一塊大型超大陸，在過程中為全球氣候和溫度帶來很大影響；此時期將結束之際，又發生另一突然且具毀滅性的事件，也就是巨量的二氧化碳釋入了海洋和大氣之中，造成全球溫度急速且致命性地上升。然而關於寒武紀，我們尚未找到明確成因，最可能的猜測是「庭園類比」。寒武紀時動物庭園才剛形成，雖然有許多不同類型或體軀藍圖（事實上，比現在還多），每個類別只有極少的物種。環境條件即使輕微轉變，也足以消滅整個類別或整個門。寒武紀對動物而言是最危險的時期。我們以為，寒武紀滅絕是地球生物史中最重要的，因此應較任何其他滅絕事件更值得注意，包括二疊紀／三疊紀滅絕。除了僅計算絕種的物種數量外，還有其他方式能比較各次滅絕。

歷來的滅絕風險

滅絕的風險是否隨著時間而不同？此問題關係兩個變項：㈠行星上影響生命的環境條件是否隨時間改變？㈡生物滅絕的可能性是否在持續演化時會有所改變？如同「適居區」的概念必須修正，要解答該問題必須注意複雜度這個前提，這是因為細菌和較複雜生命形式的的滅絕率大不相同。假如正如推測，滅絕風險或機率會因生物複雜度的不同而有所差異，那麼在動物演化前那段長遠的時間中，滅絕情況較少，而動物出現後，滅絕率（在某段時間中，總生物多樣性或物種豐富度絕種的比率）則增加了。但正如我們提過的，這個問題牽涉兩個變項，第二個是大滅絕的頻率或規模也可能改變。許多證據顯示滅絕——一開始造成大滅絕的行星災變——的可能成因同樣隨時間而變。

地球上主要大滅絕的歷史告訴我們，只有兩種原因曾在地球史中作用：撞擊和全球氣候變遷。其他現象或許也會導致滅絕，如鄰近超新星，但沒有確切證據證明這個情況的確發生過。至於撞擊，正如稍早在本章中所看到的，有完整的跡象顯示撞擊的頻率隨時間而變化。這些改變內最明顯者為「密集撞擊」時期中的大規模撞擊停止，這個時期大概介於四十三億至三十八億年前之間。但有線索顯示，即使主要彗星雨停止了，撞擊率仍是長久、緩慢地下降，正如葛利夫和其他人所記錄。在新興動物族群的脆弱性增加時，撞擊率下降會減低整體滅絕率。有人可以主張，即使在最後五億年內，亦即複雜動物的時代，應該也有足夠的彗星或小行星撞擊，以完全滅絕地球上的動物，但很明顯地，這並未發生。

複雜度的利弊得失：風險和多樣性

複雜度能帶來多樣性。雖然較複雜的生物較易滅絕，但似乎能靠數量來預防。我們才開始仔細研究生物的形態，但的確發現細菌物種遠少於昆蟲物種。然而假如複雜度有著較易滅絕的代價，長久以來，地球上複雜的動植物如何能經歷多次大滅絕而存活？複雜性植物必定知道某個方法，能保護自己不致滅絕，並非以物種，而是以較高的分類單位，亦即高於物種的類別。

第七章描述的寒武紀大爆發期間和之後的動物門歷史即為一例。有些古生物學家抱持的觀點是，多達一百個動物門可能在寒武紀時演化出現（雖然普遍共識似乎認為數量遠少於此）；這些門有些在寒武紀或其末期時滅絕；自那時起，沒有任何門消失。這可能並非去蕪存菁的簡單實例，也就是說存活者並非體軀藍圖最適於這個世界，而是因為留存的門有許多物種，能捱過繼起的行星災難。只要有一個物種存活，門即存在，而且能夠再次多樣化。另一方面，在寒武紀中，所有的門都只涵括少許物種，寒武紀災變能消滅整個門是因為，在各式各樣的門中，物種的多樣性極少。對動物來說，寒武紀（或之前）是地球長遠歷史中最危險的時期；自那時起，數以百萬計的物種在各個門中演化出現，因而更足以「防範滅絕」。多樣性——透過眾多物種的演化，體軀藍圖得以貯存——或許是防止滅絕的最佳保護措施。

高等動植物如何產生並維持多樣性？首先，牠們演化出快速（和細菌相比）的種化率。因為高等生物繁殖的主要方式為有性生殖，因而在族群中創造出豐富的變異性，物競天擇得以實行。在小族群自較大母族群脫離，不能再互換基因時，種化（新物種的創造）發生。漸漸地，較小族群為了適應，與母族群有了極大差異，以避免兩個族群再次接觸時成功雜交繁殖。

此過程是維持多樣性的關鍵；因為所有動物和高等植物有較高的物種滅絕率，若要繼續保有多樣性，新物種必須不斷形成。自寒武紀大爆發開始，刺激新物種演化的動力已經增加了地球上複雜生命的多樣性，但長期成果會定期而且暫時地被各次大滅絕所撤銷。在大滅絕事件中，多樣性拯救了較高的分類物種。假如某個門或主要體軀藍圖充分地多樣化，在許多不同環境中以多種形態出現，則非常有可能經得起滅絕事件。

懸崖邊的行星

行星災變「千鈞一髮」的情況，再三出現在地球的岩石紀錄中，我們已經歷多次危機。在本章中，我們已詳述各次大滅絕中明顯僥倖脫險的時刻，但仍可找到更微妙而又同樣值得注意的紀錄，也就是各時大氣組成的變化。

很明顯地，二氧化碳和氧的含量在顯生元時（最後五億三千萬年）劇烈改變，相較於時間較長但較難蒐集資料的前寒武紀，這些變化本身或許微不足道。人類對於這些改變在生態方面之影響了解極少。在古生代時期，二氧化碳含量是現今的二十倍，現代科學家自信地推論說，在早期古生代時，情況即是如此；隨後在二疊紀－石炭紀時，該含量急速下滑，當時世界面臨了大規模的冰河作用，溫室條件消失，涼爽許多的氣候出現。

大氣中氧含量的變化同樣十分劇烈，但和二氧化碳相比，留下的紀錄（或人類對此之了解）

少了許多。眾人對古早氧含量之預估並不確定：一組科學家自古代琥珀抽取氧，但其他人斥責此方法，說這顯示了完全錯誤的結果。我們並沒有直接的紀錄，而必須藉由調查各時沉積物中埋藏的有機碳比例，或研究岩石的風化率，來預測古早大氣中的氧量。這兩個方法均非完善，然而若有任何效力，則顯示了氧量在最終五億年中有變。比如說，似乎在四至三億年前左右，大氣的氧量升高許多，可能到達了百分之三十五（今日為百分之二十一）。如此多的氧讓森林大火更易發生，而且更具破壞力。有時氧氣含量降低，不難想像當時減少的氧量曾帶來很大影響，或許甚至妨礙某些生命形式的演化或發展，如那些需要豐富的氧以進行密集新陳代謝的生物。

因此即使在如地球的行星上，對生命最重要的系統——大氣——可能在一億年久的時間中持續不穩定。行星大氣可能有足夠改變，因而引發大滅絕；而維持適於動物的大氣，讓動物能有演化和多樣化所需的漫長時間，這可能是所有條件中最難達到的。

行星滅絕的模式

依據地球殊異假說，地球大滅絕史的重點可歸納如下：地球史中，在生命僅是細菌形態的那段長久時間內，大滅絕可能十分罕有。然而較複雜生物如真核細胞演化出現後，滅絕機率增加。寒武紀中豐富的複雜動物出現，讓大滅絕的影響達到高峰，導因於當時的多樣性極低。滅絕率在各式各樣體軀藍圖發展出愈愈來愈多的物種後，再次下降。

任何行星上，大滅絕的次數可能是最關鍵的因素之一，決定了動物會在何處興起，而且假如興起了，會存活多久。在具大量太空碎片（因而有很高的撞擊率）的行星系統中，動物會出現並且綿延的機會當然比撞擊少的系統小許多。同理可證，所在的宇宙社區若有大量天體碰撞、超新星、伽瑪射線爆炸或其他宇宙災變，行星獲得並維持動物的可能性也會降低。

似乎最佳的「生命保險」就是多樣性。在下一章中，我們會敘述自己的觀點，主張板塊運動，或說大陸漂移，是促進地球動物高度多樣化的主要作用。

第九章　分外重要的板塊運動

想像有艘太空船，能迅速載著我們到太陽系的每個行星上，此行目的在於確定地球有何特質是動物生命所不可或缺的。因此在行程中我們要找尋一些線索，以了解動物生命為何能在地球上生存近十億年之久；促成地球生物多樣性的因素有哪些？

天體調查先從水星開始；這個星球自轉速度緩慢，表面坑坑疤疤，向陽面炙熱而背光面酷寒。此外我們很快便發現，水星不僅缺少大氣、液態水和生物，亦無火山活動。這個飽受隕石摧殘的星球表面只有無數的隕石坑，以及彗星與小行星撞擊後留下的痕跡。水星與地球截然不同，自隕石雨後的四十億年間，星球上鮮少有重大地質變動；水星的外貌和月球相似。

下一站來到濃雲密覆的金星。金星表面看來極為年輕，像是幼兒的面孔，但其年歲卻和地球相當。金星的地殼顯然經過地質作用「表面再造」，由於一些大變動，使得地表在過去十億年間曾經熔化，因此金星表面不像水星一樣布滿隕石坑。不過金星有另外兩個顯著的地質特徵：高原和火山隆丘，這些隆丘看來就像是一列被砍斷火山錐的火山。這個星球上既無動、植物，亦無海洋或液態水。金星的表面炙人，溫度高到足以熔化焊錫。

火星是這段長途旅程的下一站，在繞行這赭紅色星球時，可看到一座座高聳驚人的火山，矗立於滿目瘡痍、岩石四散的地景中。以地球標準評斷，這些火山極為巨大，規模為太陽系之冠，但卻為數不多，像是分布於星球表面零星孤寂的崗哨。奇特的是，星球上再無其他山脈，沒有相當於阿爾卑斯或阿帕拉契山的山系；此外儘管星球表面的地貌特徵顯示許久以前火星曾有水，但現在火星上卻無海洋、湖泊、河川或液態水。

遊歷完火星後，所謂「類地」行星的調查已告終。藉此我們也學到很多：其他行星皆無綿延的山系。接著朝向外太陽系出發，來到巨型氣體行星區域。首先經過的是木星，該行星擁有翻騰繽紛的大氣，特殊的大紅斑隨著快速自轉的行星轉動。木星並無陸地特徵，這是因為此星球沒有明確的行星表面，無法標明大氣範圍至何處為止，陸地自何處開始；由於缺乏固體表面，因此木星不適合動物居住（就我們所知的動物而言）。或許有類似細菌的生物居於翻騰的大氣中，也或許沒有，但是木星的衛星卻可能有生命形成並存在。讓我們一一探訪四個最大的「伽利略」衛星（因發現者為偉大的義大利天文學家伽利略，故有此名）：木衛一、木衛二、木衛三以及木衛四。這四個衛星皆小於地球，也都有冰凍表面（儘管木衛一有活火山），地表並無動物生命或液態海洋；然而木衛二的冰凍海洋似乎極可能泊有生命，因為在該衛星冰凍表面下深處，可能存有液態水。木衛三與木衛四的地底區域也可能存有液態水或海水。

離開了木星，我們朝太陽系其他巨型氣體行星前進：土星、天王星，然後是海王星。和木星一樣，這些行星都是氣體星球，沒有明確地表，但都有較小的岩石衛星繞行於側。這些衛星有的表面崎嶇，有的則是冰封世界；儘管土星的衛星土衛六之地表有寒冷的碳氫化合物液體，在較溫暖的深處亦有液態水，但這些星球上皆無動物生命。

最後來到冥王星，此星雖是固體星球卻無山脈和火山。寒冷遙遠的冥王星和太陽系最中心的行星水星一樣，皆無火山活動。

結束這場旅行回到地球後，我們開始思忖地球的獨到之處，或許能有線索解釋為何地球有動物生命，而太陽系其他行星或衛星卻無。最重要的差異似乎在於地球表面存有液態水，水是最普遍的溶劑，似乎是動物生命不可或缺之物；但地球還有其他獨到的特性，包括富含氧氣的大氣，以及能夠讓液態水存在的適當溫度。

地球的另一個特點在初見時似乎和動物生命無關，但事實上卻可能大有關聯，這個特點便是綿延的山脈。當然太陽系他處仍有高山，其中最高大的是火星上的奧林帕斯火山。但這種山岳都是單獨存在，而不成山脈，這點與地球上多數山岳不同。太陽系中沒有任何山岳相當於洛磯山脈、安地斯山脈、喜馬拉雅山脈或其他人類熟知的山脈。即使是經由粗略的觀察，也可知道海洋、山脈和生命，是地球特出於太陽系中的原因；地球的這些特徵對生命起源極為重要。本章中，我們認為地球這三個珍貴特性，彼此間有複雜的交互關係；更甚者，此三者皆始於板塊運動。在太陽系中，板塊運動，也就是全球地殼在地表的活動，僅見於地球；甚至在全宇宙，也可能幾乎絕無僅有。真正對生命而言重要的，並非地球上的山脈，而是造出山脈的過程：也就是板塊運動。

板塊運動可能不只塑造了山脈和海盆，最難解的是，此種活動也是地球上後生動物演化和生存的關鍵。這種觀點似乎很怪，卻可以從數個理由來探討：首先，板塊運動促成了全球高度的生物多樣化。上一章提到，對抗大滅絕的主要方法就是高度生物多樣性。在此我們認為，地球上維持長久生物多樣性的關鍵因素，就是板塊運動。其次，板塊運動是全球的自動調溫器，藉由不斷循環某些重要的化學物質，使得大氣中二氧化碳含量得以大致恆定，因此板塊運動也是四十多億年來，地表能夠保有液態水的唯一重要機制。第三，海平面主要受板塊運動影響而變化，這點對某些礦物的形成極為重要；而這些礦物將全球二氧化碳含量維持在一定標準之內（因此也控制了全球溫度）。第四，板塊運動造出了陸地。若無板塊運動，地球便會像初生時的十五億年間一般，是一片水鄉澤國，只有少數的火山島星羅棋布於地表上，情況或許會更不利於生命；沒有陸塊，我們可能如今已失去生命所需的關鍵要素，也就是水，如此一來，地球會變得像金星一樣。最後，板塊運動促使地球形成最有效的防禦系統：地球磁場。若無磁場，地球以及其上的生命便會遭受可能致命的宇宙輻射侵害；而太陽風的「飛濺作用」（太陽噴發出的粒子，挾帶高能量，撞擊大氣層外圍）也可能逐漸消耗大氣層，就像火星大氣發生的情況。

板塊運動

早在十八、十九世紀，地質學家便已十分了解火山的由來：滾燙的岩漿從地球深處湧向地表，噴發出熔岩、火山灰以及火山浮石，形成了火山錐。但是，要明白「非火山」高山和山脈的形成由來則困難許多。曾有人提出無數的假說，其中包括：地殼因承載沉積物而塌陷（意指物質緩緩沉積，最後導致地殼產生線條般的裂痕）、地球收縮（因而形成山脊，就像酸梅上的皺摺一樣）、地球膨脹（因此形成了山脈）。在一九一〇年，美國地質學家法蘭克．泰勒提出了全新的看法，他認為雄偉的山脈肇始於大陸漂移；這項異說一經提出，旋即遭到近乎所有的地質學家與地球物理學家非議，因為他們皆無法想出導致「漂移」的機制。

然而泰勒的假設卻如同燎原星火，永不熄滅。不久後，有些科學家半玩票似地思索這個想法，並開始找尋支持此論點的證據，在這些人之中，最為堅持的便是德國的氣象學家韋格納；他從一九一二年起直至一九三〇年殂歿於北極冰上，始終思索著泰勒的論點。韋格納從地質學及地球物理學中得到證據，率先證明各處海岸線能相互吻合，這項證明顯示各大陸曾結合在一起，形成一塊「超大陸」。他也率先利用古生物學證據來支持該理論：韋格納認為，在如今相隔遙遠的大陸上發現了相似的化石種類，只有在各大陸曾經互通的情況下，才會有這種情形發生。他也說服了其他地質學家，讓他們相信不論過去或現在，大陸都會漂移，但在一九六〇年代之前，多數人仍對此觀點抱持懷疑的態度。

這項觀點成立的最大障礙（也是所有「反漂移者」共同秉持的一點）便是，大陸漂移似乎缺少了某種合理的潛在機制。廣大陸塊如何能「漂浮」於地球岩質的表面上呢？最後科學家發現，這個問題的答案在於地球最外層，也就是地殼和上部地函的不同相態，以及該區有熱對流存在。蘇格蘭地質學家霍姆斯首先提出新觀點，認為上部地函如同滾水一般，會產生移動的大型物質「胞」。在地下深處，組成上部地函的高溫流體物質受熱上升，在過程中逐漸冷卻，最後和地表平行流動；這些物質充分冷卻後，又再度下沉。霍姆斯認為，在這些物質上升之處，對流物質胞可能會崩裂堅硬的剛性地殼，而這些疊置的地殼便乘著與地表平行流動的地函而移動。

早期關於大陸漂移的奇異觀點，最後證實是正確的想法。來自各方的證據，包括古生物學資料，或甚至韋格納首次提出之各大陸海岸線契合的說法，都可證明此理論。但是板塊運動（大陸漂移的另一名稱）的兩項最有力證明，卻是來自於韋格納所不知的領域：一是古地磁學研究，讓科學家得以重建古代大陸的位置；一是海洋學對海床之研究，揭露了巨大海底火山中心的存在，而海床便是從這些中心地區開始擴張。

現在我們知道，所有大陸陸塊都是密度較低的岩石物質，位在密度較高的基礎物質之上。密度較低的岩石一般是由花岡岩組成，而密度較高、形成海洋地殼的岩石，則為玄武岩所組成。花岡岩的密度低於玄武岩，因此富含花岡岩的大陸「漂浮」於一層薄薄的（相對於地球直徑）玄武岩床上。地球科學家總愛以洋蔥來打比方：那層乾薄而脆的洋蔥皮是地殼，位在其他密度較高、質地較濕的同心圓物質之上；而大陸就像是洋蔥皮上組成物質稍異的薄黑塊。但是和洋蔥不同的是，地球擁有放射性核心；這些深埋於地球深處的放射動物質，在衰變成為各種同位素副產品的同時，也不斷釋放出大量熱能。這些熱能在升至地表的過程中，會在地函產生巨大的高溫液體岩石對流胞，就如霍姆斯所想像的一般。這原理就像是滾水一樣，黏稠的上部地函上升，和地表平行流動一大段距離（在過程中逐漸冷卻），然後在溫度降低許多之後，沉降回地球深處。這些巨大的對流胞，攜帶著薄脆的外層，也就是板塊而移動。有時地殼的最外層僅由海床組成，而有時，移動的地殼上會有一至多塊大陸，或較小的陸塊。

普通的地殼岩石，受到地表下數公里深的溫度與壓力所影響，大異於我們所熟知的一般形態。華盛頓大學的克雷斯認為，上部地函幾乎都是固態的，但在某些方面，卻如液態一般，尤其在「對流」方面：所謂的對流，就是液體在受熱之後，向上竄升橫越容器上方的情形。地函之所以能以液態的方式對流，完全是因為該處物質流動極為緩慢，且溫度極高，能夠讓各個結晶體有充裕的時間順應壓力而變形。上部地函是高度壓縮的高溫晶體物質，就像非常黏滯的液體一樣。

板塊運動的「板塊」是由地殼與下方的一層薄地函所組成，形成了較堅硬的組合層。板塊的厚度不一，許多科學家認為板塊「底部」位於攝氏一千四百度的等溫面（該區地函岩石經過極高溫加熱，熔化成為膠狀介質）。另一種想像板塊基部的方法，就是了解該區具有黏滯性大幅減少的特徵。板塊上層與黏滯性較低之下層區域間的黏滯性差異，對板塊運動而言極為重要，此項差異讓堅硬的地殼能夠完整地滑過黏滯性高的地區。海洋地殼及地函組成的板塊厚約五十至六十公里，而大陸地殼的板塊平均厚度則可達一百公里。

讓我們從洋盆開始檢視板塊運動。鋪陳於世界海底的地殼多由玄武岩所組成，和形成夏威夷群島的岩石一樣，同屬於火成岩。這種物質來自於地函深處，沿著對流胞的上升區域向上竄升。滾燙濃稠的地函物質上湧至地表時，會流向壓力持續減小的地區；該區壓力降低是因為上方的物質重量減輕。密度低的液體自密度高的地函物質中分出，以火山爆發的「岩漿」形態湧向地表，如同熟悉的電影情節一樣。兩塊不同板塊反向拉扯，會在地表形成巨大的線形裂口，而岩漿便是自該處湧出，凝固形成玄武岩海洋地殼，並自先前石化的「擴張中心」向兩側移動，而更多新岩漿不斷湧出、遞補原先的位置，就像一條不停歇的輸送帶一樣。

在擴張中心形成的玄武岩，成分迥異於「母體」，也就是順著對流胞兩側向上升湧的地函物質。這種玄武岩的矽原子含量較高，因此密度遠低於地函物質。玄武岩由母體物質（名為橄欖岩，有時會在地表發現）中分異而出，而這種從橄欖岩中分異出玄武岩的作用，便是海洋地殼成形的最後階段。大陸地殼的密度又比海洋地殼更低。要形成大陸地殼，需要更進一步且複雜難懂的岩石加熱步驟，以產生兩種岩石：花岡岩與安山岩。相較於色澤較深且呈巧克力色至黑色的玄武岩，這兩種岩石含有較多白色而密度低的二氧化矽，因而表面呈斑駁狀。大陸地殼形成的主要步驟，是從玄武岩分出花岡岩的分異作用。該作用分成數個步驟，在過程中最重要的成分是水，而關鍵機制則稱為隱沒作用。

數百萬年來，海洋地殼不斷從出生地，也就是擴張中心向兩側移動；在整個移動過程中，對流地函承載著海洋地殼。然而如同所有的旅程一般，這段長途旅行終會結束，海洋地殼不可能一直擴張。玄武岩漸漸冷卻，更重要的是，在擴張過程中出現了一些沉重的霸王乘客，也就是大量附著於玄武岩底部，名為輝綠岩的高密度火成岩。此時，玄武岩僅能勉強漂浮於地函之上，且溫度愈低時，重量就愈重。基於某些原因，玄武岩自然地下沉，將潛至地下六百五十公里深之處。最後對流胞開始下沉之旅，回到地函深處，在過程中，於隱沒區帶著薄海洋地殼往下沉。

隱沒帶（見圖9-1）是綿長的線形區域，海洋地殼物質在此受重力影響往下推擠沉降，而非被逼進地球深處。線形山脈在隱沒帶附近或與隱沒帶平行之處形成。這些山脈部分是由兩塊板塊碰撞，造成邊緣彎曲皺摺而成形的副產品，部分則由上湧的滾燙岩漿所形成，最後在與隱沒帶平行處凝固，成為花岡岩或其他岩漿岩。位於美國華盛頓州的喀斯喀特山脈即為一例。其他活躍的山峰，如貝克山、雷尼爾火山和聖海倫火山，都能直接證明隱沒作用創造山脈的力量和重要性。世上多數的火山和山脈多形成於隱沒帶（或曾經活躍的古隱沒帶）附近，更進一步證實了隱沒作用與造山運動之間的基本關聯。我們太陽系中的其他行星或衛星上，並未發現山脈，這項事實明白顯示了現今只有地球有板塊運動。

火山之所以沿著隱沒帶生成，是因為海洋地殼在到達隱沒帶（或許是在地殼生成數百萬年之後）並開始下沉之時，成分可能與當初在擴張中心生成時有些微出入；形成於擴張中心的玄武岩自出生地向兩側移動，在過程中，主要礦物的晶體結構逐漸加入了水，換句話說，玄武岩開始帶有水分。經過了冗長的數千年，海水漸漸滲進海洋地殼中的許多裂口縫隙，並

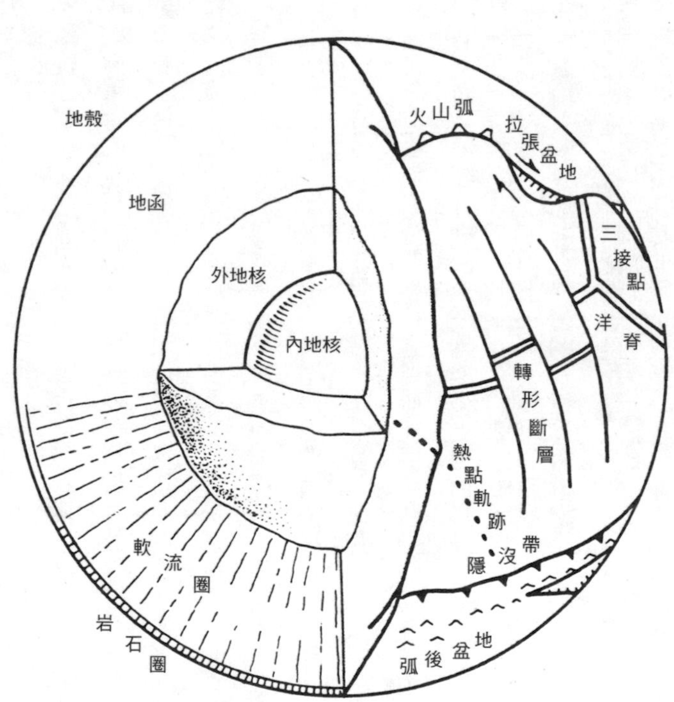

圖 9-1：岩石圈主要形貌的簡圖。50 ～ 150 公里厚的剛性表層板塊在地表不停移動，沿著長達 5 萬 6 千公里的擴張脊系統生成，並在 3 萬 6 千公里長的隱沒帶消逝。

由於玄武岩裡組成礦物的外殼晶格中滲入了水分子而產生化學反應。缺水礦物的結構中的確混入了相當分量的水分；這些新的含水礦物熔點比不含水者低，因此海洋玄武岩隨著隱沒板塊下沉時，組成玄武岩之富含矽酸鹽的含水礦物亦隨之熔化，而產生的液體便湧回地面。這些水降低了上方地函岩石的熔點，在原本只會有固體岩石的地方產生了液態岩漿。最後，此岩漿冷卻，成為所謂的安山岩和花岡岩，而岩漿重回地表，是隱沒帶邊緣新山脈及火山鏈形成的重要力量。但這些火山所顯示的最重要一點是，形成這些火山的岩漿，密度比玄武岩母體更低，如此產生了一種新的低密度岩石；此種岩石開始時為安山岩（此名來自於安地斯山脈），其後成為大陸地殼的一部分。由於安山岩與花岡岩（以類似方式生成）皆富含矽酸鹽礦物，因此密度都低於玄武岩；這兩種岩石成為大陸的主要部分，亦為大陸漂浮之因。大陸因為有安山岩與花岡岩核心，才能夠漂浮於一大片玄武岩之上，而永遠不會沉入隱沒帶，不會遭受摧毀（但會受到侵蝕）。大陸會分裂或破碎，從一地漂移至另一地，但基本總量卻不會減少。事實上，地球上大陸的數量似乎與時俱增。

從地球誕生之後，海洋板塊的總面積便漸趨減少，而大陸板塊的面積卻逐漸增加，這是地球史上最重要的發現之一（見圖9-2）。這點似乎和眾人的直覺印象相左，因為海洋會經由海床的擴張而不斷擴大。但就如適才所討論的，海洋地殼「會」下沉（並於過程中，一再熔成岩漿），而較輕的大陸地殼則是像軟木塞一樣，漂浮於這一大片的玄武岩之上。再者，因為隱沒帶以及大陸邊緣的火山會有大量的花岡岩與安山岩岩漿，大陸陸塊會因造山運動而擴大。地質學家郝威爾在其著作《地層分析原理》中預估，大陸陸塊每年會增加六百五十至一千三百立方公里的岩石；這項估計適用於現今。有些地質學家認為，大陸體積的增加速率在過去，尤其是地球史早期，比現在更快，由於早期地球散發的熱能較多，因此當時的板塊運動的發生速率可能比如今高。

板塊在三個地方互相交接：在擴張中心（該處新岩漿沿著巨大線性裂隙到達地面，像是在中大西洋脊）；在板塊邊緣互相擦磨之處（如加州的聖安地列斯斷層）；以及在板塊碰撞處，也就是隱沒帶，和線性活火山鏈有關（如喀斯喀特山，和阿留中群島）。

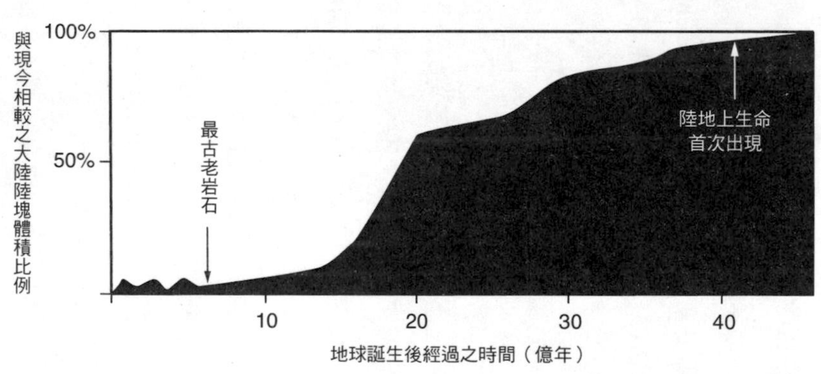

圖 9-2：大陸陸塊隨時間而增長之推算（改編自泰勒，1999）。在地球史上有近乎三分之一的時間，整個星球是幾乎無陸地的「水世界」。

板塊運動對生命的重要性

大陸增長的速率對生命和生態系統極為重要。大部分的地球生物發現於現今的大陸上，這樣的關係在過去三億年來一直未有改變。大陸與時俱增，影響了全球氣候，包括全球的反照率（地球反射陽光的能力）、冰河事件的發生、海洋循環模式，以及到達海中的養分量。這些因素都造成某些生物方面的後果，也影響全球的生物多樣性。

上一章談到，多樣性（大約是某時內行星上物種的數量和相對豐度）是對抗行星滅亡以及生命滅絕的主要屏障或防禦：在大滅絕中，高度的多樣性能夠抵消體軀藍圖的損失。板塊運動藉由提高棲地數量及各地分隔程度（因此增進物種演變），而增加生物多樣性。舉例而言，大陸分裂時，其間形成的海道成為阻隔生物散布的障礙。這點減少了基因交流，也由於地理分隔，加強了新物種的形成。板塊運動也增加了生物圈中的可得養分，這點亦可能（或可能不會）有助於提高生物多樣性。

板塊運動提升了環境複雜程度，也因此增加了全球生物多樣性。有的行星擁有山陵起伏的大陸、海洋，及板塊運動造成的無數島嶼，有的則毫無板塊運動、全然只有陸地或海洋，前者會比後者複雜許多，也有更多的演化挑戰。伏倫泰和穆爾斯在一九七〇年代一系列的論文著述中，首次指出這種關係。他們表示，大陸及海洋之位置及方位配置的改變，對生物有深遠的影響，會造成多樣化增加或滅絕。大陸位置的改變會影響洋流、溫度、季節雨量的模式與變動、養分的分布以及生物生產力模式；此種變化會讓生物遷出已改變的新環境，因此促成了物種演變。這種改變對深洋環境的影響最小，但深洋是現今地球上物種最少之處。有三分之二以上的動物物種生活於陸地上，大部分的海洋生物也是生活在淺水地區，而該地帶亦深受板塊運動影響。

現今地球上，最多元化的海洋動物群落發現於熱帶，該區高度分化的物種大量聚集，形成群落。在緯度較高的地方，物種的數量減少，而北極地區的物種數量，可能僅達相同水深之熱帶棲地物種數量的十分之一而已。高緯度地區不僅僅是物種數量較少，組成亦不同。生理上的適應條件，將多數物種侷限在極狹隘的溫度限度中：已適應溫暖熱帶條件之動物物種，無法生活於寒冷之中，而已適應寒冷的物種也無法忍受熱帶地區的溫暖。明白了溫度條件隨緯度而有急遽變化，便不難想像南北向的大陸海岸線會有不斷改變的物種組合，因為緯度的溫度梯度，助長了南北向海岸的多樣性；而另一方面，東西向沿岸則常有類似物種。

隨著大陸位置因時而異，南北向與東西向海岸生物的相對豐度也會改變。此外大陸面積愈大，環境異質性愈低。如果許多塊或所有大陸皆結合在一起形成「超大陸」，其上之生物多樣性會比多塊面積較小且分離的大陸陸塊低。在一塊面積廣大的大陸上，阻礙陸地動物群體散布的障礙較少，因此新物種形成的機會便大為減少。很明顯地，陸塊的大小和位置會影響生物多樣性，在地球史上正是如此。

板塊運動停止的影響

化石紀錄顯示，現今地球上存有的動、植物物種，遠多於過去任何一段時間內的物種數量，估計數值約介於三百萬至三千萬種之間。如此顯著的多樣性，是經由許多物理上及演化方面的因素影響而來。我們認為在諸多因素之中，板塊運動的影響最為重要。然而高度生物多樣性一旦形成，是否仍需要「持續不斷」的板塊運動？我們可藉由假想實驗來檢視此問題。

火山作用停止

假如地表上所有的火山作用突然停止，會遏止每年大陸上發生的數十樁火山爆發事件（通常會引發諸多媒體的大肆宣揚，和少許的損害）；但火山作用停止帶來的影響其實更為深遠。假使火山作用停止，海床便不再擴張，板塊運動也會停止。如果板塊運動停止，地球最後會因侵蝕而失掉大部分或所有大陸，而多數的地球生命都生活於大陸上。此外，二氧化碳會因風化作用而脫離大氣，令地球陷入嚴寒。在所有讓地球顯得特殊的特性中，板塊運動可能是最重要的，而在演化和維持動物生命這兩方面也是。

只有地球內部不再釋出熱能或地殼變厚時，板塊運動才會停止；地球熱能正是引發內部對流運動的原因，也是板塊運動的地下原動力。欲停息板塊運動，須先消除這些巨大的岩石沸鍋，而要達到這點，只有阻止地球內部散出熱能（這必須要所有藏於地球內部的放射性礦物，都衰變成為穩定的子體產物），或是等到地殼或上部地函成分改變，對流運動因而停止時。倘若地殼變得太厚或地函黏滯性太高，妨礙了對流運動，上述情形便可能發生。在可預見的未來中，地球不太可能發生上述種種情況，但有人推測在金星和火星上，這些事件都曾發生。

假使地球的板塊運動真的突然停止了，那麼在板塊相撞之處所發生的隱沒作用也會跟著停止，山岳及山脈也不再增高，侵蝕作用會開始慢慢削減山脈的高度。最後，全世界的山岳高度會與海平面齊平。這會花費多少時間呢？這個問題就比較複雜了，不只是測量平均侵蝕速率，算出山岳消失所需的時間而已，因為地殼均衡原則的關係，山岳或大陸有點像冰山一樣：假使削去了頂端的一部分，底部便會相對於海平面而上升，整座冰山或山嶽亦隨之上升。但是到最後，即使是地殼均衡效用也抵不過大範圍的侵蝕作用。

板塊運動停止的世界中，海平面會是什麼樣子的呢？全世界山岳遭受侵蝕而產出的沉積物，最後全都會到達某處，而在此所謂的某處指的就是海洋。侵蝕下來的大陸物質，會經由河水或風的搬運而進入海洋中，致使海平面升高。根據美國華盛頓大學地形學家蒙哥馬利的計算，整個地球可能會被海洋所覆蓋，當然這一大片海洋會比現今的海淺得多，但幅員卻是遍布全球。屆時地球會變回四十億年前的狀態：成為完全或幾乎全然受海洋覆蓋的星球。而因為大陸完全被水淹沒，地球會經歷一場空前慘烈的大滅絕；所有的陸地生命會在一波波海浪的拍擊下死絕。但矛盾的是，海洋面積增加後，隨之而來的卻可能是海中生物的滅絕。海洋生物倚賴養分維生，而大多數的養分來自陸地，隨著河川溪流注入海中。由於陸地消失，養分的總量最後也會減少（雖然一開始會因為大量的新沉積物注入海洋系統而大為提高），而因為資源縮減，海洋動植物也跟著銳減。

要形成這麼一個水世界需要多久？要讓山岳和大陸侵蝕到只剩海平面的高度，需要數千萬年的時間，但早在此之前，就會不斷有物種滅絕。在板塊運動停止後不久，就會發生全球性的複雜生命浩劫，因為板塊運動不只是山岳形成的原因，更是控制地球氣候的恆溫器。

喪失行星溫度恆定機制

若要維持動物生命，地球溫度必得保持在某範圍之內，以留存液態水。在許多因素共同影響之下，地球才有現今的溫度範圍，其中一個因素即是大氣的存在。舉例而言，月球的平均溫度為攝氏零下十八度，遠在水的冰點之下，這是因為月球上沒有足量的大氣。假如地球沒有這層大氣外衣，其中包括水氣和二氧化碳這類的隔熱氣體（產生了廣為議論的溫室效應），地表溫度就可能和月球差不多。但是幸好有這些溫室氣體，地球的全球平均溫度才能到達攝氏十五度，比月球高了三十三度。溫室氣體是地球淡水存在的關鍵，因此也是動物生命存在的關鍵，現在有許多科學家相信，地球大氣中溫室氣體的平衡，和板塊運動的存在有直接關聯。

溫室氣體有三個以上的原子，像是水氣（H_2O，三原子）、臭氧（O_3）、二氧化碳（CO_2，三原子）、和甲烷（CH_4，五原子），這些氣體都能留住地表散發的紅外線能量，藉此溫暖地球。美國哥倫比亞大學地質學家布羅克在其著作《開天闢地》中，曾對溫室氣體之角色有絕妙的簡述：這些氣體將地球溫度控制在關鍵標準內，不只讓水得以液態留存（攝氏零度至一百度），也讓動物生命得以持續（約介於攝氏二度至四十五度間）。布羅克也描述以下情境：試想像在地質標準中十分短暫的一段時間裡，太陽的能量突然減少，但這段時間又長得夠讓海洋凍結；即使之後太陽回復原來的發熱量，海洋仍處於冰凍狀態。海洋一旦結冰，便會反射大部分的陽光，屆時，即使溫室氣體量和目前相同，也不足以令地球的溫度再次升高，讓海冰融化。這種情形便稱為「全球性冰屋」，是地球喪失動物生命的原因之一，因為動物全都凍死了。

現在還原所有情形，讓太陽的能量在某一短暫的地質年代中激增，而這段期間持續得夠久，足以讓所有的海水蒸發，令大氣中充滿水氣。假使在此之後，我們將太陽能量降回現在的程度，水氣可能還是不會凝結回海水，地球仍會炎熱無比。水氣一旦進入大氣後，會因本身溫室氣體的特性，而讓整個星球持續炎熱下去，即使這個星球所接受的太陽輻射量已經減少；這種情形稱為「失控之溫室效應」。

地球上的溫室氣體在大氣中屬於稀有複合物。事實上，大氣的主要成分氮和氧都無法吸收紅外線，因此在溫室加溫效應中並不重要；但相反地，雖然二氧化碳和水氣僅占大氣總量的一小部分（二氧化碳僅占大氣的百分之〇．〇三五），卻能吸收紅外線。板塊運動在維持溫室氣體量上很重要，或許是最重要的，而溫室氣體則保持了動物生存所必需的溫度條件。

板塊運動是全球恆溫器

我們一再地回到相同的主題：液態水的重要性。對於那些依憑ＤＮＡ而存在並演化的動物生命而言，地表必須要有豐沛的水。即使在現今富含水的地球上，些微的水量差距對生命也有明顯的影響。沙漠地區的生物很少，而在同緯度的雨林中，卻有多種生物生生不息。要成就複雜生命（並保留下來），星球的水分供給必須要：㈠大量而豐沛，足以在地表維持廣大的海洋，㈡從星球內部移至地表，㈢不會散逸至太空中，以及㈣大多保持在液體狀態。板塊運動對達到這四點而言都極為重要。

水占地球重量的百分之〇．五。這些水大多是在地球形成與撞積過程中，由微行星所帶來的；而剩餘的水則是來自地球形成後接踵而至的彗星。目前人類對於這兩種作用的相對重要性仍未十分了解。

行星表面一旦有了液態水，水的保存便是形成（並支持）動物生命的基本條件。液態水的維持主要受全球溫度所控制，此溫度是溫室氣體量影響之下的結果。地球以及其他行星的表面溫度隨多項因素而改變：第一和太陽能量有關；第二為行星所吸收的太陽能量多寡（部分能量可能會反射回太空中，反射能量的多寡受行星反射能力，也就是反照率所影響）；第三則與行星大氣中「溫室氣體」之含量有關。大氣中的溫室氣體有滯留時間，最後會分解或改變狀態。如果不能持續補充溫室氣體，行星（如地球）便會逐漸變冷，直到溫度降至水的冰點以下，屆時行星會「驟」冷（我們曾提過，行星開始累積冰層後，反照率會激增，加速寒冷的腳步）；因此溫室氣體最重要之處便是維持行星之恆溫指數。行星不論有無板塊運動，都會定期產出溫室氣體，因為在多數甚至是所有行星上，都有火山爆發事件；而這些在行星上阻礙熱能散發的氣體，最重要的來源就是火山爆發。地球上，火山每天會從地底深處噴發大量的二氧化碳；即使是所謂的「休」火山，都會噴出二氧化碳至大氣中。其他有火山作用的行星通常都有豐足的溫室氣體，有時甚至會過量，而這正是板塊運動之所以重要的原因。

溫室氣體的組成以及行星溫度，皆是行星內部、表面和大氣之間複雜化學交互作用的副產品。板塊運動最重要的附帶結果之一，就是讓藏於地表沉積岩中的礦物與化合物得以循環。在無板塊運動的行星上，侵蝕作用會產生大量的沉積物。這些物質和礦物逐漸隱沒，最終經由沉積作用和沉積岩形成作用而深埋或岩化，通常只有透過某些造山運動才會重現。但如我們所知，無板塊運動行星上的造山運動，大多侷限於在熱點上形成大型火山；然而因為有板塊運動，板塊的移動和相撞、山脈的形成、以及隱沒作用才能循環利用許多物質。這種循環功能十分重要，能將地球的全球溫度數值維持於一定範圍之內，讓液態水得以存在。循環作用中最重要的一點，是將二氧化碳釋回大氣中。石灰岩隱沒於地函深處時會變質，並於過程中將二氧化碳釋回大氣，這顯然是全球暖化中頗重要的一點。

矽酸鹽礦物的風化作用，如長石和雲母（花岡岩中包含大量此種礦物）的風化，是減少大氣中二氧化碳（導致全球寒冷）的最重要成因。行星上板塊運動之有無，對於「全球恆溫作用」的速率和效能有極大影響。基本的化學反應是 $CaSiO_3 + CO_2 = CaCO_3 + SiO_2$。方程式中前兩項化學物質結合後，就會產生石灰岩並去除二氧化碳。而本文指出的有效反饋機制，首次出現在一九八一年華克、海斯和凱斯丁三人所寫之著名論文中。（凱斯丁曾告知我們，此概念的雛型是他在博士考試時想到的！）此機制和風化作用之速率有關；風化作用就是岩石以及礦物之物理或化學分解，會造成岩石體積縮減（經過時光流逝，巨石會風化成為沙石或泥土），這其中也牽涉了極為重要的化學作用（見圖9-3）。岩石的真正礦物組成會因風化而改變。包含矽酸鹽礦物之岩石（如花岡岩）的風化作用，在穩定行星溫度方面更是功不可沒。華克及其同仁指出，在行星溫暖時，地表化學風化作用之速率亦隨之增加；而隨著風化作用速率增加，有更多的矽酸鹽物質和大氣產生反應，因而減少更多的二氧化碳，導致行星「冷卻」。但隨著星球溫度降低，風化作用的速率便會減緩，大氣中二氧化碳的含量便開始增加，導致「加溫」。在此方式下，因為碳酸鹽－矽酸鹽的風化作用以及降水循環，地球的溫度擺盪於較溫暖與較寒冷之間。若無板塊運動，此系統便無法有效運作。在沒有陸地的行星上，該系統亦無法有效發揮功用，而若星球上沒有維管束植物，如現今地球上常見之高大植物，則系統的功效會更低。

調節行星溫度的過程中，鈣是一項重要的成分，在地表有兩個主要來源：在火成岩以及（更重要的）名為石灰岩的沉積岩中，都發現鈣的存在。鈣和二氧化碳反應，形成了石灰岩，也就是海洋動物用以建構外殼的物質（也是人類用在水泥與混凝土的材料），因此鈣會把二氧化碳從大氣中抽

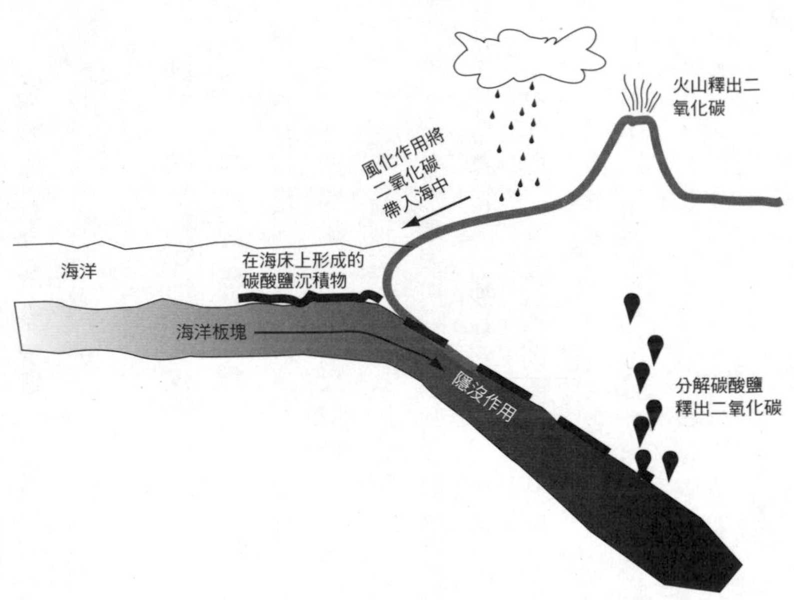

圖 9-3：二氧化碳與岩石風化的循環。此一特殊之循環作用控制了大氣中的溫室氣體之一，即二氧化碳的含量，調節地表溫度長達數十億年之久。此作用因為同時需要地表水和板塊運動，所以從未在他處發現。

走。若大氣中二氧化碳含量增加，就會有更多的石灰岩形成，但這只有在新鈣來源穩定的條件下才能達到。板塊運動能穩定鈣含量，因為新山岳的形成會讓新鈣回到循環系統中，亦即出露（岩漿中的）古老石灰岩，導致其遭受侵蝕而釋出鈣，再與更多的二氧化碳產生反應。

二氧化碳會經由火山運動而噴發至大氣中，也會因石灰岩形成而消耗，這兩者間的平衡是行星恆溫作用的必要條件。在無板塊運動之行星上，埋藏的石灰岩永遠深埋著，因此循環系統中的鈣便逐漸減少，令二氧化碳增加。在地球上，至少板塊運動能使石灰岩重回循環系統，因而成為穩定全球溫度的主要機制。

儘管行星適居條件常指攝氏零度到一百度之間的範圍，但動物生存所需的溫度範圍，卻更狹隘許多。正如我們所知，如細菌一類的生物能夠在高壓環境中，容忍接近攝氏兩百度的高溫，但動物卻脆弱得多。地球上或甚至是宇宙任何一處的動物生命，都只能存活於極狹隘的溫度範圍中，此範圍僅占液態水存在溫度範圍中的一小段。高於攝氏四十度或低於攝氏五度，都對動物生命有害。行星恆溫器必須設定在狹隘的溫度範圍之內；可能只有板塊運動的恆溫功能，才能執行這種微調工作。

板塊運動和磁場

外太空的環境並非十分理想，其中一項危險便是宇宙射線，也就是以近乎光速移動的基本粒子，如電子、質子、氦核子和更重的核子等。這些粒子的來源極廣，包括太陽和超新星，也就是恆星爆炸所發散的宇宙射線。這些激烈的變動事件，會投射出大量的粒子穿越太空。

在《尋找宇宙生命》一書中，高史密斯和歐文推論：若無某種保護，地表上的生命會在數代之後，因照射在地表的宇宙射線而滅亡；但是地球磁場排開了大部分的宇宙射線。這個星球的最內層，即地核，主要是由鐵組成，地核的最外層區域則呈液態。隨著地球自轉，這層液態狀的區域會有對流運動，產生遍及全球的大磁場。熱能散失是對流胞產生於地核的原因；熱能必須從地核往外送，而此熱能釋放作用很顯然深受地球板塊運動影響。加州理工大學的柯胥文認為，沒有板塊運動，在地核區域就沒有足夠的溫差，以產生形成地球磁場必需的對流胞；若無板塊運動，便無磁場。磁場也會減緩大氣的「濺射作用」，也就是大氣逐漸消散至太空中的作用。若無磁場，或許也就沒有動物生命。板塊運動又再一次拯救生命。

為何板塊運動僅發生於地球（而非火星或金星）？

為何地球會有板塊運動？形成板塊運動的條件乍看之下似乎十分簡單。星球必須要分層，且有薄硬的地殼以覆蓋下方高溫液態流動之區域。而這下方區域，必須要有對流運動，因此該星球更深之處必須要釋出熱能。當然水也是必需的——大量的水：許多新的研究報告顯示，沒有水就不會有板塊運動（雖然可能只是因為沒有水就沒有大陸）。

就像在行星地質學中有許多未解之謎，地球（更重要的是，任何行星）上板塊運動的發展和維持，也有許多未知之處，因為地球仍是目前所知唯一有板塊運動的行星，沒有其他的例子可作比較。許多關於板塊運動的資訊藏在行星深處，無法直接檢視。

如同之前所言，人類對所謂的行星板塊運動，亦即板塊運動之理論研究（相對於根據地球本身所做的實際研究）有許多不確定之處，因而無法確定假使地球增大或縮小百分之二十，或地殼中含有比現在更多的鐵或鎳，或是地表的水量僅餘現今的百分之十，板塊運動是否仍能運作？目前在這方面進行最多研究者，是行星地質學家梭羅多夫與莫瑞西，這兩位學者利用電腦計算模式，研究對流運動（驅動板塊運動的力量）的原理。他們在一九九七年針對此主題發表論文，並在摘要中推斷：「地球岩石圈板塊的變動特性，至今仍未有清楚的解釋。」我們都知道板塊會移動，也知道是對流運動令板塊移動，對流運動的物理原理已是十分明白，但此原理在隱沒作用中的功用仍然未解。

在我們問及行星產生板塊運動所需之物理條件時，梭羅多夫回答道：「這個問題十分有趣，我們才剛開始探討促使行星板塊運動發生的物理條件，目前漸漸有了結論。水可能是板塊運動的重要因子：沒有水，就沒有板塊運動。」沒有水，岩石圈（板塊運動中的板塊，也就是組成地殼與部分上部地函的剛性表層區域）會十分堅硬，不會破裂沉降回地函之中，也就沒有本章前段所描述沿著隱沒帶邊緣發生的隱沒作用。據梭羅多夫的說法，隱沒作用是板塊運動的必要條件。很顯然地，只有在地殼「脆弱」或能夠彎曲破裂時，才會產生隱沒帶，讓地殼降回地函中對流胞的下沉區域。這些研究結果都是得自於數學的模擬。梭羅多夫及其同仁是利用電腦計算而有以上的結論，而非跟著馮恩筆下的英雄，親自到地心一探。

即使沒有水，岩漿熱柱還是可能湧至行星表面，但這些新出現的物質，最終必定得到某處去。如果沒有隱沒作用，板塊便不會移動，因為新的地殼物質最後必須沿著隱沒帶邊緣，沉回地函之中，板塊才能移動；若無隱沒地區，即使星球內部有地函對流胞，仍不會有板塊運動。

金星和火星都沒有隱沒地區，因此也無板塊運動。雖然這兩個星球內部都可能有地函對流，能推動地表板塊，但由於此二行星的地表都是由「堅硬」岩石（梭羅多夫的用語）組成，因而無法移動。目前，這些行星的地殼本身都極堅硬強韌，因此都是固定不動。造成此情形的原因，可能是由於金星和火星的板塊都缺少水。這兩個星球過去可能都曾有液態水，地殼組成也與地球相似，因此我們或許會發現金星和火星都曾有板塊運動，但可能在失去液態水後，板塊運動也跟著停止。金星和火星可能都曾經歷梭羅多夫和莫瑞西所描述的「停滯蓋層時期」：對流地函與堅硬地表之間的黏滯度差距過大，讓地殼僅能有小幅度移動或甚至完全停止不動。但熱能仍不斷地向上傳送，因此在大約十億年前造成金星全球表面完全熔化（也就是本章一開始時所提及的行星「表面再造」），但在地球上，上對流地函與堅硬地表間並無如此大的黏滯度差距。根據專門的科學論文描述，地球處在「微小的黏滯度差距時期」，因此極活躍的地殼活動是形成山岳、養分循環以及生命的要素。

但是，情況很可能與我們所想的完全相反：或許火星和金星曾有水，但卻因為缺乏板塊運動而失掉了水分，也失去了行星恆溫作用。

地球板塊運動開始的過程與時間

板塊運動開始的時間眾說紛云。許多人認為，這種活動始於地球誕生後的十至二十億年間，而其他人則認為應該更早，可追溯到四十多億年前。其中的爭議牽涉到初生地球的熱能釋出率，以及此熱能對於地表組成與硬度的影響。

在地殼凝固時，地球已喪失半數以上的熱能；這些熱能可能來自於行星撞積作用、地核形成以及放射性同位素（如鈾二三五）的衰變。在太古代的二十億年間，熱能的釋出已經減緩。有些研究人員認為，原始地殼的溫度仍然太高，厚度也太薄，無法像板塊運動所需的堅硬板塊一樣起作用；根據此假設，板塊運動可能一直到二十五億年前才開始。然而在更古老的岩層中，卻發現了斷層帶以及類似板塊運動的活動證據。

板塊運動建構地球陸表的速率並非一直不變。若依現在的陸地面積比例將史上的陸地大小繪製成圖，看到的會是一條對數曲線，而非直線增加；這條曲線一開始走勢極緩，在中段急遽升高，然後在末稍又會減緩。在其他篇章中曾提到「寒武紀大爆發」，而此時地球則是經歷了「陸地大爆發」，致使陸地面積快速增加。多方證據顯示到目前為止，陸地是在短期內急速增長，大約在二十至三十億年前之間；這段快速成長時期完全改變了地球，令其從以海洋為主的行星，轉變為以陸地為主（至少就全球溫度以及化學組成而言是如此）。

板塊運動是否抑制了地球動物生命的形成？

本章中我們主張，板塊運動有助於地球動物生命的興起與維持，但事實是否正好相反呢？會不會板塊運動事實上阻礙了動物的興起呢？這便是兩位來自美國航太總署的科學家哈特曼和馬凱的主張，他們假設板塊運動減緩了地球大氣的充氧速率。哈特曼與馬凱在一九九五年發表的文章中提出，板塊運動減緩了地球充氧作用，以此類推在其他星球上亦然。

如前一章所詳述，地球一直到十億年前才開始出現動物生命，至於生命首次出現的時間，比動物首次出現早了大約三十億年。地球生命史中最難解之處，便是首次出現之生命與首次出現之動物生命兩者間的大鴻溝。這其中當然牽涉了許多因素，但卻有絕對的證據顯示，氧是動物生命的必需條件（至少在地球上是如此）；而有更多的證據說明，直到二十億年前，海洋及大氣中的氧濃度才足夠。許多科學家猜想，地球首次生命起源與首次動物生命起源間的時間差距，乃部分或完全肇因於地球上氧大氣形成所需的長久時間。哈特曼和馬凱提出了全新的意見，認為此段時間差距有一部分是導因於地球上的板塊運動。

一般認為，地球上氧的出現是由於光合作用釋出自由氧為副產品。最早的光合生物是利用名為「光系統一」的酵素途徑；但此系統並不會釋出自由氧，而是之後發展出的「光系統二」才辦得到。光系統二一直到二十七至二十五億年前才發展出來。行光合作用之生物，像光合細菌及漂浮在原始海上的單細胞植物等，最後會釋出大量的氧。在早期地球上，可能也有其他來源以無機方式產生自由氧。例如，可能紫外線接觸到大氣外層的水氣，因而產生了至少少量的自由氧。但是地球直到各種還原化合物耗盡（其與新釋出之氧結合，令氧無法累積，因而不會溶於海中或成為大氣的一部分），才可能開始累積氧氣。舉例而言，星球地殼中的鐵含量影響很大，因為必須要所有與大氣接觸的地表鐵都氧化之後，自由氧才能累積。火山會散發這類還原化合物，因此可以說在火山活動較頻繁的行星上，海洋與大氣中的還原化合物較多。另一項重要的還原化合物來源是有機化合物，其因生物之死亡和腐爛，或有機化合物如胺基酸等物質經無機作用而產生。在地球海洋中可以發現大量此種物質，但大多埋藏於沉積物中。哈特曼與馬凱認為，若無板塊運動，這些沉積物會埋藏於沉積盆地中，永遠不會露出與海洋或大氣接觸，因此也無法活躍地參與海洋及大氣的化學作用。因為若還原化合物自系統中剔除，氧的累積速度，會比有還原化合物不斷介入大氣時，也就是屍體沒有持續掩埋時來得快。

哈特曼和馬凱提出有趣的一點，認為火星可能在誕生後一億年之內，就已有複雜生命演化發展（當然假設這些生命起源於該星球）。他們的論點如下：火星上的還原劑藉由深埋於寧靜的沉積物中而快速移除，因此充氧作用的發生時間比地球快得多（見圖9-4）；而在地球上，板塊運動不斷地藉由隱沒作用、板塊相撞，以及造山運動而循環利用沉積物，上述作用都會將過去埋藏的沉積物帶回地表，在地表上還原劑會再度與大氣氧結合。哈特曼與馬凱也指出，在火星這般沒有板塊運動的星球上，火山活動的頻率比地球低許多；因此在火星上，產自火山、最後進入大氣海洋系統的還原化合物（如硫化氫），也會比地球少得多。

那麼儘管有板塊運動，地球是否仍有可能發展出動物生命，並維持下去呢？在某個星球上，是否真的因為板塊運動減緩了必要富氧大氣的累積，而阻礙了動物生命的形成呢？

對於哈特曼與馬凱所主張的還原劑阻礙充氧作用之論點，我們無法找出其中謬誤之處，然而卻能指出，在任何星球上，板塊運動都必定會增加生物產出氧的速率，藉由循環硝酸鹽和磷酸鹽等養分，而加強生物生產力。因此有板塊運動之星球的生產力淨值，會比無板塊運動的星球高出許多，而在有板塊運動的星球上，光合作用產生的充氧速率也會較高，也許會抵消循環沉積物中還原劑所帶來的阻礙影響。

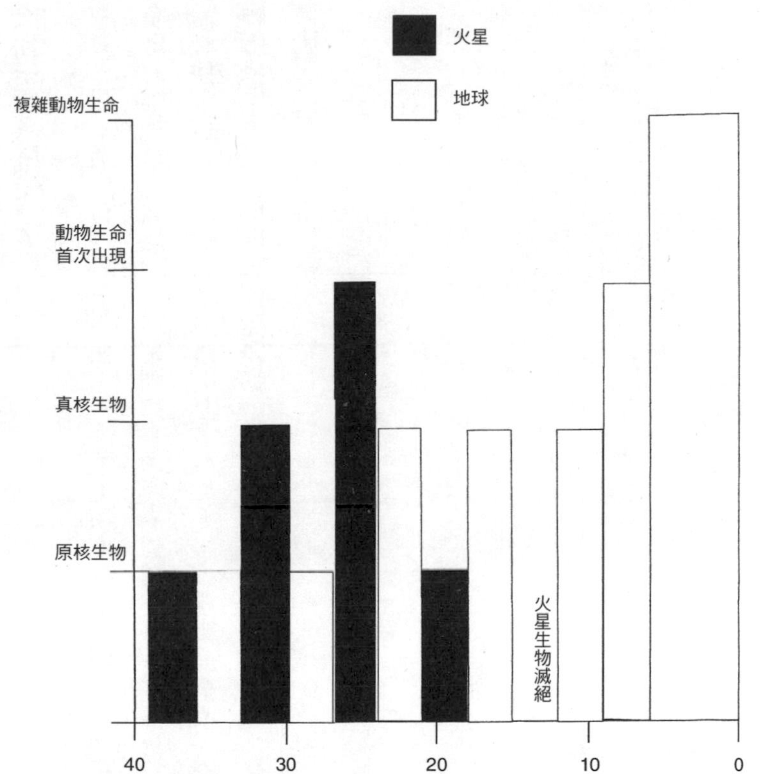

圖 9-4：無板塊運動之行星（火星）與有板塊運動之行星（地球）的演化史比較圖，以億年為單位。

地球殊異假說最重要的要素為何？

板塊運動在維持動物生命方面，至少有三大重要性：提高了生物生產力，增加了多樣性（是對抗大滅絕的屏障），並有助於維持穩定之溫度，這是動物生命所需的基本條件。很可能板塊運動是行星上生命的主要必需條件，也是星球保有液態水的基本要件。板塊運動到底有多罕見？我們知道在太陽系所有行星與衛星中，只有地球有板塊運動，但會不會比這更為罕見呢？有一個可能是，地球之所以有板塊運動，乃導因於另一罕有的特性：也就是擁有一顆大型的伴星衛星，這便是下一章的主題。

第十章 月球、木星與地球生命

地表上滿是細沙，我只須用腳尖就能輕鬆踢起。我的鞋底和鞋旁沾了薄薄一層像炭粉一樣的沙土。鞋底大概只陷下兩公分左右，也許不到一公釐，但在這片粉狀細沙上，我的鞋印和足跡卻清晰可見。

——一九六九年阿姆斯壯登陸月球表面時的首段談話

或許天文學家最恐懼的，是一般大眾遲早會誤把他們當成是占星學家。這種名為占星術的古老信仰認為，恆星與行星對人類日常生活的影響極大，這種說法常引起天文學家激烈質疑。但近來的研究卻證明，占星學家可能說對了一點點。月球與木星這兩個天體，對於人類的存在的確有極大的影響。若無月球或木星，那麼現今地球上便很可能沒有動物生命，因此這兩者是地球殊異假說的要素，但因不同理由而顯得重要。

太陰星

沒有月球，就無月光、月份、精神錯亂與阿波羅計畫，也會少了許多詩篇，這個世界的夜晚會變得黑暗陰沉。若無月亮，也可能沒有飛禽、紅杉、鯨魚和三葉蟲，甚至也不會有其他高等生物來美化地球。

雖然太陽系中有數十個衛星，但我們常見的這個照亮夜空的慘白衛星卻是非比尋常，對於高等生命的演化更是扮演著舉足輕重的角色。雖然月球只是個直徑三千兩百多公里，距離地球約四十萬兩千三百公里遠的圓形岩體，但卻讓地球成為長期的生命棲地。在地球殊異的概念中，月球是極為有趣的因子，因為像地球這樣的行星不太可能有如此大的衛星。形成衛星的條件在外行星較為普遍，而非內行星。太陽系的眾多衛星，幾乎全都是繞行太陽系外緣的巨行星；而靠近太陽、在適居區內且類似地球的溫暖行星，幾乎皆無衛星。類地行星僅有的幾顆衛星，就是我們的月球以及火星的兩顆小衛星（直徑十公里）：火衛一與火衛二。太陽系中的某些衛星極為巨大：木星的衛星木衛三體積幾乎與火星相當，而土星之衛星土衛六，大小也近乎於此；此外，土衛六的大氣層雖然溫度比地球的低，但卻更為濃密。月球的體積相對於母星地球而言似乎過大，這點讓月球顯得怪異；月球的大小幾乎是地球的三分之一，說起來反而較像是地球的雙星而非屬星。冥王星及其衛星冥衛一，是太陽系中衛星與行星大小相當的另一例。

傾斜度

月球對於地球生物的演化與生存有三大影響：引起太陰潮、穩定地球自轉軸的傾斜度以及減緩地球自轉速度。三者當中，月球對地球自轉軸與公轉面間的傾斜夾角影響最大，該角度稱為「黃赤交角」。黃赤交角是造成季節變換的原因，現今為二十三度，在地球近史中，僅曾有一、二度的改變而已。雖然由於行星擺動，傾斜方向每數萬年就會有所改變，如同陀螺的進動一樣，但自轉軸與公轉面之間的傾斜角度則幾乎保持不變。數億年來，傾斜度幾乎不變的原因是月球的引力作用。沒有月球，傾斜度會受到太陽與木星的引力牽扯影響而改變。巨大月球每個月的運行抑制了傾斜度改變的可能。假使月球體積小一點或距離遠一點，抑或是木星大一點或近一點，或甚至地球距離太陽近一點或遠一點，月球的穩定效果都不會如此顯著。若無大衛星，地球的自轉軸傾斜度可能會改變九十度之多。火星的自轉速度以及自轉軸傾斜度皆與地球相當，但卻沒有大衛星，因此傾斜度改變了四十五度以上。

行星自轉軸的傾斜度能決定極區與赤道地區陸地的四季相對日照量，因此對行星氣候影響極大。在傾斜度較小的行星上，赤道地區會吸收大部分的太陽能，中午的太陽一定是高掛天空，而兩極各有半年是一片黑暗，另外半年則是永晝。在極區，太陽在天空所能升至的最高高度，符合自轉軸傾斜之角度。傾斜度小，則太陽絕不會高掛極區天空，即使在仲夏，地面受陽光加溫的程度仍是很低。水星就是個極佳的例子，讓我們了解自轉軸幾乎垂直於公轉面之行星情況為何。水星是距離太陽最近的行星，地表多如地獄般炙熱，但地球上的雷達影像顯示，該行星兩極皆覆蓋著冰層。此行星與太陽十分接近，但從兩極角度來看，太陽永遠都在地平線上。相對於水星垂直的自轉軸，天王星自轉軸卻傾斜九十度；其中一極區有半年曝露於陽光下，而另一極區則是在寒凍的黑暗之中。

雖然我們的觀點絕對有偏頗之處，但地球自轉軸的傾斜度似乎是「恰到好處」。穩定的傾斜度是地表溫度長期穩定的原因。假使兩極傾斜軸角度大幅改變，和現今角度迥異，那麼地球的氣候便較不適於高等生物演化。最糟的情形是，自轉軸傾斜度過大，導致全球海洋凍結，形成難以回復的情況。大片冰層覆蓋地表令行星的反射能力增加，由於吸收的陽光減少，行星會持續降溫。天文學家拉斯卡經過了多次計算，對月球穩定地球黃赤交角的重要性，提出驚人的發現，他簡述該情形如下：

> 研究結果顯示，地球的情形十分特殊。一般而言，所有類地行星的黃赤交角都會歷經大幅度的變化，阻礙生命演化，而地球若無月球，也會面臨相同情況。……目前地球的氣候穩定，要歸功於一特殊的原因：月球的存在。

黃赤交角大對行星有明顯且似乎間接的影響（見圖10-1）。試想一傾斜九十度的行星，平均一年兩極地區所接受的太陽能量，等同於傾斜度為零之行星上，赤道地區所接受的太陽能量。北極會變成撒哈拉沙漠！但是因為傾斜九十度，赤道地區平均一年所接受的能量會大幅減少，因此變得寒冷。假使一行星傾斜超過五十四度，極區所接受的太陽能就會比赤道地區多。如果地球的傾斜度大於此數值，赤道地區的海洋便會結冰，而極區則會變得溫暖：那是個和現在完全相反的世界。近來發現的證據顯示，在大約六至八億年前，的確有赤道冰層，在當時是赤道地區之處發現了其時隨浮冰漂流的沉積物。由此可導出「雪團地球」假設，也就是在第六章曾討論過的說法：地球曾經完全冰凍過。這可能是由於地球傾斜角度太大所致，當時月球尚未發揮完全的影響力。我們無法確切知道，月球成功穩定地球黃赤交角已有多久的歷史。

許久以後，月球會逐漸失去穩定地球自轉軸的能力。月球正慢慢地以每年四公分的速度遠離地球，再過二十億年，月球便會因距離地球過遠，而不能穩定地球黃赤交角，地球的傾斜度會因而改變，全球氣候亦隨之而變。太陽亮度緩慢而穩定地增加，這讓將來的情況變得更為複雜。地球自轉軸開始改變晃動的同時，太陽也更熱了，兩者都會減少地球的適居性。

若無月球，地球黃赤交角的改變速率有多快？目前對這點已有許多臆測。預估大約數千萬年或甚至更短時間之內，地球便會側著「轉」。華盛頓大學天文學家昆恩告訴我們，黃赤交角改變的時間，可能僅是短短數十萬年，而非數百萬年。如此大規模的變動，可能造成氣候急遽變化。

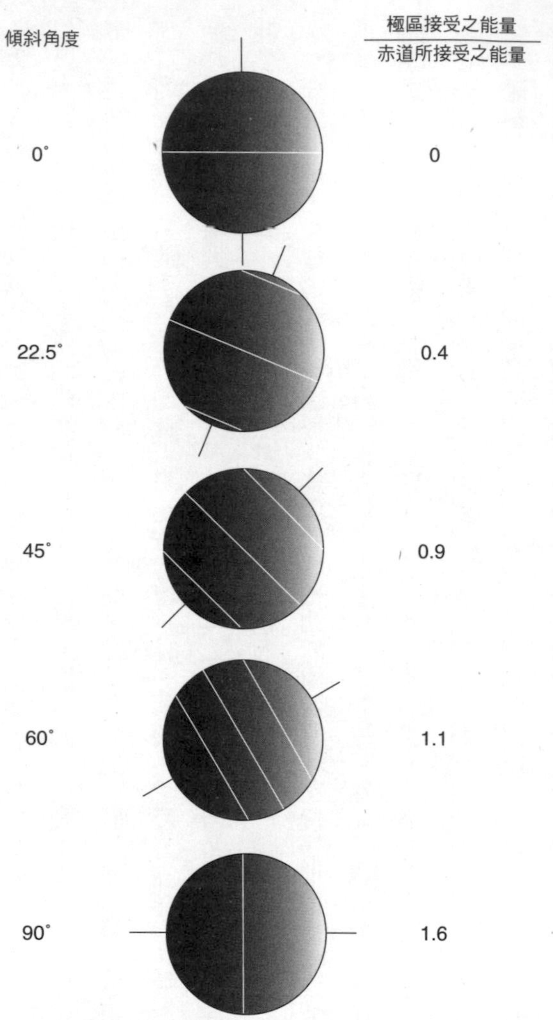

圖 10-1：行星極區與赤道區所接受的年太陽能量比，會隨著該行星之自轉軸角度而變。傾斜角度為 22.5 度時，地球兩極地區會十分寒冷，但假如傾斜度大於 50 度，極區所接受的日照便會多於熱帶地區。圖中與赤道平行之線為極圈，該區仲夏時沒有日落，而隆冬時沒有日出。

假如熱帶地區被鎖在冰層下長達十萬年左右，那絕對會爆發嚴重的大滅絕。

缺乏大型衛星是否會阻礙微生物發展為動物生命呢？對於這點我們沒有資訊，但由於深海地區不受氣候變化影響，因此仍不確定黃赤交角急速變化是否會消滅行星的動物生命，但是此變化仍會導致行星陸表複雜生命滅絕。

太陰潮

地球大型衛星帶來的第二個好處是潮汐，導因於太陽及月球的引力影響。這兩天體的引力，令面對及背對太陽與月球的海面上漲。目前挖蛤人、釣客以及船員所倚賴的潮汐表上，都清楚記載了地球複雜的潮汐作用。表上所列的每日潮汐變化，是由太陰潮與太陽潮交互作用所引起。地球面對及背對太陽的兩面都會有漲潮，而月球也會造成相同的情況。由於地球自轉，因此不同地區的海面都有起落。每兩星期月球和太陽連成一線時，潮差會最大，而在此二天體呈九十度角時（也就是在日出或日落時，弦月高掛天空的日子），潮汐落差的範圍會最小。如果月球體積較小或距離較遠，則太陰潮會較弱，年變化也會不同。

月球在剛形成時，可能距離地球約兩萬四千多公里，當時地球的太陰潮可能不像現今只有幾公尺高而已，而是高達數百公尺。如此接近的衛星所帶來的最大影響，是地表溫度大為升高。月球引起了巨大的海潮與地潮（陸地如潮汐般隆升與下沉），使地殼扭曲，接著摩擦生熱，熔化了岩石地表。不論海潮變化的影響有多嚴重，這些巨大的潮差變化存在時間極短，因為引起潮汐的力量也造成月球遠離地球，影響力便因此而減弱。早期的地潮可能高達一公里，但不到一百萬年，高度便降低至只有些微起伏而已。

月球遠離，是月球與潮汐之間引力牽引的自然結果。月球造成的潮汐並非位在地球與月球形成的直線上，而是略在繞行地球的月球之前（見圖10-2）。這種差距會產生一股扭力，使地球

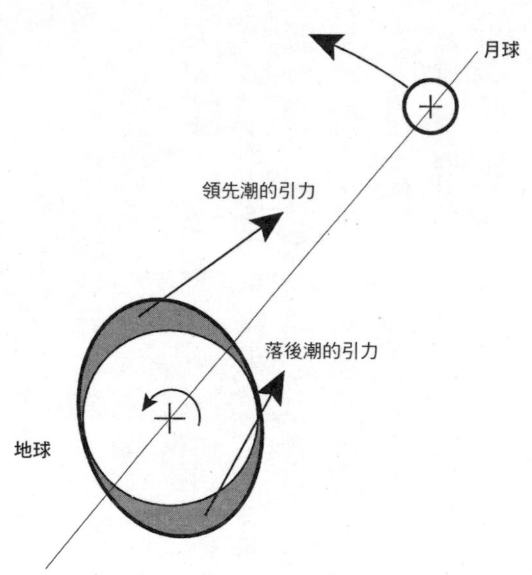

圖 10-2：地球的領先潮對月球產生一股持續的向前引力，距離較遠的落後潮雖有向後的牽引力量，卻不會完全抵消這股向前引力。剩餘的向前引力，會造成月球向外旋轉，偏離原先接近地球的誕生地。假使月球繞行的方向與現在相反，那麼海潮引力的影響會使月球向內旋轉，造成慘烈的相撞。海王星的巨大衛星海衛一便是反向繞行，未來會有上述的悲慘命運。

的自轉速度逐漸減慢，並增加地球與月球間的距離。月球的遠離除了以雷射測量，也能從化石中探知。從泥盆紀角珊瑚的日、年輪中可知，大約在四億年前，一年有四百天，當時的月球較近，而地球的自轉速度也較快。地球自轉速度減緩以及月球遠離都是導因於角動量守恆，也就是溜冰者把手臂貼近身體，藉此轉得更快的原理。假如月球的繞行方向正好與現在相反，那月球的向外遠離運動也會反過來，會接近地球而非遠離，最後和地球相撞。雖然人類不必擔心這點，但海王星最大的衛星海衛一就是以逆向運行，在幾億年之內便會與海王星相撞。

月球起源新解

月球十分特殊的一點是，此星球誕生的機率十分渺茫，根本極不可能發生。從人類第一次望向天空開始，就有無數關於月球起源的推測，卻在一九六九年阿波羅十一號登陸月球，替地球實驗室帶回了月岩後，眾人對此的興趣才達到巔峰。科學家積極研究這些樣本，主要是要確定月球這「太陽系中的羅塞塔石碑*」的形成過程。

在帶回阿波羅岩石之前，人類對於月球起源最普遍的想法是，月球是在寒冷的情況下形成的，因此能留存太陽系最原始的紀錄。在取得月球樣本時，大家都摒息以待，期望能從這些樣本

*編按：羅塞塔石碑被喻為為破解古埃及文的關鍵。

中了解月球的形成過程；但是在一九六九年甚至是其後的十年中，月球起源之謎仍無滿意的解答。很諷刺地，從這些樣本中得到的豐富而極詳細之資料，反而延緩人類建立一套廣為各界接受的月球起源說。多方面的研究工作的確顯示月球曾有過一段猛烈高溫的過去，因此並非如大家所希望的，是保留最原始紀錄的絕佳天體；然而這些月岩確實保留了月球三十至四十億年前之間的詳盡細節，而人類對於地球這一段歷史的了解仍十分有限。

在阿波羅計畫執行期間，人人都談論著月球的起源；但接下來的幾年中，大多的月球科學家都致力於細節方面的研究，而忽略了「整體」；而在一九八四年夏威夷柯那島上所舉行的月球起源會議中，人類有了某種共識，令原本的情形大為轉變；這種事在科學界經常發生。該會議公布了許多關於月球樣本之細節、分析以及理論發展，因而許多科學家在離開柯那島時深信，月球的起源極為特殊且不可思議。關於月球起源的理論通常不外乎以下三點：月球在適當處形成、形成於他處然後受到吸引，或為地球排出之一部分；而新的想法則有點像是上述三者的綜合（見圖10-3）。此理論模式為，地球在形成時，受到如火星一般大小（直徑為地球之一半）的投射物撞擊，相撞時產生的碎片噴至太空中，其中有些便開始繞地球運行；經由相互撞擊，這些碎片形成一圈細薄、繞行地球的岩石圈，類似土星的環；月球便是在這個岩石圈中，藉由撞擊聚集而形成，這也就是建構太陽系中多數天體的撞積作用。

研究月球樣本後得知的月球特性，印證了上述理論中的幾個重點，其中一點是，撞擊時的猛

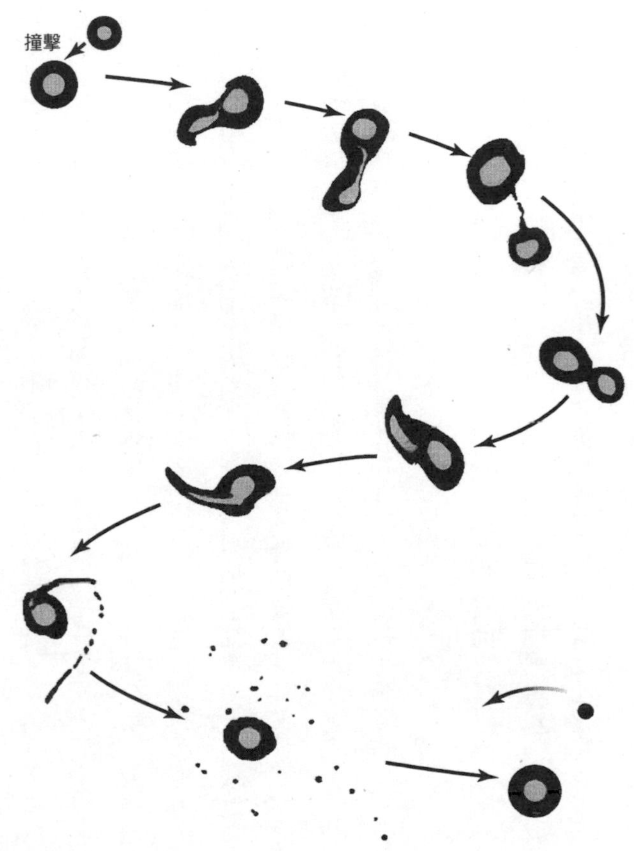

圖 10-3：卡麥隆與坎那普所模擬之月球起源撞擊（1998）。比火星大上數倍的天體撞上成形中地球的邊緣，帶來驚人的影響。在短暫的爆炸後，這兩個扭曲的天體分離而後再結合。兩天體的金屬核心（圖中淺灰色部分）結合形成地球核心，而兩天體的地函部分（黑色）則噴發至軌道中，形成月球。月球在誕生之後便向外旋轉遠離，此運動持續至今。要產生如此巨大的衛星，撞擊的天體大小要恰當，在地球的撞擊點要恰好，且撞擊也要在地球成形過程中恰當的時間點上發生。

烈能量會耗盡月球中所謂的揮發性元素。相較於隕石，月球所耗費的是鋅、鎘和錫這一類元素；這些較易揮發的元素會在撞擊中蒸發，而產生之蒸氣無法再次從高溫氣體中完全凝結。困在氣態階段的揮發性元素會進入太空，消失在地球及月球系統中。這些消失的元素及化合物包括了氮、碳和水。阿波羅最初的驚人發現之一是，月球樣本十分乾燥，並未包含可測得之水分，此點與地球岩石不同。月球樣本的另一明顯特性，是岩石中十分缺乏嗜鐵或親鐵之元素，這些元素會聚集在行星的金屬鐵核心。在熔化的鐵下沉至行星中心形成核心的過程中，親鐵元素（如白金、黃金和鈦）會依附在下沉的鐵上，因此在上層地殼及地函物質中十分缺乏親鐵元素。由於月球不可能有結實的鐵核心，因此月岩中缺乏親鐵元素的發現讓人意外。月球整體的平均密度是水的三．四倍，與月球表面之岩石密度相近，但卻比地球地表岩石密度（平均為水密度的五．五倍）低許多。若月球有結實的高密度金屬鐵核心，則平均密度會比測得的高。震測及磁場資料也顯示月球沒有堅實的地核。

前述的撞擊模式主張，在撞擊發生前，地球及投射物皆已有金屬地核，因此解開了親鐵元素之謎。在撞擊時，兩個核心最後都到了地球中心，而噴發至軌道中的碎片主要來自於兩天體的地函部分。深埋的親鐵元素解釋了為何黃金與白金在月球及地球地殼岩石中十分稀少。月球及地球地函岩石中的微量元素有明顯相似之處，而有些相似特性，亦可見於經撞擊而從巨大撞擊物與目標地球噴出的地函物質中，這些噴出物質的同位素組成與地球及月球相同。

這種撞擊起源說的確十分吸引人，但真的發生過嗎？早期，人類常認為行星的撞積作用皆依固定方式，經由小型天體的撞擊而發生。這便是為何人類認為月球是在寒冷的狀況下形成之因。經由小物體撞積形成的天體，內部不會埋藏熱能；即使物體是以高速撞擊，假如體積小，也只是造成小型隕石坑，而撞擊產生的能量，也大多會散回太空中。撞擊物體必須要巨大，是個如火星般大小的天體，才能噴發出足量的物質，形成月球。威勒利爾是美國華盛頓卡內基研究院地磁學系的行星科學家，曾獲得科學獎，他提出了一套理論模式，表示撞積作用的自然後果是，有好幾個大型天體會在行星的撞積區形成。成形的過程中包括數個天體的撞擊，每一個都會為最終成形的行星帶來百分之十以上的質量。

就地球的情形而論，這些巨大的天體體積都與火星相近或是更大，產生的撞擊不只能將物質噴發至太空中，形成月球，更為地球的地函注入了大量熱能。灌入的熱能以及猛烈的能量，讓地核在星球完全成形前的撞積階段中，便已形成；這與經由小型天體緩慢撞積，在寒冷情況下形成的行星相反。形成地核需要很高的內部溫度，才能使一滴滴熔化的鐵穿過地函，下沉至地核。行星只有長期累積鈾、鉀和釷衰變所釋出的放射性熱能，才能形成地核。以地球為例，大型天體撞積時產生的熱能，促使地核在撞積過程中形成；而月球在本身的地核形成後才誕生。此二天體都在撞擊時期便已分層，且有金屬地核。

最近卡麥隆及同事以電腦模擬出地球與月球在月球成形撞擊開始時所擁有之特性，當時地球的質量僅是最終時的一半而已，而撞擊物的質量則大約是地球最終型的四分之一。發生撞擊對地球和撞擊物的影響極大，其間兩者曾短暫融合，但之後卻因為慣性作用影響隨後產生的塑動物質，而令融合之天體分裂成兩大塊；在數小時後，分離的部分又因為引力影響而再次結合。經過數次這般激烈的事件後，地球終於安定下來了。在撞擊後，有少量物質噴發至太空中，在地球周圍形成碎片環，就像是投石入池後濺起的小水珠一樣。環中的物質來自兩天體的矽酸鹽地函；而月球是此盤面中數萬年的撞積作用累積固體粒子而誕生。

月球誕生後，距地球地表僅兩萬四千多公里，因為如此接近，地球以高速自轉，造成一天只有五小時而已；而潮汐的高度也十分驚人，如前文所述，當時潮汐產生的熱能可能熔化了地表。此種熱能可能只在學術研究方面具有重要性，因為實際上單是撞擊產生的熱能，便能使地球十分炎熱。撞擊事件所帶來的能量雄厚，蒸發了岩石，蒸氣形成短暫存在的「矽酸鹽大氣」，之後才冷卻凝結成矽酸鹽雨。這些影響都不利於生物生存於早期地球上。

雖然這只是種推測，但地球這段早期猛烈時代，卻可能促成了最後的板塊運動。大幅度的加溫造成了覆蓋全球的岩漿海；此「海洋」的分層孕育了第一批能形成永久大陸的岩石。這段早期猛烈時代對海洋與大氣也必定有重大的影響。

如果把地球的誕生過程重複一百次，有多少次會形成這麼大的衛星？假使巨大撞擊物使行星軌道逆行，則衛星便會完全消失；金星可能正是如此，這或許便是該行星自轉速度緩慢及缺乏衛星之原因。假如巨大撞擊發生於地球誕生晚期，則地球會因擁有較大的質量與引力，而無法噴發足夠物質形成巨大衛星。倘若撞擊時間較早，大部分的碎片會消散至太空中，所產生的衛星便會太小，無法穩定地球自轉軸的黃赤交角。如果根本沒有劇烈撞擊，地球可能仍保有大量的水、碳和氮，或許會形成失控的溫室效應大氣。

地球殊異假說的許多要素中，巨大月球似乎是最重要但又最費解的。若無巨大月球，地球的大氣會極不穩定，生命似乎也不可能有如此成功的發展。即使地球長期氣候已極為穩定，仍須花上目前地球壽命百分之九十的時間，才發展出陸上動物生命。很不幸的是，目前仍無法確知在接近恆星的溫暖類地行星周圍，巨大衛星有多普遍。我們就是不清楚，而且短期內可能都不會有答案。數十年後，人類就能夠尋找類地行星，但要探測這些行星的衛星便困難許多。

月球是太空中與我們最接近的鄰居，因此在地球生命的起源與演化中占有一席之地。其他的太陽系天體雖然遙遠許多，卻也有顯著的影響力，這一切顯示，促成地球生命發展的諸多條件，即使不是獨一無二，也是極為罕見；其中最吸引人的就是距離地球八億多公里的天體——木星。

木星

即使是以一般的天文望遠鏡觀看，木星的影像仍讓人印象深刻。從接目鏡看出去，木星像是個扁平盤面，很顯然是自轉速度極快所致；該行星在一個地球天中能自轉兩次。木星的外表有著一圈圈與赤道平行的淺色雲帶，與沙根描述之「蒼藍小點」的地球大為不同，地球是一顆藍色行星，外層包覆著稀鬆雲層。一般望遠鏡觀察到的木星最特殊之處，便是那四顆透著一絲光芒的衛星，在數小時的觀測中，可看到衛星移動。在一六一二年，伽利略首次觀測到這四顆最大衛星精確的周期性移動，此項觀測結果可說是驚人的科學發現，因為這四個衛星的運行就像是小型的哥白尼太陽系，人類可直接觀察其軌道運行。

當然，望遠鏡看不到木星的特殊內部，該行星有如巨大的氣體球，愈往中心愈濃厚，溫度也愈高，如同太陽系其他巨行星一樣，木星並沒有地表。木星的成分多為氫與氦，在內部深處由於壓力過大，電子不再受縛於單一氫原子，而能自由地在原子間移動，就像在金屬中一樣。在木星內部，因為壓力為百萬大氣壓，氫會成為金屬狀態。

木星在望遠鏡裡十分吸引人，有著奇妙的特性和豐富的歷史，但若以肉眼觀之，這顆巨行星亦不過是個亮點，是天空中的另一顆「星星」而已。在距離木星八億公里之處觀察，實在很難想像（至少對不懂占星學的人來說）這顆距離遙遠且上層大氣寒冷的行星，會對世人有所影響。但很顯然的，木星的存在以及誕生的時間和地點，對地球提供並維持生命生存所需之穩定環境，有著深深的影響力。

巨行星在行星誕生時的影響

木星是目前太陽系最重的行星，比地球大十倍，質量是地球的三百倍以上。木星及近鄰土星（「類木」行星）的起源不同於其他太陽系裡的天體；此二行星除了收集固體之外，大多是藉由直接吸收太陽星雲中的氣體而增長。木星和土星像是星雲縮影，元素組成與太陽十分類似，大部分是氫和氦。木星的誕生過程很短，這對內行星有重要的影響，尤其是那些正好在木星軌道以內區域所形成的行星。舉例而言，大約在木星與太陽間的中點，有一類地行星正要成形，但由於木星先形成，因此該行星的發展便失敗了。這顆早夭的行星便是現今的小行星帶，該區仍殘存著一些原始微行星及碎片，但這些物質卻永遠無法聚集成為真正的行星。小行星帶中體積最大的是穀神星，為直徑一千公里的圓形天體。

小行星帶是隕石來源，詳細檢驗這些古老岩塊後，便能深刻理解行星形成的情況。大多數隕石皆屬古老「碎石堆」，是由與太陽系同歲數之物質混合而成，為目前放射性定年法發現之最古老的岩石。由此可知，在太陽系裡，這些隕石在一開始的成長期中，因物質相互撞擊而產生撞積作用，但後來大多時候，這些撞擊所產生的能量過高，導致物質消耗崩壞，而非增長。

小行星帶中行星形成失敗，也嚴重影響了火星的誕生。一般認為火星是最類似地球的行星，但事實上，該行星體積只有地球的一半，質量也僅是地球的十分之一。據推測，如果沒有巨大的近鄰快速成長，火星和小行星就能增長至地球般大小。果真如此，那麼最後太陽系可能會有三個與地球十分相像的行星，每一個都有海洋以及生活於地表或接近地表處的高等生命。假使火星體積和地球一樣，或許就能保留較濃密的大氣，且因為額外的質量會增加放射性熱能，因此火山運動很可能更加活躍，甚至引起板塊運動（火星由於體積較小，因此火山活動發生頻率僅是地球上的百分之幾而已）。若火星體積較大，地核也會較大，以此類推，也會有較大的磁場。如從有利於生命與否的觀點來看，火星最關鍵的缺點便是幾乎完全沒有全球磁場，因此太陽散出的帶電粒子對火星影響很大；這股太陽風會削減火星大氣，導致大氣散逸至太空中。和地球磁場相似的堅實磁場能排開太陽風，保護大氣層不被侵蝕。

假如地球距離木星近一點，或木星的質量更大一點，那麼差點毀了火星且遏阻小行星帶行星形成的「木星效應」，就可能影響地球，使地球成為較小的行星。而如果地球體積較小，則大氣、水圈、及長期適合生命生存的特性，也必定都達不到理想標準。

在發現火星隕石以每年六顆的比率到達地球後，有些研究人員認為地球生命來自於火星，他們的論據是，火星較地球堅韌，不易發生全球滅絕。很諷刺地，在這項說法中，火星之所以適居，是由於缺乏海洋。在太陽系最初的五億年，即所謂的「猛烈撞擊時期」中，類地行星受到直徑大於一百公里之投射物撞擊。在地球上，如此規模的撞擊蒸發了部分海洋，而撞擊產生的熱能，以及隨之而來的溫室效應，可能讓全球地表溫度升高至毀滅生物的程度。在火星上，由於沒有海洋，如此的撞擊雖會造成大範圍的損害，卻不致於毀滅全球生物。而由於大氣層稀薄，地表的熱氣很快地便能散發至太空中；因此火星上水的總豐度低，可能是巨大撞擊、行星質量小以及表面引力小，三者共同造成的結果。就算原始火星有海洋，海水也可能因撞擊而噴發至太空中。即使早期火星上有較多水，但火星早期撞擊時期的大部分時間裡，環境仍比地球乾。如果地球和火星都發展出生命，可能地球生命已經歷一次或數次滅亡，而火星生命卻安然無恙。

有合理的原因讓人相信，生命形成的機會窗口只有一扇。這扇時間之窗或許在地球猛烈撞擊時期結束前，就已經關上了，因此很可能現在地球的生命是起源於火星，藉由火星上重大撞擊噴發出的隕石，運送至地球上。假使火星曾像地球一樣有海洋，那麼撞擊便會導致生物滅絕。若火星體積較大且有較濃密的大氣，那麼撞擊所產生的隕石也較不易噴發至太空中。

遙遠的崗哨

在清掃內太陽系，排除行星形成後所殘留的天體這方面，木星功不可沒。該行星的質量是地球的三百一十八倍，引力極大，能有效驅散接近自身的物體，目前木星已清除許多在太陽系裡遊蕩的天體。早期的太陽系中，有大量的小天體並未合併成為行星，但在五億年間，多數在土星軌道以內區域的較大天體卻消失了。這些天體有的遭行星吞併，有的被拋出太陽系外，有些則是納入歐特彗星雲中。木星是太陽系中部區域清除作用發生的主因。

微行星是至今仍會撞擊地球的物體，殘存於三個特殊的生態範圍中：冥王星外的歐特彗星雲、僅在外行星之外的柯伊伯彗星帶，以及小行星帶（位於火星與木星間的特別庇護所）。目前微行星撞擊地球的機率，是平均每一億年有一顆十公里大小的天體。在六千五百萬年前，有一個正是如此大小的物體撞擊地球，導致白堊紀／三疊紀大滅絕，結束了恐龍時代。美國華盛頓卡內基研究院的威勒利爾預估，如果木星不存在，沒有清除太陽系中間區域殘留的天體，則撞擊地球且直徑十公里的天體數量可能會高出一萬倍。如果地球是每隔一萬年，而非一億年，便要經歷一次足以導致滅絕的撞擊，並且經常遭受更大天體撞擊，那麼動物生命似乎不可能存活。

是否大多數的行星系統中都有像木星這樣的行星？在太陽系中有兩個（木星和土星），而在其他恆星周圍也偵測到與木星質量相當的行星，這點顯示在其他行星系統中，也有像木星這樣的行星存在，但數量仍不確定；許多行星系統很可能並無類木行星。木星的標準形成模式是，先撞積形成巨大堅固的核心，才開始吸收氣體，也就是該行星主要成分。形成木星的必要條件（可得物質，以及行星系統的氣體在消散之前便要快速加以累積）可能並不普遍，因此與木星質量相當的行星可能罕見於其他行星系統中。行星系統中若無類木行星來守衛類地行星區域外圍，則內行星可能無法維持比微生物更高等的生命。

木星的起源與意外的穩定

木星到底是如何誕生，又因何而生？一般認為木星的形成開始於固體核心的撞積作用。核心藉由灰塵、冰、岩塊及較大天體的相撞與吸附而形成，過程類似地球的撞積作用。然而木星卻誕生於「雪線」之外；雪線是太陽系的特殊地區，該處水氣凝結形成冰粒，而且此區的「雪」會增加固體物質的密度，使吸積作用加速。難解之處在於，為何原始木星會增長得如此快速？很顯然地，在火星增長至地球質量的百分之十以前，木星便已增長至地球質量的十五倍。美國加州理工大學的史帝文生認為，水氣在「雪線」凝結並向外移動，可能為此區提供了較多的凝結物質，因此加速了初期木星的形成。

木星在冰岩核心質量為地球質量的十五倍時，便開始增長成為巨行星。由於質量夠大，因此核心引力足以吸引並留住氫與氦，此二者皆為輕氣體，占星雲物質的百分之九十九。氣體吸積作用開始後，速率便急速增加，因為氣體吸積的速率，與已經吸積的氣體質量平方成正比；換句話說，體積愈大，增長的速度就愈快。如果能持續供給氣體，在極短的時間內，該行星就能吞沒整個宇宙！但實際情況是，類木行星形成時消耗了生成帶中的物質，因此終止了行星增長。雖然我們可模擬出木星生成過程的一般特性，但木星能夠成為現今的模樣，似乎仍是出於偶然。

木星之所以有益於地球生命，是由於該行星清除了太陽系裡穿過地球軌道的危險小行星與彗星；人類顯然十分幸運，因為木星繞行太陽的軌道維持穩定。木星和巨大鄰居土星是危險的一對，可能會使行星系統分裂，導致悲慘的情況。近來人類已能利用性能優異的電腦，來確定木星和土星的軌道在行星系統存在期間的穩定性；此二星的軌道雖有些微混亂，但沒有重大的改變，而至少根據首次估計來看，太陽系終其一生都會很穩定。但如果木星或土星更巨大，或彼此間距離更近，情況就完全不同了。行星系統中若出現第三顆如木星般大小的行星，也會很危險。不穩定的行星系統會有十分慘烈的下場；行星間重力擾亂的情況會令軌道急遽改變而不再呈環狀，導致行星被拋射至星際空間中。即使行星系統已穩定了數十億年，仍有可能發生混亂崩潰，而最糟的情況是，行星脫離了恆星引力，轉出了行星系統。有生物的行星被拋射至星際空間後，便會失去讓地表溫暖的外在熱能來源，也沒有陽光驅動光合作用。雖然不穩定的情況一開始可能僅存在於兩行星之間，但是影響會擴散至所有行星。若情況較不嚴重，行星的軌道會變得極為橢圓，而行星與中央恆星距離的改變，會妨礙行星維持穩定的大氣、海洋及複雜生命的能力。

許多計算首先指出有些行星系統可能會變得不穩定，而近來的觀察則證實了這種情形真的會發生。目前藉由偵測其他恆星微小的速度改變，也就是都卜勒變化，在這些恆星周圍發現了行星。在這些偵測到的行星中，有許多距離恆星遙遠，質量與木星相當，而且軌道都不是很圓。這點和太陽系迴異，在太陽系中，所有巨行星的軌道都極圓。對於橢圓軌道的最佳解釋是，這些行星軌道受其他行星影響而改變，可能是因另一行星被拋射入星際空間而產生變化。

類木行星誕生於行星系統時，才會對類地行星產生嚴重威脅。依照類似太陽系的放射狀順序，在典型的行星系統中，位於適居區的類地行星會在靠近恆星的位置形成，而類木行星則形成於遠處；有理由可以相信這是「自然的方式」，因為如前所述，類木行星的形成可能只發生在較為寒冷遙遠、在「雪線」之外的地區另外也可推測，類似木星的巨大氣體行星無法在接近恆星之處形成，因為行星在早期鬆散階段便會毀於潮汐引力（與重力不同之引力）。若原始木星在十分鬆散時太靠近恆星，則面對與背對恆星的兩邊會因引力差距，而將成形中之行星拉成兩半。然而出人意表的是，人類已發現的數個太陽系外行星，質量都與木星相當，且非常靠近中央恆星，比水星與太陽之間的距離還近。這些「熱木星」的軌道都極圓，很難想像這些行星真的是誕生於該地區。

對於此現象最普遍的解釋是，這些系統中的巨行星其實是如木星一般在遙遠之處形成，但軌道卻逐漸萎縮，因而令行星向內轉進。這種情形不會發生在成熟的行星系統中，卻能見於早期太陽星雲裡，該階段內行星間仍有大量的氣體與灰塵。美國加州大學聖塔克魯茲分校的林道推測，太陽星雲所產生的螺旋波，會吸取年輕木星的能量，致使其軌道向內縮。在這種情形下，會有許多行星撞上恆星；而有些則會在撞上之前停止內移。我們偵測到的十分接近恆星的巨行星，可能就是這種向內漂移的最佳實例。對類地行星而言，這類事件會是一場大災難；木星向內移時，會將前方的內行星推向恆星。假如我們的木星發生這種情形，地球早在地表出現適合生命的條件前就已經蒸發了。林道認為，我們的太陽系中可能曾有許多顆木星，且皆轉入太陽之中，而新形成的行星又取代原先的位置。或許木星與太陽間之所以會有「適當」距離，是因為木星形成的時間最晚，並且在形成之時，太陽星雲已經衰弱，無法使木星軌道萎縮。

搜尋太陽系外之行星的計畫顯示，所有發現的行星幾乎都是接近恆星、軌道極圓，或距離恆星遙遠、呈橢圓形軌道的「熱木星」。這些都屬於「壞」木星，其運動與影響會阻礙動物生命在行星系統適居區裡的類地行星上形成。在鄰近的恆星周圍，已發現有百分之五的行星系統不利於生命，但是這種搜尋技術在偵測接近恆星的木星時最為有效，目前仍無法偵測到質量及與恆星之距離都相當於我們木星的行星，也偵測不到質量小於木星的行星；此外，就鄰近恆星與太陽系的距離來說，在鄰近恆星上，這種技術也偵測不到太陽系，因此很可能地球附近類似太陽的恆星中，百分之九十五有類似於我們太陽系的「正常」行星系統；這些行星系統在恆星附近有類地行星，而在更遠處有繞環形軌道運行的類木行星。另一方面，顯然目前已發現之其他「木星」，大多有礙於動物生命在這些太陽系中發展。

月球和木星這兩大因素，讓我們相信複雜生命需要不同的影響。在下一章會探討檢視地球疏異假說。

第十一章　檢視地球殊異假說

地球殊異假說尚未獲得證實，認為在行星系統中，爛泥般的微生物可能十分常見，至於較大、較複雜甚至是有智慧生物的演化以及長期生存，則是極為罕見。此假說根據的主要論點如下：㈠一旦地球環境允許，便有微生物存在，而此種近乎不滅而無敵的生命形態，長久以來在地球上繁衍興旺，生活在廣大惡劣的環境中。㈡較大且較複雜的生物出現於地球歷史晚期，並僅生活於某些環境中，而此種較為脆弱多變之生物的演化與生存，似乎需要一連串極為偶然的事件，但這些情況在其他行星並不普遍。現在我們來檢視此假說。

綜觀歷史，人類一直對未知世界十分好奇，這種天性驅使人類（或許還有其他物種）向外擴張領域。對未知的好奇縈繞心頭，融入了宗教神話之中，喚醒了人類最深沉的想法。早期，「未知世界」這個詞可能僅是指數百或數千公里外之處，而在現代，則擴張到真正的其他世界，也就是其他行星。過去一個半世紀以來，科學的進步以及人類對於自然和物理作用更進一步的了解，提升了我們逼真想像其他世界的能力，也有助於評估地球外其他生命存在的可能。現在人類確實有知識及科技工具，能開始認真地搜尋外星生命，這也是我們首次有能力檢視地球殊異假說。檢驗假說的方式有兩種，一是努力偵測太陽系其他天體上的微生物。若發現活微生物或微生物化石，便可支持以下論點：微生物極易且常常生成，許多天體的內部有溫暖潮濕之處，其中可能都有微生物。藉由送出具備「原地」分析技術的專門探測器，直接搜尋生命，便可完成太陽系中微生物生命的搜尋工作。

第二種檢視地球殊異假說的方式，是搜尋高等生命的存在證據，尋找範圍從簡單多細胞生物至較大動物都有。除了地球上的生物，太陽系中沒有高等生命，所以搜尋高等生命，主要集中在鄰近恆星周圍的行星系統，這些搜尋工作由較大的天文望遠鏡來執行。目前在原地偵測微生物以及利用望遠鏡偵測高等生物這兩項工作，都在策畫階段，在歐美獲得許多贊助單位的支持。這真是令人興奮的時刻，人類第一次有機會真正研究宇宙中生命起源、演化及生存的過程。

高等生命

外星天文學家在遠處遙觀地球時，便能頗輕易地偵測到此行星生物存在的跡象。他們並非直接靠想像辦到這點，而是間接藉由大氣組成的光譜分析來達成目標。即使用最大的望遠鏡，外星天文學家也不見得能直接看到生物、生物群集或甚至是生物最偉大的建物：珊瑚礁、森林、森林大火、紅潮、城市的燈光、中國的長城、高速公路和水壩。最清楚的地球影像僅會像沙根所說，是個「蒼藍之小點」。讓外星天文學家察覺生命存在的主要線索，是一項驚人而不容錯認的特徵；紅外線光譜分析會顯示行星上生命的重要性，甚至顯示出生命可能控制大氣的組成。

有生物之行星的光譜

對無生物行星而言，地球的大氣光譜確實十分「反常」，明顯不同於鄰近火星與金星上幾乎全是二氧化碳之大氣。氮、氧及水氣在化學上極不穩定，不可能出現在死寂的行星上。若無生物，氮和氧在有水的情形下，會結合成硝酸，構成海洋的弱酸成分。地球大氣並未達到化學平衡，由於生命的存在，大氣成功地違反了自然化學法則。大氣最特殊的一點，就是自由氧的豐富程度。氧是地球上最豐富的元素（以重量而論占百分之四十五，以體積而論則占百分之八十五），但在大氣中，氧卻極易產生化學反應，因此在缺乏生命的類地行星大氣中，僅會有微量氧氣。氧屬有害氣體，會氧化地表之有機、無機物質，因此對沒有演化出防護機制的生物極為危險。大氣氧來自光合作用，這種神奇的生物作用利用太陽能，將二氧化碳轉換為純氧及有機物質。很諷刺的是，長期光合作用產生了這種有害氣體，而生命對此習以為常，因此地球才有複雜且有活力的生命。除了惰性氣體氬之外，所有主要的大氣成分，也都在短時間內透過生物作用循環處理。

一旦遙遠的外星天文學家在地球的紅外線光譜中，發現了二氧化碳、臭氧以及水蒸氣所造成的吸收光譜帶後（見圖11-1），便會知道地球上有生命。大氣中氮和氧是主要氣體，但都不會產生可測得之吸收效果，因為地球與陽光的相互作用，才出現這些洩漏機密的光譜帶。地表受到可見光加溫，以紅外線方式散發熱能。入射能量位於光譜中的可見光區域（波長接近〇．五微米），而表面溫度為攝氏五千四百度的太陽，散發出的大部分能量也都在此區域內，可見光的波長大多能穿透地球大氣層，而沒有反射回太空的能量則多被地表吸收。這些能量將地表溫度提高至「室溫」，該

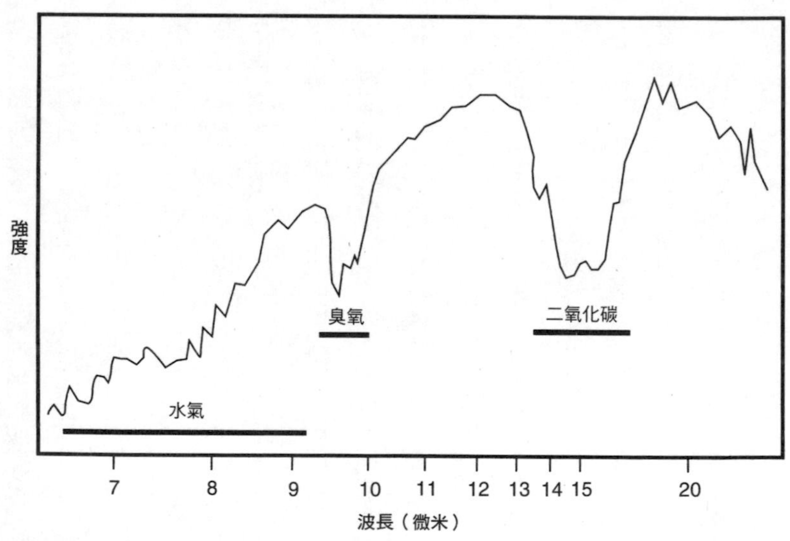

圖 11-1：類似地球的有生命行星之假設紅外線光譜。水氣、二氧化碳及臭氧是重要線索，顯示該行星位在恆星適居區內，且有生物產生氧氣。

溫度約僅是太陽表面絕對溫度的百分之五而已。地表藉將紅外線散回太空而冷卻，正好與地表所吸收之陽光平衡（以長期平均來看）。由於地球溫度較低，多數反射的能量都在波長接近十微米的「熱紅外線」光譜區中。某些氣體會吸收此光譜區中部分波長的能量，因而阻礙該能量在大氣中的傳送。水氣、臭氧以及二氧化碳都會吸收部分向外發散的紅外線，阻礙紅外線離開地球。此作用以及與此同類的氣體，是引起大氣溫室效應的主因，也讓地球海洋不致凍結。這些「溫室」分子都是大氣中的少量成分，但卻讓大氣溫度比完全無法吸收紅外線之大氣高了約攝氏四十度。這些溫室氣體也提供了明顯的光譜特徵，讓外星天文學家觀測。大氣中，水的比例不超過百分之十，二氧化碳目前只占了百萬分之三七五，而臭氧則僅占了十億分之幾而已。這些氣體雖然稀少，卻大量吸收了散發至太空的紅外線；散發的紅外線有重要的吸附傾向，在波長為七、十、及十五微米時，分別被水、臭氧及二氧化碳吸收。

尋找生命的光譜特徵

觀察未知行星大氣中的臭氧、二氧化碳及水，會清楚明白該行星的適居情況與生命是否存在。少量的水氣表示行星基本上位在恆星適居區內，水氣的豐度則視大氣溫度及地表水的可得程度而定。二氧化碳的豐度，也是探知類地行星「適居性」的線索。至少在地球上，需要溫和的地表溫度及活躍的陸海風化循環，使「過量的」二氧化碳從大氣中移除，隱藏在碳酸鹽中，如此地球才能將危險的溫室氣體鎖藏於沉積物裡。行星鎖藏二氧化碳與水的能力是重要線索，有助於判定該行星是否真的類似地球，有陸地、海洋以及溫和的地表溫度。臭氧的發現表示有活躍且行光合作用之生物。臭氧（O_3）是三個氧原子組成的分子，在化學上極活躍，因此也十分不穩定。臭氧是由於太陽紫外線與地球氧分子（O_2）相互作用，而在大氣中形成。紫外線將氧分子分裂為單一原子，這些單一原子再和氧分子起作用形成臭氧。大氣中的氧只有極少部分是以臭氧形式存在，但這一小部分卻有強大的紅外線吸收能力。臭氧代表氧氣的存在，因此若濃度夠高，也表示有生命存在。要維持適當的氧含量，需要不斷生產氧氣，才能平衡大氣中許多的氧氣移除作用。

人類已提出數個太空計畫來偵測紅外線光譜特徵，以找出和地球類似之行星、海洋、溫和的地表溫度以及生物活動。目前美國航太總署正在籌備「類地行星尋找計畫」，而另一個正由歐洲太空總署研擬的類似計畫，內容與名字極為相稱，叫做「達爾文計畫」。這兩項計畫都是利用非常大型的望遠鏡，探得類地行星的影像，並取得紅外線光譜。有些類地行星位於恆星適居區內極近恆星的地方，測量其光譜特徵是最基本的挑戰；這是一項艱鉅的任務，部分由於這些行星很暗，部分則是因為它們與恆星十分接近。由遠處觀察，地球本身看起來也很貼近太陽，而且十分黯淡。從最鄰近的恆星來看，地球和太陽之間的角距與從六公里外看到的美元二十五分硬幣直徑一樣。這已近乎一般地面望遠鏡所能分辨的極限了，但對太空望遠鏡，以及配有適合之鏡片且能減少大氣模糊影響的地面望遠鏡而言，卻仍在能力範圍之內。

研究太陽系外之行星時，最主要的問題是，行星亮度都比恆星微弱太多了，即使地球附近的恆星也是如此。在可見光的波長範圍之內，地球是因為反射陽光才能被看見；而太陽光的亮度是反射「地球光」的十億倍，不論是以哪一種望遠鏡觀察，如此耀眼天體所散發出的強光，都會掩沒鄰近行星的微弱影像；但此情形在波長十微米的紅外線中卻好得多。在此波長範圍內，太陽會黯淡許多，而地球輻射回太空的能量也多在此範圍中，在此情況下，太陽的亮度僅是地球的一萬倍，透過與干涉測量法相關之特殊方法，或許可分離此二天體的影像。

尋找太陽系外行星的大計畫中，包括了建造超大型望遠鏡。建造一座觀察太陽系外行星的單一鏡片望遠鏡，既無效率，也不太可能。而此種限制也表示可利用幾組較小的望遠鏡，互相結合協調以發揮效用。望遠鏡的倍率大小，是辨識極細微角度細節的關鍵。陣列望遠鏡的辨識能力，與一座單一鏡片的超大型望遠鏡功率相同。「類地行星尋找計畫」目前打算串聯四座望遠鏡，每一座的鏡片直徑都在四至八公尺間。這些望遠鏡能固定在一起，也能自由移動，讓四座之間總共相距約一百公尺。不論是哪一種方式，都要極精密地控制每一座望遠鏡的間隔：每一座都負責某些波長的光線。這些望遠鏡會結合光束，功能如同性能極特殊之干涉測量計，感光度在影像中心會最低，而在近中心的外圍區域感光度會最高，該區域外圍與中心的距離相當於預估之行星與恆星間的角距離。望遠鏡直接朝向恆星時，恆星影像的亮度會減弱一百萬個係數，但鄰近行星之光芒卻不會減弱。

這種特殊設計讓恆星的「影響變小」，將恆星與行星間的亮度差距降至最低，利用干涉方式，和肥皂泡泡產生虹彩，以及某些蝴蝶翅膀上的斑斕色彩原理相同。投射至牆上的雷射點會顯示出與上述相反的效果：在中央有一亮點，周圍環繞著微弱的明暗光圈。搜尋行星的望遠鏡利用干涉技術，產生的效果正好與雷射點相反：在中央為零，而在周圍的感光度則極高。在太空中利用如此巨大之望遠鏡執行精確的干涉測量技術，會耗費大量的精力與數十億錢財。串聯望遠鏡的技術在現代科技中雖然極為新穎，卻十分實用。此系統能在最近的數百顆恆星周圍搜尋類地行星，我們對其寄予厚望，期待不久後便能發現太陽系之外的生命。

尋找有智慧之生命

尋找太陽系外生命的另一方法，是偵測其他文明所發射的電波訊號。試圖蒐集這類訊號的小舉動，卻引起廣泛的興趣、推測和爭議。的確，地球上最強力的電波望遠鏡，能接收到銀河系任一處類似望遠鏡對準地球所發出的訊號。人類對於通訊用的電波長度以及可能送出的訊息類型，都投入許多研究考量；銀河系中的物理法則與電波傳送顯示，最理想的波長是幾近二十公分的「水洞」。偵測外星電波的活動通常簡稱為SETI，亦即尋找外星人計畫（Search for Extra Terrestrial Intelligence）。在一九九〇年，美國航太總署為了該計畫開始籌措資金，但此項預算卻在數年後計畫真正開始前即遭刪減。參議員普羅斯邁將他著名的「金羊毛獎」頒給此計畫，並怒言道：「不會給這個計畫一文錢！」其他有影響力的人也開始嘲弄，因為此計畫可能花上數十年，甚至上千年的時間來尋找其他文明發出的微弱電波訊號，而大眾對此計畫的資金援助也十分有限。（資金籌措問題不但在地球上是個問題，在其他的星球可能也是關鍵因素。即使在地球上經濟最繁榮時，人類也不會聆聽外星訊號。發送訊號是極為複雜且昂貴的事情。）

不幸的是，很難確定尋找外星人是否是在有效利用資源。假使地球殊異假說成立，則此計畫很明顯是徒勞無功。假如生命很普遍，「而且」通常會演化成智慧生物，在行星上生活良久又繁盛，那麼很可能有智識的外星人正向太空發送訊號。尋找外星人計畫是否合理，決定因素之一便是無線電科技文明的發展歷史。此文明是否僅維持了幾世紀，便因核戰爆發、饑荒發生或其他災變而衰敗？還是此文明會永垂不朽？對於許多樂觀的人而言，「星艦迷航記」中的社群可能會在其他星球上繁衍；即便如此，這些生命是否會，或能否對太空中可能受到遙遠星際距離阻隔、無法及時回覆訊息的聽眾，發出大量的強力電波，這仍是個問題。或許在銀河系中有其他文明擁有電波望遠鏡，但為數眾多的恆星以及遙遠的距離，都可能讓尋找外星人計畫聽來較像是個想像實驗，而非大規模的科學努力。某些擁有行星系統的鄰近恆星可能會是例外。假如這些恆星中，有些有類似地球的行星，且行星大氣組成顯示了生命跡象，那麼大眾可能會支持發送或聆聽訊息。而當然，即使我們不是刻意對鄰近恆星發送電波訊息，地球仍因雷達、電視台及其他電波來源而成為強力電波發射器。

太陽系中的微生物

阿波羅十一號興起了尋找太陽系微生物的熱潮。儘管月球很顯然地並非熱鬧的生命住所，但人類仍認為月球可能提供了一些線索，能顯示原始生命或至少生命形成前的化學條件。太空人及採回的樣本都經過仔細的隔離檢疫，以免月球上的微生物襲擊世人，就像四百五十年前從大西洋彼端帶來的致命疾病一樣。在阿波羅之前，有些人認為月球的組成和原始隕石類似，可能以含水礦物的形式蘊藏豐富的碳和水分。關於月球起源最普遍的理論是，該星體形成於他處，在與地球的某次相遇中受到引力吸引；此理論認為月球一開始的運行軌道較小，但之後受潮汐作用影響而向外移動。猶瑞是諾貝爾化學獎得主以及行星科學領域中的領導先鋒，他猜想月球曾和地球擦身而過，由於距離過近，強大的潮汐交互作用導致部分海水潑向太空，降至月球表面。雖然只有極少數人相信仍有活生物在無空氣且嚴苛的月球環境中繁衍，猶瑞卻認為月球可能保有生命形成前的重要化學成分紀錄，以及地球最早生命形態的脫水遺骸；他稱月球為太陽系的羅塞塔石碑。

在阿波羅十一帶回樣本後，人類第一個做的是毒物測試，以了解這些樣本是否對地球生命有可怕的影響；有些珍貴的月球土壤被拿去餵老鼠，或放在生長植物的根部。科學家沒有發現任何不良影響，而從這些岩石與土壤的詳盡分析中，也找不到生物起源的有機物質。這些樣本中存有碳，但顯然全都是得自於隕石撞擊以及太陽風。如前所述，月球樣本十分「乾燥」，並無包含水分。月球是無生物的天體，甚至沒有建構或支持生命的元素及環境。

海盜計畫是唯一把尋找生命當作直接目標之一的太空任務。這項特別的計畫包括了四架太空船：兩艘降落在火星表面，以做詳盡的原地研究，另兩艘則進入軌道，製作全球地圖，並將登陸艇的訊息傳回地球。除了哈伯太空望遠鏡，海盜計畫可能是美國航太總署純粹為了科學探索，投入最多財力的任務。（阿波羅計畫雖然絕大部分屬科學性質，但主要是因國家考量而策動——搶得登月先機。）海盜任務大約耗費了四十億又一千九百九十九美元，且需要無人太空船降落在另一行星上，以執行找尋生物存在證據的化學研究。首次登陸火星任務是在一九七六年，該年為美國兩百周年國慶，因此許多參與的科學家都稱此計畫為「七十六年海盜計畫」。許多人帶著大牛仔風格皮帶環釦，上面刻有此次任務的標誌，這些飾品至今仍可見於各種行星科學家及工程師的會議中。

海盜計畫是難度極高卻又極成功的任務。但就某層面而言，由於在這項探測中並未發現生命，因此海盜任務仍屬失敗。此外，不只沒有探得生命，海盜計畫更顯示了火星表面環境對生命極為不利。火星土壤中的碳含量比月球上更少，更糟的是，高度氧化的情況表示有機物質無法存活於土壤中。假使在火星淺土層中埋入一隻死老鼠，屍體中的碳會轉變為二氧化碳，然後進入大氣中。海盜計畫的研究結果結束了許多相信火星與地球類似，可能泊有生命的說法。

海盜任務帶著三個主要的探測生命實驗儀器，每一個都是小型且極專門的化學實驗室，特別設計來偵測生物活動的特殊化學變化。每一個登陸艇都有可活動手臂，尾端附有挖杓。一九七〇年代中期的娛樂之一，便是看著這些挖杓挖溝，蒐集這個在許多科幻小說中赫赫有名的紅色行星的樣本。這些挖杓挖起土壤樣本，放入過濾器中送進分析儀器裡。主要的搜尋生命實驗在於利用氣體交換（GEX）、顯蹤釋出（RE）以及熱解釋出（PR）等技術。海盜一號降落八天後傳回的第一筆資料，是有關氣體交換實驗，結果是正面的，至少表面上是如此。將一公克火星土壤放置於實驗室中，加入了少量的水及養分。兩天後探測到大量新產生的氧氣以及預期中的生物活動訊息。一天之後，顯蹤釋出實驗也有正面的結果；在顯蹤釋出實驗中，土壤樣本內加入了經過放射性碳十四顯蹤的水及養分，實驗儀器則記錄土壤是否會釋出包含碳十四顯蹤的二氧化碳或甲烷；最後顯示的訊息又是正面的，且是出乎意料地正面，事實上，更勝於地球的多種土壤！在熱解實驗裡土壤中不加入水及養分，而是曝露在包含碳十四顯蹤的二氧化碳、一氧化碳及光線中。經過曝露後，將土壤加熱（熱解），看新形成的有機化合物中是否會釋出碳十四顯蹤；此實驗顯示了微弱但正面的訊息。

儘管海盜計畫的科學家對上述實驗抱有高度希望和期待，他們仍設計了一些備用測試；實驗儀器經過設計，能重複執行多重實驗和重複利用樣本，就像在「真正的」地球實驗室裡一樣。重複測試顯示，「正面的」結果可能是火星土壤中的特殊化學特性所致。由於沒有臭氧的阻擋，來自太陽的嚴苛紫外線直接照射土壤，產生了如過氧化氫等高度氧化且活躍的化合物，因而才有實驗得到的正面結果。經過極度加溫，所有的地表生物都會死亡，但土壤仍會產生「正面訊息」。根據海盜計畫小組的資料解讀，實驗結果是由地表非生物來源的化學活動所致，而非火星活生物活動造成。

海盜登陸艇並沒有真正探得火星生命，但卻顯示了在與地球迥異的行星上，要辨認出具有未知特性的微生物有多困難。海盜號能夠在多數地球表面物質中探得生命，但這是因為我們的行星富含生命，在一公克土壤中，包含了十億個以上的生物體。海盜號發現火星表面土壤中並沒有地球上的生物，也不可能有那些生物。假使火星真的有生命，也要在冰凍「冰圈」下的地底地區尋找，因為在該深度中液態水才得以留存。未來的任務不會只是在幾挖杓的地表土壤中尋找生命，而是必須在惡劣地表環境之下的溫暖潮濕地區尋找。為了要直接到達潮濕岩石，未來尋找生命時必須探鑽，此外由於冰凍的冰圈通常會延伸至地下數公里深，因此並非在任一處鑽孔都行。未來的任務不會試圖往深處探鑽，而會在少數地熱熱點尋找生命，因為在這些地區液態水可能較接近地表。這些任務會在火星的「黃石公園」裡尋找生命，也很可能在地表隕石坑的碎片中，發現帶有生物的岩石樣本。從地球與月球的隕石坑研究可知，在星球深處的巨大岩石，有些甚至大如屋子，都能因隕石撞擊而來到地表，堆積在隕石坑邊緣。生物無法在這些寒冷乾燥的岩石中生活，但卻能在其中保持休眠狀態，從而存活數千甚至是數百萬年。

雖然找到能夠繁殖的活生物會是最讓人信服的發現，但下一次火星生命搜尋計畫的目標，卻不具此雄心壯志，而是要搜尋生物化石或過去生命的化學、同位素或礦物指標。即使火星目前是毫無生物的行星，卻可能在久遠的過去曾有豐富的生命。火星的河道及其他地表特徵都顯示，該行星在三、四十億年前更像地球。火星地表在偶然情況下曾有液態水，甚至可能在某期間中，厚冰凍地殼下曾有湖泊或較大水體。假如地球殊異假說成立，且生命可輕易形成，那麼便可推測火星在早期發展時期曾有生命演化，當時地表狀態和地球較為相像。搜尋火星生命是檢視此假說的重要工作。

尋找微生物化石或其他生物指標的工作極為複雜，也很難利用太空船儀器順利達成。太空船儀器必須經過特殊設計，以執行專門任務。由於受到動力、重量、價格、信賴度，及在惡劣環境中遙控操作等許多限制，因此像廚房水槽及科學家意欲加進太空船上的多數物品，都必須要捨棄。通常太空儀器的使用期限都讓人十分驚奇，但工作能力卻難以和每日用於地球實驗室中笨重、耗費能源且粗糙的類似儀器相比。無法依照新發現而調整實驗內容是太空船實驗儀器最主要的限制，這些儀器通常只執行已設定好的工作，不會再多做其他事情。這點和普通的實驗室研究極為不同：普通實驗室最初得到的結果會提供新觀點，從而導出前所未料的研究探討。基於這些理由，科學家仍需要火星樣本才能最詳盡地研究生命及化石。在火星隕石中尋找生命已有了有趣的結果，這也讓科學家明白帶回的樣本該做何種研究。目前預計於二〇〇五年首次發射具採樣任務的太空船，雖然會有極大的技術挑戰，但卻讓人類對發現火星生命有最高的期望。人類一旦將這些樣本帶回地球，便會以最敏感的儀器檢測，尋找過去微生物存在的線索。當然，即使火星上有生命，要發現這點可能仍需要一連串的探索及樣本採回任務。

除了火星，許多太陽系中的天體也可能有微生物，包括木星最外圍的三顆大型衛星（木衛二、木衛三、木衛四）、土星最大的衛星（土衛六），以及其他衛星。木衛二是目前除了火星之外，最可能有生命的天體。從該衛星的地表影像可知，地表景觀是由移動的冰層與神祕的山脊組成；受到潮汐能量加溫，液態水潛伏於地下。在木衛四及木衛三之中，也可能存有少量的水或海水。而土衛六與地球的距離雖然是木星與地球距離的兩倍，但也是大家關注的探索目標，儘管地表溫度低寒，但濃厚的氮大氣層及富含碳氫化合物的地表都十分引人注意。在二〇〇四年，卡西尼探測任務會在土衛六地表投下帶著儀器的包裹；包裹並非設計來偵測生命，但此探測器會測量對生命十分重要的環境參數。

直至本章，多數的討論仍侷限在相對性質方面的研究。現在該看看過去對生命演化與繼續之可能性所做的量化研究，並提出我們的一些論點；這便是下一章的主題。

第十二章 評估機會

的確，真正嚴肅的問題，連小孩都能明白陳述。唯有最天真的問題才誠然非同小可。

——米蘭．昆德拉，《生命中不能承受之輕》

「你覺得自己幸運嗎？說啊！你是否有這種感覺？」

——克林．伊斯威特《緊急追捕令》

地球有多特別？我們已經瀏覽到了長長雜貨單的尾端，要在行星上布滿複雜生命，單子上所記載的原料似乎都是必要的，包括物質、時間和偶發事件。本章中，我們會試著評估這些各式各樣的要素及其相對重要性；每個要素都極有可能影響全局。這些要素在某些情況中的作用，我們已十分了解，至於其他方面，卻幾乎從不曾研究過。而我們心中的疑問，如同文初所引述的句子，是小孩能提出的簡單問題，卻沒有答案。因而，有的問題只能靠想像來解決，其餘則會透過前一章提過之太空旅行和儀器輔助調查，來找出答案。

讓我們開始想像我們能觀察到一百個太陽星雲形成恆星以及環繞四周之行星的情形，其中有多少會藏有像地球一樣、有動物生存的行星？

如前所見，適居環境出現的第一要件，是一顆適宜恆星的形成：該恆星燃燒的時間必須夠長，足以出現演化奇蹟；能量產出不會不規則或急速改變；沒有太多的紫外線輻射；以及或許最重要的，體積夠大。在一百個應徵者中，可能只有二至五個太陽星雲，擁有和我們太陽一般大的恆星。宇宙中大多數的恆星比我們的太陽小，雖然較小的恆星四周可能仍有具生命的行星，但大部分此類恆星，光線都太過黯淡，似地球的行星必須以相當近的距離繞行恆星，以獲得充足的能量來融水。但為了取得適當能量而離小型恆星很近，會導致另一問題：潮汐鎖定；在這種情況下，行星會以固定一面面對恆星，受到潮汐鎖定的行星可能不適於動物居住。

假如把行星系統的數目增至一千個，或許會有二十個等同於我們太陽大小，或更大的恆星誕生，那情況又會如何？即使這些數字也是太小，要產生真正像地球之行星，可能性還是不高。或許評估各種機會的較佳方式，是再造讓我們太陽系形成的景況，然後在假想實驗中再次進行整個過程。古爾德在解釋寒武紀大爆發時，利用了此種腦中重建的方法。他在一九八九年出版的《奇妙生命》一書中，描述此過程如下：

我稱這種實驗為「帶子重放」。你按下倒轉鍵，確定實際發生過的每件事都已完全消除，回到過去的任一時空，比如伯吉斯頁岩的海中，然後讓帶子重新播放，看重播是否和原本情況完全一樣。

假想實驗

我們要做的是，重放一次地球形成的帶子。開始是行星狀星雲，質量和元素組成都和我們太陽系誕生時一模一樣。根據多數理論家的說法，這可能會創造出和我們太陽完全相同的恆星，但也有可能不會。比如說，新恆星的轉速可能不同於我們的太陽，會造成的結果不明。再來，一千個此類太陽星雲中，「或許」會出現一千個人類熟悉之太陽的複製品，然而產生的行星組合不一定相同。假如重播這卷帶子，極有可能不會得到我們太陽系的再版，如有九大行星、一顆失敗的行星（現在成為小行星帶）、軌道在四顆類地行星之外的木星和另三顆氣體巨星，以及一圈彗星圍繞著以上組合。現在開始多重的偶發事件。在一千個新形成的行星系統中，沒有一個可能完全同於今日的太陽系，就像沒有兩個人特徵會完全吻合。在聚合的行星系統中，許多過程，包括行星的形成，都可能呈現雜亂無章的情況。

行星形成於所謂的「生成帶」，其中各種元素同時出現，然後結合成微星，最終聚集為行星。行星科學家最近的研究結果顯示，行星的間隔可能十分規律；一個恆星系統中可能會出現少至六個、多達十個或甚至更多的行星。美國賓州州立大學的凱斯丁認為，行星的間隔並非偶然造成；行星的位置是經過精密調整的。而假如太陽系進行許多次的再造，每次還是會得到相同的行星數目。然而，今日的觀測證據並不支持此項理論，已發現的太陽系外行星有各式不同的間隔和軌道，而且位置並未如理論所言之井然有序。天文學家泰勒於一九九八年得到著名的連納德獎，他反對凱斯丁的論點：「很明顯地，曾存在過並形成我們行星系統之條件並不容易再現。雖然恆星四周行星生成的過程可能大多相似，但細節無法預料。」

無人知道是否木星大小的行星總會形成，或相反地，會有數個像火星的行星出現。行星可能大約會在地球所在的位置形成，但體型可能較大或較小，多少較近太陽或離得較遠。是否物質的數量（物理方面的）根本上相同？是否會出現板塊運動？是否會有同量的水，而且是否水最後會出現在行星表面，而非鎖在地函中或流失至太空？是否和地球軌道交會的小行星極少威脅生命？假如正如科學家所想，我們的月球，在地球成為利於動物多樣化之穩定場所上，扮演著重要角色，其再次出現的機率為何？

即使所有條件均多多少少如預期形成，生命是否會再次出現？有了生命，動物是否會又一次出現？譬如說，假如地球史中沒有發生完全機緣使然的事件，如雪團地球或慣性互換事件，動物能否現蹤？

將各個問題重新組織（並改變措詞），我們或許會問：宇宙所有行星中，有多少為類地行星（相對於木星般由氣體組成的巨星）？占宇宙中所有行星的比例為何？（在我們的太陽系中有五個，但假如加上較大的衛星，數目會達三倍以上。）宇宙的類地行星中，有多少顆有足夠的水，能形成海洋（無論是液態海洋或冰洋）？在所有有海的行星中，有多少有陸地？在有陸地者中，有多少擁有大陸（而非破碎的島嶼）？然而這些問題的答案只適用極短的一段時間，也就是我們所謂的現在；所有條件都是易變的。

爭取時間：維持海洋和適中的溫度

如同前面章節中試著表達的，地球史所展現的最重要一點為，動物演化需要時間——長期穩定的環境，以及全球溫度約維持在水沸點的一半或更低。因此每個問題都得加上時間因素。比如說，有多少有海的行星，上面的海洋維持了十億年，四十億年，或一百億年？

許多要素與評估勝機相關，以再次得到、或找到有動物之世界；其中有一項十分突出：水。地球成功地獲得如諾亞方舟上多樣的動物和複雜植物，之後並加以保存，整個時間至目前為止超過五億年，這是因為海洋維持了超過四十億年。甚者，假如我們對沉積紀錄的分析正確，在最後的二十億年中，地球海洋的平均溫度維持在攝氏五十度以下。還有，至少在最後的二十億年中，海洋的化學成分一直有利於複雜動物生命的生存：鹽度和酸鹼度適於蛋白質的形成和維持。海洋很明顯地是動物的搖籃——不是淡水，不是陸地，而是鹹水海洋孕育了各種現存或曾存在地球上的動物門和基本體軀藍圖。

找出地球的水從哪來，是新的天體生物學學科首要任務之一。如同先前章節中所述，在行星形成時，太陽系內部區域的水並不豐沛，太陽系外部區域的水遠較內行星多。我們的水由何處而來？

雖然地球海水的來處仍未定案，但每個人都同意，水必定是在行星撞積時降臨，而可能在猛烈撞擊時期大量增加。出乎意料的是，地球上最後的水量或許和地核形成有關。在富含鐵和鎳的地核生成時，聚合而成的行星中大部分的水會在氧化過程中消耗掉；過程中，氧氣與水結合，用以製造氧化鐵和氧化鎳，而殘餘的水便組成海洋。或許在地球初成形後，殘存的水量因彗星帶來水而顯著增加；此情況也可能不會發生。無論何種情形，海洋在三十八億年前大概就已達到目前的水量，但這並不代表其位置與今日相同。美國史丹佛大學的羅伊曾預估，在三十億年前以前，地表的陸地部分少於百分之五。直到大約二十五億年前，圍繞世界之海洋的化學性質，主要受到海水與其下的海洋地殼以及地函間的交互作用所影響；地函的副產品在海中於中洋脊和裂隙區域與海水產生交互作用。科學家預估，由於早期地球的溫度較我們所知的地球高許多，海洋和地函接觸的區域多達今日的六倍。

當時地球的大氣也和現今十分不同；沒有氧，而有更多的二氧化碳，也許多達現在的一百至一千倍。地表溫度比現今高，因為有更多熱能自內部發散，也由於大氣中大量的二氧化碳和其他溫室氣體產生暖化。地球內部所製造的熱能十分重要；該時的陽光和現代相比黯淡許多，釋放出的能量或許也少了三分之一。

假如地球維持水世界的樣子，會發生什麼事？很可能全球溫度仍然很高，或甚至增加。動物要演化，溫度必須自古菌時代的程度下降。在太陽愈來愈熱時，全球溫度要下滑，需要大氣中的二氧化碳量急遽減少——溫室效應的降低，因此必須努力移除二氧化碳。如同在第九章中所見，最有用的方法是利用二氧化碳做為建構要素形成石灰岩，因而將二氧化碳自大氣中移去。但今日大量的石灰岩只形成於淺水地區，最有效的石灰岩生成發生在少於六公尺水深的區域；在較深的水中，分解之二氧化碳高度集中，讓形成石灰岩之化學反應變慢或停止。有證據顯示，在地球非常古老的岩石中，曾有深水且無機的石灰岩生成作用，如同美國麻省理工學院葛辛格和其小組的論證。這些研究表示，早期地球海洋中，能製造石灰岩的化學成分或許已經飽和，因此當時能在較深的水中沉澱石灰岩，最終消耗大氣中的二氧化碳。然而葛辛格也指出，古菌早期——大概為地球史上第一個十億年——石灰岩十分罕見，這點只有部分導因於該時岩石的稀少。似乎當時自大氣中移除二氧化碳的重要模式，也就是形成石灰岩，並不常發生。

那麼，要製造出相當數量的石灰岩，就必須要有淺水區域，但在沒有大陸的行星上，淺水區域短缺。假如行星上的水量夠少，即使沒有大陸，也會出現一定大小的淺水區域，一切就沒有問題。然而在有深廣海洋的地球和其他行星，沒有大陸，淺水區域就不夠大，不足以形成所需的石灰岩。因此行星表面有太多水時，亦即海洋太深時，二氧化碳的增加便沒有自然的約束機制。水溫在行星溫度上揚時會跟著上升。

水下的風化作用情形又如何？凱斯丁向我們指出，充滿水的世界的確能調節溫度。他公正地提到，海水溫度上升，最後會導致海底石灰岩的風化。雖然此作用之效率比大陸物質的風化低很多，但的確會產生反饋機制。然而，要將水加熱至足以成為全球的恆溫器，行星溫度可能要遠超過關鍵的攝氏四十度——動物能承受的溫度上限。假如地球上的板塊運動沒有逐漸創造出大塊的陸地面積（而且製造出副產品，也就是大陸旁出現的大片淺水區域，其間石灰岩能輕易生成），地球溫度可能早已超過動物能忍受的程度。萬一全球溫度超越攝氏一百度，海洋會沸騰蒸乾，巨量的水變成大氣中的水蒸氣，這會為地球表面所有生命帶來災難般的終結。

移除二氧化碳的過程稱為二氧化碳量下降，在地球上因大陸生成而完成。而在地球史中，大陸在很短暫的期間內形成；可能二十七億至二十五億年前，大陸面積急速增加，造成陸地表面自大概百分之五，增至約百分之三十，此項重要改變對大氣和海洋系統有同等深遠的影響。

由於大陸因板塊運動而形成，大陸風化作用的副產品主導海洋化學作用。在大陸風化，或說岩石物質因化學和機械作用解體時，河流帶著數量龐大的此類化學物質進入海中，嚴重影響海洋化學性質並導致礦化作用，如形成碳酸鹽。矛盾的是，大陸較大亦意味著淺水區域較廣，因為大陸的出現創造出淺海的大陸礁層以及廣大的內海和湖泊，因此出現下列結果：寬廣的淺水區域出現，來自大陸地區的養分流入增加，地球上植物物質的數量（主要在淺海的表面區域和底部）暴增，氧的製造正式開始。所有這些事件開創了動物最終演化之路。

關鍵問題是為何地球上水量夠多，足以緩和全球溫度，但又夠少，因而淺海能藉大陸升起而形成。假如地球的海水量更多，即使大陸生成也無法出現淺海。想知道行星上海洋水量極大時的情形，只需看看木星的衛星木衛二，其上覆蓋行星的海洋（現為凍結的）有一百公里深。即使海的深度只有一半，聖母峰自海床升起也無法穿過海平面。不會有石灰岩形成所需的淺海，也沒有大陸風化作用。

海洋水量較地球「少」的地方情況又是如何？假如大陸覆蓋地球表面的三分之二（而非現今的三分之一），動物會出現嗎？因為高溫，二疊紀晚期嚴重的大滅絕幾乎完全終結動物生命。有較大的大陸面積，溫度可能變得甚至更高，至少陸地動物持續生存的希望更大幅降低，這是因為大塊陸地會產生高低差距極大的四季溫度。由於碳酸鹽的形成幾乎完全發生於海中，龐大的陸地面積也會減少二氧化碳下降作用，在陸地居多的世界，生命繁衍的機會因而減少。

地球上的一切似乎正好。沒有大陸，行星似乎極有可能變得太熱（尤其因為如太陽之主序星的能量釋出隨著時間增加，行星無法遠離此溫度不斷上升的熱源）。若大陸面積太大，相反的情況可能出現，大陸風化讓二氧化碳大量減少，因而發生冰河作用。地球若繼續前述兩種情況，一會是平均溫度可能變得太高，以致海洋蒸發，另一則會溫度較低，足以保存海洋，但對複雜後生動物的演化出現卻又太暖；動物並不嗜熱。

陸地面積多大是「正好」，又怎樣是太小或太大？答案可能要視行星和恆星間的距離而定。一行星之軌道和地球相比，若自恆星接收到的能量較少，即可能需要較大面積的海洋覆蓋（假設增加的海洋面積會令行星溫度上升，這導因於二氧化碳蓄積造成較大的溫室效應）。

陸地和海洋的相對面積所影響者不只是行星溫度。假如板塊運動沒有發生，不會出現大陸，只會有數量很多的海底山和島嶼（數目依火山活動的頻繁度而定，火山活動本身是行星熱流的作用之一）。而沒有大陸，行星海洋之化學性質可能永遠無法變得適合動物生存。美國航太總署的張恩舉了個相關例子；張恩在一九九四年提出，沒有相當的風化作用（許多陸地都出現風化時才能達到），似地球行星早期的海洋會維持酸性，對動物發展十分不利。在短期內，水世界似乎是非常豐饒的棲地，但可能不會出現利於動物的長期溫度或化學穩定。

我們大月球的重要性和全憑機運的出現

雖然許多科學家固執地追尋適居行星所需之各項條件——哈特、威勒利爾、馬凱、史利普、薩恩里、史瓦茲曼、凱巴、沙根和達馬瑞都浮現腦海——有一個名字在科學文獻中十分特出：美國賓州州立大學的凱斯丁。

凱斯丁認為，適居行星在其他恆星四周存在的機率「取決於其他行星是否存在，在何處形成，大小如何，以及間隔多遠。」凱斯丁和我們一樣，強調板塊運動在創造和維持適居行星方面的重要性，他提出，任何行星上板塊運動的出現，可說受到行星的組成和行星在其太陽系中的位置所影響。但凱斯丁最吸引人的論證之一和我們的月球相關。凱斯丁以為，我們太陽系的四個「類地」行星中，有三個，也就是水星、金星和火星的黃赤交角（行星自轉軸的角度）常有混亂變異。

> 地球算是個例外，但只是因為地球有個大型衛星……假如關於沒有衛星時之黃赤交角計算是正確的，地球若沒有月球，黃赤交角會出現雜亂的變化，在千萬年的時間單位中可能自零至八十五度不等……地球的氣候穩定端賴月球的存在。現在大家普遍相信，地球在成形後期和火星大小的天體偶然碰撞，月球因而生成。假如此種形成衛星的碰撞罕有……適居行星可能同樣罕見。

我們已經累積了一長串動物生命所必需的事件或條件，但這些要件的發生率極低：不止是地球在太陽系和銀河系中需處於「適居區」位置，還有許多其他條件，包括大型衛星、板塊運動、鄰近的木星、磁場和很多引領第一個動物生命演化的事件。現在讓我們來探索這些條件對天外生命的意義。

他處動物生命和智慧的機率

在一九五〇年代，天文學家德雷克發展出一套令人深思的方程式，以預測我們的銀河系中可能有多少文明存在；此舉的重點是預估人類偵測到其他科技先進文明所發射之無線信號的可能性。這是地球人不斷嘗試發現其他行星之智慧生命的開端。現在此方程式稱為德雷克方程式，以紀念創始者，該方程式在（或許必然是）定性的研究領域有極大的影響力。德雷克方程式只是一串因數，在相乘時，得出銀河系中有智慧文明數目N的預估。

如最初假定，德雷克方程式是：

$$N^* \times f_s \times f_p \times n_e \times f_i \times f_c \times f_l = N$$

其中：

N^* = 銀河系中恆星數

fs = 似太陽恆星的比例

fp = 四周有行星之恆星的比例

ne = 恆星適居區中的行星數

fi = 的確有生命興起之適居行星的比例

fc = 有智慧生物的行星比例

fl = 行星存在期間有可通訊文明存在的機率

眾人賦予這些術語適當意義的能力差距極大。在德雷克首次發表此有名的方程式時，大多因數的含義未定。過去（現在仍是）對我們銀河系中的恆星數目的確有不錯的預估（介於兩億至三億間），然而有行星之恆星系統的數量，在德雷克的時代尚待釐清。雖然許多天文學家相信行星到處都有，但沒有理論證明恆星的形成應包括行星，許多人認為行星系統極為罕見。然而在一九七〇年代及其後，有科學家開始假設行星十分普遍；事實上，根據沙根的預估，「每個恆星」四周平均會找到十顆行星。雖然直到一九九〇年代，才找到太陽系外行星，此發現似乎替相信行星普遍說的人辯解。但事實真是如此嗎？重新檢視此問題的結果，顯示行星可能的確十分罕見，因此動物的出現仍舊更為罕有。

有行星的恆星是否極不尋常？

大家現在都知道，在我們的系統外的確有行星形成。近來太陽系外行星的驚人發現，是一九九〇年代天文學研究的大勝利之一，證明了長久以來的假設：其他恆星也有行星。但頻率如何？或許有相當比例的恆星具備行星系統。然而今日，天文學者只成功地偵測到巨大之「似木星」行星，目前的技術尚不能辨別較小且岩質的類地行星。現在，許多恆星都已經過檢測，似乎在受測恆星中，只有約百分之五至六有可偵測到的行星。因為只有大型氣體巨行星能被偵測到，這個數字實際上表示了靠近恆星，或在橢圓軌道內的木星複製品十分稀有。但或許，這顯示了整體說來，行星同樣十分稀少。

證明行星可能幾稀的證據，很少出現在行星發現者（如馬西／巴特勒小組）的直接觀察中，而是來自對類似我們太陽之恆星的光譜研究。研究這些四周曾發現行星的恆星，帶來引人注目的結果：如同我們的太陽，這些恆星富含金屬。根據負責這些研究的天文學者表示，恆星的高金屬含量和行星的形成之間，似乎有意想不到的關連。我們的太陽有豐富的金屬，天文學家岡薩雷斯在研究一七四個恆星後發現，太陽為其中金屬含量最高者之一。地球似乎繞行著一顆十分罕見的恆星。

其他新研究也讓大家開始質疑如我們之行星系統廣布的想法。一九九九年初於美國德州舉行的一場大型天文學者會議中，有人宣布觀察到在十七個鄰近恆星的周圍有木星大小的行星繞行。會議中的天文學者也因浮現的模式而困惑：沒有一個太陽系外的行星系統與太陽的行星家庭雷同。馬西是世界首屈一指的行星發現者，評論說：「我們首次找到足夠的太陽系外行星，以進行比較研究。我們漸漸明白，多數離恆星遙遠的似木星天體是以橢圓，而非圓形軌道運行，而圓形軌道是我們太陽系的常態。」與木星和太陽間的距離相比，所有木星大小的天體若非是在離恆星較近的軌道運行，就是在距恆星較遠之處，並且有極為橢圓的軌道（目前為止觀察到的十七個中，有九個情況如此）。在這樣的行星系統中，類似地球的行星存在於穩定軌道的可能性很低，靠近恆星的木星會摧毀內側的岩質行星；有橢圓形或衰變軌道的木星會令繞行恆星之行星的軌道崩解，因而較小行星若不是以螺旋路徑向恆星前進，就是被彈入星際空間的冰冷墓穴。

現在仍不可能觀察到繞行其他恆星的較小岩質行星。或許此類行星——我們相信其為動物演化所需——十分普遍，但這點可能仍懸而未決。科學家假設，除非有一巨大、似木星的行星存在於同個行星系統中，而且在岩質行星外繞行，以防止彗星撞擊，否則動物無法在行星上長久生存。或許像我們木星般在規則軌道中運行的行星也是稀有的；在現今，所有此類行星運行的軌道，對於較小岩質行星而言多為致命，而非有利。

行星頻率和德雷克方程式

所有與宇宙生命頻率有關的預測，根本上都假設行星十分普遍。但若新研究所顯示的結論——亦即似地球的行星罕有，而有金屬的行星更為稀少——是真實的呢？

此發現對德雷克方程式的最終解答有非凡影響。任何方程式中接近〇的因數，都會產生近〇的最終答案，因為所有因數會相乘。在一九七四年，沙根預估每個恆星四周繞行的平均行星數是十，高史密斯和歐文於其一九九二年出版的《尋找宇宙生命》一書中，也估算出每個恆星有十顆行星的結果，但新發現顯示我們應更加謹慎。或許行星的形成比這些作者所想的更稀罕許多。

在估測智慧生命之頻率方面，德雷克方程式計算繞行似太陽恆星之似地球行星的多寡。星系中最普遍的恆星是M級恆星，較太陽黯淡，數量比與太陽質量相當的恆星多了將近一百倍。這些恆星通常被排除在方程式外，這是因為它們「適居區」中的行星雖表面溫度可能利於生命，但卻因其他理由而不適居住。為了從這些較暗的恆星獲得足夠的溫暖，行星必須十分接近恆星，因而受到恆星的潮汐影響而不得不同步自轉。行星永遠以同一面面對恆星，而在永遠黑暗的那一面，地面溫度非常低，導致大氣流失。較太陽質量大許多的恆星，只有數十億年的壽命是穩定的，對先進生命的發展和理想大氣的演化來說，時間可能太過短促。如之前所提，繞行質量等同於太陽之恆星的每個行星系統，在恆星適居區中會有空間容納至少一個類地行星。但是否真會「有」一顆地球大小的行星在那個空間內繞行恆星？若將行星的多寡以及適居區位置和壽命等因素列入考量，德雷克方程式顯示，所有恆星中，只有百分之一至百分之〇．〇〇一的恆星，可能會有擁有類似地球棲地之行星。但現在許多人認為，即使這麼小的數字仍是高估了，考量全宇宙，銀河適居區的存在條件會大大降低這些數字。

這些比率似乎很小，但考慮宇宙的廣大，將比率應用至宇宙中無數恆星上，仍會得到非常大的預估數字。沙根和其他人曾仔細反覆研究這些繁複的數字。他們最後的估算結論為，此時銀河系中存在有一百萬個能進行星際溝通的生物文明。此預估有多真實？

假如細菌極易出現，那麼銀河中數百萬至數億的行星，都有「可能」發展出先進生命。（作者預料會有更多的行星有細菌生命。）然而假若動物生命的演化需要大陸漂移、大型衛星和其他本書討論的許多罕見地球要素，則先進生命可能極為稀少，而沙根所言有一百萬能溝通之文明的估算，是太過誇張了。如果適居區內一千個似地球的行星中，只有一顆真會如地球一樣演化，那麼或許有先進生命的行星僅有數千個。雖然有人可能認為這太過悲觀，但也可能太過樂觀。即使如此，我們不能排除一個可能性，亦即地球在銀河系中，並不是唯一近來才發展出初步的太空旅行和行星間無線溝通科技的生命棲地。

或許我們能為我們的銀河提出一個新的方程式，稱為「地球殊異方程式」，內容如下：

N*×fp×ne×fi×fc×fl=N

其中：

N* = 銀河系中的恆星數

fp = 有行星之恆星比例

ne = 恆星適居區中的行星數

fi = 有生命出現之適居行星的比例

fc = 有生命行星中，複雜後生動物出現的比例

fl = 行星存在期間內，有複雜後生動物存在的機率

若地球史上一些較特殊的面向也是必須的，如板塊運動、大型衛星和極少的大滅絕次數，情況又是如何？在方程式中，任一數接近〇，最終結果也會如此。在本章末會解釋這一部分。如果動物如此罕見，那麼有智慧的動物必定更為稀少。如何為智慧下定義？最棒的定義來自美國航太總署的天文學家馬凱，他將智慧定義為「有能力建造電波望遠鏡」。雖然化學家可能把智慧定義為能製造試管，或英文教授定義為能寫十四行詩，但讓我們暫且接受馬凱的定義，並跟隨他在一九九六年出版的精彩論文〈其他行星智慧生物出現的時機〉中陳述的理論脈絡前進。以

下討論多來自這篇論文。

馬凱指出假如我們接受「平庸律」（又名哥白尼原則），亦即地球十分典型且一般，就會認為「智慧生物極可能出現，只須經三十五億年的演化即可。」此推論建基於地球地質紀錄的研究，對多數作者而言，這顯示演化「會穩定漸進的發展，出現愈複雜和細緻的生命形態，最後導向人類智慧。」然而馬凱認為——如同我們在本書中試著強調的——地球上的演化並未依此模式進行，而是受到偶發事件所影響，如大滅絕和大陸漂移形成的大陸配置。甚者，我們相信不只是地球上的事件，還有太陽系出現的機緣巧合、其行星的特別數量和行星位置，都可能為地球生命史帶來極深影響。

馬凱將地球上智慧演化過程中所發生的重要事件加以分析，如下頁表。

我們當然可以在他的某些（或所有）數字中挑毛病，尤其是地球上生命首次出現的部分，因為大家認為這發生的時間遠早於三十八億至三十五億年前，但這些預測可能不會因數字大小問題而被棄置一旁。馬凱的重點是，複雜生命，甚至智慧生物，或許能以較地球上更快的速度演化。假如接受馬凱的數字，那麼相對於地球上所耗之將近四十億年，行星能在一百萬年內，從一個無生命處所，變為能建造電波望遠鏡之文明的家鄉；但馬凱也承認，或許其他的因素耗時良久：

> 我們尚未了解的是，是否適居行星上有某種生物地球化學作用，需要地球那富氧生

物圈長久而延續的發展；譬如那些關於有機物質埋藏的作用、在恆星光度隨時間漸增的情況下維持適居溫度、地球板塊的循環。其他重要的未知事項則包括，太陽系結構對生命起源和繼續演化至先進形態的影響。

他的推論是：板塊運動減緩了地球出現氧的過程，但或許對維持穩定之充氧棲地是必須的，如同在太陽系中有正確的行星類型也很重要。

史瓦茲曼和修爾在一九九六年的論文〈生物性調節的地表冷卻和可居性〉中，處理了相同問題卻得出不同結論：他們認為決定智慧出現機率的最重要因素，是可能適居行星的冷卻速率。他們的觀點是，複雜生

事件	在地球上的發生時間（百萬年前）	耗時多久（百萬年）	可能最少時間（百萬年）
生命源始	3800-3500	<500	10
氧光合作用	<3500	<500	極短
氧環境	2500	1000	100
組織多細胞	550	2000	極短
動物發展	510	5	5
陸地生態系統	400	100	5
動物智慧	250	150	5
人類智慧	3	3	3

命，如動物，能承受的溫度極為有限，有非常清楚的高溫承受極限。雖然有些動物能在攝氏五十度，或有時甚至是六十度的高溫中生存，但大多需要較低溫度，而鞏固動物生態系統所需之複雜植物也是如此。攝氏四十五度的最高溫度或許在實際上可行，因此根據這兩位作者，讓行星降溫至此溫度以下所費的時間才是關鍵。許多因素會影響這段時間，包括恆星隨時間增加光度的速率（這會消減酷寒）、火山噴氣率（同樣避免降溫，因為此種噴氣讓更多溫室氣體進入行星大氣中）、大陸陸地面積增加的速率（在大陸增加時，行星通常會降溫）、陸地上的風化率、彗星或小行星撞擊的數量及頻率、恆星大小、板塊運動是否出現、行星最初海洋的規模和行星上演化的歷史。

將此牢記，回到我們的地球殊異方程式，加上本書所提的其他因素，以增添血肉。

N*×fp×fpm×ne×ng×fi×fc×fl×fm×fj×fme=N

其中：

N* = 銀河系中恆星數

fp = 有行星之恆星比例

fpm = 富含金屬行星之比例

ne = 恆星適居區中的行星數

ng = 銀河適居區中的恆星數

fi = 的確有生命之適居行星的比例

fc = 有複雜後生動物出現之有生命行星的比例

fl = 行星存在期間有複雜後生動物存在的機率

fm = 有大型衛星之行星的比例

fj = 有木星大小行星之太陽系的比例

fme = 大滅絕事件非常少之行星的比例

加上這些要素，有動物生命之行星數量變得更少。我們已忽略其他可能也相關的面向：雪團地球和慣性互換事件，然而或許這些也同樣重要。

再次強調，在這種方程式中，若有任何值趨近零，最後的乘積也會如此。

在此類計算中能放入多少資料？很明顯的是，我們對許多這些術語僅知皮毛。數年後，在天體生物學革命成熟後，眾人對動物得以在地球上發展的各項因素，會比現在更為了解，並會發現許多新的要素，變數的清單理所當然地會增長。但我們主張，即使在只有少許資料時，仍能得到強而有力的訊息。對我們來說，訊息如此清楚，因而即使在此時，很明顯地，地球的確可能格外稀有。

第十三章 來自星星的信差

地球在太陽系中並不特別，我們的太陽在銀河系中也不特別，而我們的銀河系在宇宙中亦是如此。

——葛萊瑟，《舞動的宇宙》

有些事必須親身經歷，有些奇觀不是書面描述或照片能取代的，譬如自己孩子的誕生、或第一次實地聽管弦樂隊的演奏、愛、性、站在一幅莫內的畫前。其中一種難得的經驗，就是首次透過望遠鏡一瞥星空。

觀看宇宙

我們都曾看過無盡星空、星系和星雲的照片，但無論多麼美麗，照片中的星星仍是沒有生命的。而用肉眼觀看夜空，即使在最晴朗的日子，效果也比不上第一次透過小望遠鏡觀賞的景象。假如，將肉眼觀看銀河系比喻成在珊瑚礁上浮潛，那麼加上望遠鏡就如同身上綁著氧氣瓶：不再被侷限在表面，而能漫步星空的深處，看到無法想像的星光燦爛，星星的數量超過原先認知。即使使用低倍數的望遠鏡，也會得到新的視野；現在展露在眼前的無數點點星光，似乎充滿了生命力，絲毫不因透過透鏡而使光芒稍減。事實上，星星反而獲得了力量、顏色和清晰度。但最重要且持續最久的印象，是星體總數的增加。壯麗的英仙座雙星團改變了，由灰暗、無法分析的光芒，轉變為大量鑽石在黑色天鵝絨上閃耀；武仙座的球狀星團則自微弱的蚊煙，變成四散的光粒。隨著時間和經驗的累積，甚至更棒的景觀呈現眼前。我們在其他的深空天體、星系和星雲上找到了樂趣。而最後，在北半球，我們必然發現自己在夏季的深夜裡，緩慢朝著射手座星野而去；來自此閃爍浩瀚星海的光輝像風一般吹走一切煩憂，星雲和星系如同無盡的視覺旋律，裝飾著較亮恆星所形成的斷音。在南半球的人甚至目睹到更壯觀的景象：兩片巨大的麥哲倫雲如此接近地浮現頂上，令人讚嘆、無法抗拒，最終，讓人顯得渺小。無數的星星讓我們相形失色，令我們這顆小小的行星和引領遠眺的人類顯得平凡無比（無關緊要？渺小？）。

宇宙似乎是有限的，並無無限的行星在太空之海中繞行眾多恆星，但天體的數目遠超過人類認知。地球只是許多行星中的一個。但正如我們試著在本書中所示，或許行星數量沒有我們希望的多，也或許無論人類的歷史多長，都不會在太陽以外的恆星附近，找到「任何」外太空動物。

這不是好萊塢所預見的命運，或許除了細菌外，我們找不到任何東西，即使在繞行遠方恆星的行星上亦如是。

假如地球殊異假說是正確的，亦即，如果細菌生命普遍，但動物生命罕見，這具有社會上的意義，或至少對個人有些意義。如果下次火星任務傳回消息說，火星上真的有生命——細菌是確定會有的，但出現其他生物，會有什麼影響。或假設太空人不斷旅行至太陽系其他行星，甚至到達最近的十幾顆恆星，卻沒有找到比細菌更先進的生物，又會有什麼結果？假如，至少在銀河系的這個象限內，我們其實相當孤獨，不止是唯一有智慧的生物，也是僅有的動物，情況又會如何？我們致力於星際旅行，有多大比重是希望能發現其他的動物，或與之交談？

從人類史看地球

自希臘時代，科學界一直試著找出宇宙和地球的意義。兩千多年以前，被許多人奉為西方哲學之祖的希臘人台利斯，是第一批思考地球在宇宙中位置，並留下紀錄的人之一。台利斯認為宇宙是有機、有生命的。就這點而論，假如細菌或似細菌生物如我們所想的那樣遍布宇宙，他或許並未犯什麼大錯。台利斯的學生安約西曼德是首批將地球放在宇宙中心的學者之一，想像地球是漂浮的圓柱，四周有許多大輪子繞行，輪上有洞。畢達哥拉斯學派試著打破這種地球中心論，提出地球是在太空中移動，並非宇宙中心。但柏拉圖學派的成員復興了地球中心論，而亞里斯多德的門徒讓這個理論的地位變得更為崇高。歐多克斯將地球置於二十七個同心球的中心，每個球都繞行著地球。不久兩個思想學派互相對抗：阿里斯塔克斯的「太陽中心」模式，與托勒密的地球中心說，而後者在中世紀時廣為流行。

在中世紀時，地球不單被當做宇宙中心，而且再次被視為平面。聖多瑪斯阿奎納讓地球再次成為球形，但認為地球位居宇宙中心。直到哥白尼，終於摒除了地球為宇宙中心的論點，讓太陽成為所有軌道的中心。但即使有如此大的進步，根據哥白尼於一五一四年革命性的著作《宇宙概論》，太陽仍是宇宙中心。

哥白尼破除了神話，地球不再是宇宙中心，四周不再有太陽和所有其他行星和恆星繞行；他的成就最後導向「世界多重性」觀念的誕生，亦即我們的行星不過是許多行星之一；目前此論點稱為「平庸律」，又叫哥白尼原則。然而隨著望遠鏡的發明，更大的衝擊來臨。誰建造了第一個光學望遠鏡，目前仍有爭論，雖然荷蘭眼鏡商里帕席在一六〇八年取得建造望遠鏡的首張官方執照。此儀器出現後立即轟動一時，還不到一六〇九年，此革命性的新工具就已到了伽利略的手上，他在知道這個概念後，很快地建造了自己的望遠鏡。在伽利略之前，望遠鏡的用處是觀賞地上的世界（及多項軍事用途），但伽利略將鏡頭轉向天空，永遠改變了我們對宇宙的了解。

伽利略很快地推測說，在天空中的星星，比任何人曾猜想的都要多許多。他發現銀河系是由無數個單獨的星星所組成。他觀察月亮，並發現有衛星繞行木星（且在過程中表示，我們的地球可能同樣繞著太陽運行）。地球位在宇宙的中心位置，這是亞里斯多德信奉的信念，現在看起來卻錯誤百出。哥白尼提出理論，而伽利略和其望遠鏡則揭露真相。伽利略的發現發表在他的小書《星際使者》中，內容是關於星星的真實情況：地球只是許多宇宙天體之一。伽利略為了介紹他的論點，提出肉眼勉強可見之昏暗光雲——星雲的存在。即使他用的是他那原始的小望遠鏡，也能比任何古人更清楚地看到這些珍奇的天體。他認為星雲為龐大的星星組合，因為距離遙遠才會變得模糊。

地球的非中心化不斷持續進行。一七五五年，康德提出旋轉氣體雲在因本身重力而收縮時，會變平為盤面狀。康德熟悉夜空的無數星雲，知道星雲是散布在天空、閃著昏暗光亮的雲片。所有早期天文學家都知道仙女座星群中的黯淡星雲。康德明白這些天體是許多遙遠星群之一，他稱這些星群為「島宇宙」。但不只如此，康德還表示太陽、地球和其他行星可能在此旋狀氣團中形成。利普萊將這個概念加以延伸，進一步描述行星系統如何自星雲演變而成。他提出了恆星及其行星生成的動態機制，地球和太陽系成了以同樣方式形成的眾多系統之一。

但這些島宇宙有多遙遠？在宇宙中是否只有一個星系，而我們的恆星為星系的一部分，或者另外有很多星系？爭論一直持續到二十世紀初，當時一個新的巨型望遠鏡建造完成，對外太空的探查邁進了一大步。衝突出現於一九二〇年四月二十六日，當時來自加州威爾遜山天文台的謝普利，和來自匹茲堡阿利根尼天文台的克帝斯在美國國家科學院交鋒，發生有名的大辯論。辯論最後沒有結果，因為當時尚不可能估算星雲的距離。然而這種情況在天文學家哈柏的努力下，很快就改變了。哈柏利用新建造之約兩百五十公分的反射式望遠鏡觀察，發現島星雲並未與我們的銀河系連接，而是位於更遙遠之處。即使最近的仙女座星系也都距離地球至少兩百萬光年遠，而且形狀與我們的銀河系相似。爭論就此結束。銀河系是太空中漂浮的眾多破碎又四散之銀河中的一個。我們變得甚至更為渺小，現在我們的銀河系只是滄海一粟。

兩千年來，天文學家和哲學家將地球移離宇宙的中心，放到繞著太陽運行的位置上，但太陽不過是銀河系本身數以千億計的恆星之一，而銀河系不過是宇宙中數十億星系之一。不只有天文學家改變了對世界的觀點。愛因斯坦表示，宇宙中沒有得天獨厚的觀察者，而量子力學告訴我們，機運代表了一切。達爾文和他有力的進化論將人類由萬物之主，降級為在一已充滿動物的行星上所出現的新物種，也是更大規模的演化和生態力量湊巧造出的產物。一切都平凡無奇，然而……

我們論點（亦即地球之所以稀奇是因為擁有動物，因為要有必備的歷史和各種要素完美配合，才能讓地球成為動植物豐富的行星，而這種情形幾乎不可能出現）的最大缺陷是缺乏想像力。本書中假設，宇宙所有的動物多少都與地球上的動物雷同，此立場或許失之武斷，等於假定地球的生命等於宇宙中所有的生命，地球上發生的情況不單是種參考，而是「規則」。我們假設

DNA是唯一的演化方法，而非只是方式之一。或許複雜生命——本書中定義為動物（以及高等植物）——就像細菌一樣廣布，而且組成多樣。或許地球根本不特別，只是無數有生命行星中的一個變體。但我們並不以為然，因為有眾多的證據和推論顯示，正如之前我們試著展現的，這並非實際發生的情況。

我們稀有的地球

重溫一下地球特別的理由：我們的行星自先前宇宙事件的碎片中成形，位於銀河系中極適合動物最終演化出現之處，繞行著同樣極為適切的恆星，該恆星富含金屬，位置是在螺旋星系的安全區，並且在銀河紙風車上緩慢移動。我們不在銀河系的中心，不是處於缺乏金屬的星系中，不在球狀星團中，未靠近伽瑪射線源，不在多星系統，甚至不在雙星系統中，或接近脈衝星，或所近的恆星太小、太大或很快就會變為超新星。地球的情況是，全球溫度讓液態水得以存在，時間延續超過四十億年，而為此，我們的行星必須有近乎圓形的軌道，以固定的距離繞行太陽，且太陽本身有近乎穩定的長期能量釋放。地球上的水量足夠覆蓋大部分，但非全部的行星表面。小行星和彗星的確會撞擊地球，但頻率並未過高，這是因為有巨大的氣體行星，如木星在旁。自六億年前的動物演化之後，雖然的確有災難性的撞擊發生，但我們從未死絕。地球有適當的建構物質，而且有適量的內部熱能，讓板塊運動出現在行星上，形成所需的大陸，令全球溫度於數十億年中維持在一狹窄的範圍內。即使在太陽變亮，大氣結構也改變時，地球驚人的恆溫調節作用，成功地讓地表溫度保持在生存範圍內。在類地行星中，只有我們有大型衛星，此一事實讓地球與水星、金星和火星不同，對地球上動物生命的興起和存續可能極為重要。或許應該重新思考我們長期以來對地球及其在宇宙中地位的輕忽。我們並非宇宙中心，而且永遠不會如此，但也未像西方科學過去兩千年來所認為的這麼普通。我們的地球劣等情結或許並不恰當。假如地球因其動物的存在（或換句話說，因其動物適居性）而顯得極為罕有呢？

宇宙中動物生命或許極少，這個可能性同時提高了地球上近來滅絕率的悲劇程度。較早時我們提出，任何行星上智慧物種的出現，可能是大滅絕的常見原因，這絕對是地球上的情形。假如動物正如猜測，在宇宙中非常稀有，物種滅絕就有了完全不同的意義。人類是否不單只是消滅了地球上的物種，從整體來看，也滅絕了銀河系此象限中的物種呢？

只需檢視熱帶雨林的境況，就可了解今日地球上的滅絕率。森林在超過三億年的時間內，一直是地球上的一員，雖然長久以來物種特性一直在變，但森林的改變極少。森林是地球上物種的諾亞方舟；雖然地球陸地面積只有海洋的三分之一，近乎百分之八十至九十的動、植物生物多樣性是在陸地上，且多數物種發現於熱帶森林。毀壞這些森林，就是在滅絕物種。據估計，有五百萬至三千萬的「動物」物種居住在熱帶雨林中，而其中只有百分之五為科學界所熟悉。化石紀錄清楚顯示，世界已達到歷史上最高的生物多樣性，但也有令人不安且明顯的信息顯示，地球上的物種數已達到高峰，且地球的生物多樣性正減少當中。

似乎有數種力量導致生物多樣性的下降；簡單地說，就是生物多樣性的破壞。最重要者似乎是人類人口的激增。一萬年前，全球人口頂多只有兩百萬至三百萬。當時沒有城市，沒有大型的人口集中地。地球上的人口幾乎比現在任一美國大都市的人數還少。兩千年前，數量增至大約一億三千萬至兩億人；一八〇〇年時達到第一個十億。假如從約十萬年前人類的起源時間算起，我們似乎花了十萬年達到十億人口這個程度，之後一切以驚人的速度加速進行。一九三〇年時，有了二十億人口，比起第一個十億，快了大約一千倍，但增加的速率繼續上升。在一九五〇年以前，僅僅二十年後，到達了二十五億人口。在一九九九年，達到六十億。二〇二〇年以前，人口大概會到七十億，然後在二〇五〇年至二一〇〇年時，可能是一百一十億。

雨林的轉變，通常是將森林變成原野，然後（經常）在一個世代內，變為過度放牧、受侵蝕而且貧瘠的土地，這或許是生物多樣性最直接的殺手。似乎世界上百分之二十五的土壤表層，自一九四五年後就流失了。世界上三分之一的森林面積同時消失，結果造成物種的滅絕。一千年後，當人類仔細檢視這個世界，看到沙漠包圍著存活下來之稀有、種類又明顯較少的動物時，誰會為此負責？

美國羅斯福總統停止了黃石地區的開發，改為美國第一個國家公園。若有個外星人對地球做出相同的事，會不會很諷刺？天體生物學家曾提出這種說法，稱為動物園假說。地球會是個笑話：我們是某人的國家公園，我們稀有的行星地球滿是需要保護的動物。或許這是人類尚未聽到任何來自太空之消息的原因。有個大圍欄圍著我們的太陽系：「地球星系際公園。注意：禁止侵入或干擾。五千光年內唯一有動物的行星。」

兩萬年前，地球被鎖在最後一次冰河期中。毛茸茸的長毛象和巨大的乳齒象、巨獺、駱駝和劍齒虎在北美漫遊，但人類不在其中。還要幾千年的時間，人類才會跨越陸橋，從將來稱為西伯利亞的地方，來到現在的阿拉斯加。人類尚需一萬年才開始嫻熟農業。在很久很久的西元前兩萬年，永遠不知名的某一天中，天鷹座裡一顆遙遠的中子星出現變化。天鷹座為北半球觀星者十分熟悉之夏季大三角的一部分。那顆中子星經歷某種劇變，向太空噴出有害的輻射能，就像以光速往各個方向擴張的毒球一般，在兩萬年內疾馳穿越太空，在一九九八年八月二十七日的晚上，擊中地球的太平洋區域。在持續前進時，發射的能量隨著行進距離的增加而逐漸消退。

在那個夏夜的五分鐘內，地球受到伽瑪射線和X射線的轟炸；這兩種致命射線是氫彈和恆星內部的產物。即使穿越了兩萬光年的距離，這股能量仍足以讓七個地球人造衛星上的輻射感應器達到最高數值或者失常。兩個衛星遭到關閉，以免儀器燒壞。輻射穿透地球表面約四十八公里，然後在地球大氣較低的區域中消散。此事件是人類第一次察覺，來自太陽系外如此高的能量對大氣有重大影響，但無論如何，這並非首次地球受到來自星際空間之能量衝擊。可能一個較近的中子星，或其他未知的惡魔恆星，造成過地球歷史中一次或多次的大滅絕。或許在我們嘗試踏出第一步，透過行星臥室的窗戶觀看太空時，僅是開始發現四周環繞著惡魔之時。

天文學家相信一九九八年事件的發生，是因為某種目前僅於理論中存在的恆星表面分裂：磁星。磁星是一種中子星，直徑約為三十二公里，但質量大於我們的太陽。估計在磁星上，僅僅少量物質重量即可達一億噸；磁星之物質壓縮遠超過人類能理解的範圍。此恆星有鐵的表面，但那種鐵從未出現在我們的太陽系。該星體如同所有的中子星一樣旋轉，結果形成極強烈的磁場。因為各種原因我們只能猜測，該恆星的表面在兩萬年前有過一場大規模的崩解，因而發射能量至太空中。

能量隨距離而降低。萬一這顆磁星只在一萬光年遠處，抵達地球的能量會強上四倍，或許強到足以破壞臭氧層。若此事件在一光年，或更短的距離內發生，是否世界會因此而不毛？是否存在於世界上的文明會被伽瑪射線燒盡，而磁場脈衝足以撕毀所有生物的每個分子？是否有另一個地球曾經因此而荒涼？或許生命只能在遠離磁星的社區中繁衍。是否磁星，以及本書各頁中提到的許多事物，讓宇宙中的動物顯得稀有？而在天外，又有什麼潛伏在黑暗之中？

發現新現象，如磁星，所顯現的意義並不僅是生命的珍稀：關於四周的天空，大家還有許多必須學習的地方。人類就像兩歲小童，才開始了解廣大世界的無際、奇觀和危險；對天體生物學的了解亦如是。很明顯地，我們一切才剛開始。

參考書目

前言

Kirschvunk, J. L.; Maine, A. T.; and Vali, H. 1997. Paleomagnetic evidence supports a low-temperature origin of carbonate in the Martian meteorite ALH84001. *Science* 275: 1629-1633.

第一章

Achenbach-Richter, L.; Gupta, R.; Stetter, K.O.; and Woese, C. R. 1987. Were the original Eubacteria thermophiles? *Systematic and Applies Microbiology* 9:34-39.

Baross, J. A., and Hoffman, S.E. 1985. Submarine hydrothermal vents and associated gradient environments as sites for the origin and evolution of life. *Origins of Life* 15:327-345.

Baross, J. A., and J. W. Deming. 1995. Growth at high temperatures: Isolation, taxonomy, physiology and ecology. In *The microbiology of deep-sea hydrothermal vent habitats*, ed. D. M. Karl, pp. 169-217. Boca Raton, FL: CRC Press.

Baross, J. A., and Hollden, J. F. 1996. Overview of hyperthermophiles and their heat-stock proteins. *Advances in Protein Chemistry* 48:1-35.

Caldeira, K., and Kasting, J. F. 1992. Susceptibility of the early Earth to irreversible glaciation caused by carbon ice clouds. *Nature* 359:226-228.

Cech, T. R., and Bass, B. L. 1986. Biological catalysis by RNA. *Annual Review of Biochemistry* 55: 599-629.

Chang, S. 1994. The planetary setting of prebiotic evolution. In *Early life on Earth*, Nobel Symposium No. 84, ed. By S. Bengston, pp. 10-23. New York: Columbia Univ. Press.

Doolittle, W. F., and Brown, J. R. 1994. Tempo, mode, the progenote, and the universal root. *Proceedings of the National Academy of Science USA* 91: 6721-6728.

Doolittle, W. F.; Feng, D. –F.; Tsang, S.; Cho, G.; and Little, E. 1996. Determining divergence times of the major kingdoms of living organisms with a protein clock. *Science* 271: 470-477.

Dott, R. H., Jr., and Prothero, D. R. 1993. *Evolution of the Earth*. 5th ed. New York: McGraw-Hill.

Forterre, P. 1997. Protein versus r RNA: Problems in rooting the universal tree of life. American Society for Microbiology News 63: 89-95.

Forterre, P.; Confalonieri, F.; Charbonnier, F.; and Duguet, M. 1995. Speculations on the origin of life and thermophily: Review of available information on reverse gyrase suggests that hyperthermophilic procaryotes are not so primitive. Origins of Life and Evolution of the Biosphere 25: 235-249.

Fox, S. W. 1995. Thermal synthesis of amino acids and the origin of life. *Geochimica et Cosmochimica Acta* 59:1213-1214.

Giovannoni, S. J.; Mullinsm, T. D., and Field, K. G. 1995. Microbial diversity in oceanic systems: rRNA approaches to the study of unculturable microbes. In *Molecular ecology of aquatic microbe*, ed. I. Joint, pp. 217-248, Berlin: Springer-Verlag.

Glikson, A. Y. 1993. Asteroids and the early Precambrian crustal evolution. *Earth-Science Reviews* 35: 285-319.

Gogarten-Boekels, M.; Hilario, E.; and Gogarten, J. P. 1995. *Origins of Life and Evolution of the Biosphere* 25:251-264.

Gold, T. 1998. *The deep hot biosphere*. New York: Springer-Verlag/ Copernicus.

Grayling, R. A.; Sandman, K.; and Reeve, J. N. 1996. DNA stability and DNA binding proteins. *Advances in Protein*

Chemistry 48: 437-467.

Gu, X. 1997. The age of the common ancestor of eukaryotes and prokaryotes: Statistical inferences. *Molecular Biology and Evolution* 14:861-866.

Gupta, R. S., and Golding, G. B. 1996. The origin of the eukaryotic cell. *Trends in Biochemical Sciences* 21:166-171.

Hayes, J. M. 1994. Global methanotrophy at the Archean-Proterozoic transition. In *Early life on Earth.* Nobel Symposium No. 84, ed. S. Bengston, pp. 220-236. New York: Columbia Univ. Press.

Heden, C.-G. 1964. Effects of hydrostatic pressure on microbial systems. *Bacteriological Reviews* 28:14-29.

Hei, D. J., and Clark, D. S. 1994. Pressure stabilization of proteins from extreme thermophiles. *Applies and Environmental Microbiology* 60:932-939.

Hennet, R.; J.,-C., Holm, N. G.; and Engel, M. H., 1992. Abiotic synthesis of amino acids under hydrothermal conditions and the origin of life: A perpetual phenomenon? *Naturwissenschaften* 79:361-365.

Hilario, E. and Gogarten, J. P. 1993. Horizontal transfer of ATPase genes—the tree of life becomes the net of life. *BioSystem* 31:111-119.

Holden, J. F., and Baross, J. A. 1995. Enhanced thermotolerance by hydrostatic pressure in deep-sea marine hyperthermophile *Pyrococcus* strain ES4. *FEMS Microbiology Ecology* 18: 27-34.

Holden, J. F.; Summit, M.; and Baross, J. A. 1997. Thermophilic and hyperthermophilic microorganisms in 3-30℃ hydrothermal fluids following a deep-sea volcanic eruption. *FEMS Microbiology Ecology*. 43(3):393-40

Huber, R.; Stoffers, P.; Hohenhaus, S.; Rachel, R.; Burggraf, S.; Jannasch, H. W.; and Stetter, K. O. 1990. Hyperthermophilic archarabacteria within the crater and open-sea plume of erupting MacDonald Seamount. Nature 345: 179-182

Hunten, D. M. 1993. Atmospheric evolution of the terrestrial planets. *Science* 259:915-920.

Kadko, D.; Baross, J.; and Alt, J. 1995. The magnitude and global implications of hydrothermal flux. In *Physical, chemical, biological and geological interactions within sea floor hydrothermal discharge*, Geophysical Monograph 91, ed. S. Humphris, R. Zierenberg, L. Mullineaux, and R. Thompson, pp. 446-466. Washington, DC: AGU Press.

Karhu, J., and Epstein, S. 1986. The implication of the oxygen isotope records in coexisting cherts and phosphates. *Geochimica et Cosmochimica Acta* 50: 1745-1756.

Kasting, J. F. 1984. Effects of high CO2 levels on surface temperature and atmospheric oxidation state of the early Earth. *Journal of Geophysical Research* 86: 1147-1158.

Kasting, J. F. 1993. New spin on ancient climate. *Nature* 364: 759-760.

Kasting, J. F. 1997. Warming early Earth and Mars. *Science* 276: 1213-1215.

Kasting, J. F., and Ackerman, T. P. 1986. Climatic consequences of very high carbon dioxide levels in the Earth's early atmosphere. *Science* 234: 1383-1385.

Knauth, L. P., and Epstein, S. 1976. Hydrogen and oxygen isotope ratios in nodular and bedded cherts. *Geochimica et Cosmochimica Acta* 40:1095-1108.

Knoll, A. 1998. A Martian chronicle. *The Science* 38:20-26.

Lazcano, A. 1994. The RNA world, its predecessors, and its descendants. In *Early life on Earth*, Nobel Symposium No. 84, ed. S. Bengston, pp. 70-80. New York: Columbia Univ. Press.

L'Haridon, S. L.; Raysenbach, A.-L.; Glenat, P.; Prieur, D.; and Jeanthon, C. 1995. Hot subterranean biosphere in a continental oil reservoir. *Nature* 377:233-224.

Lowe, D. R. 1994. Early environments: Constraints and opportunities for early evolution. In *Early life on Earth*, Nobel Symposium No. 84, ed. S. Bengston, pp. 24-35. New York: Columbia Univ. Press.

Mather, K. A., and Stevenson, J. D. 1988, Impact frustration of the origin of life. *Nature* 331:612-614.

Marshall, W. L. 1994. Hydrothermal synthesis of amino acids. *Geochimica et Cosmochimica Acta* 58: 2099-2106.

Michels, P. C., and Clark, D. S. 1992. Pressure dependence of enzyme catalysis. In *Biocatalysis at extreme environments*, ed. M. W. W. Adams and R. Kelly, pp. 108-121. Washington, DC: American Chemical Society Books.

Miller, S. L. 1953. A production of amino acids under possible primitive Earth conditions. *Science* 117: 528-529.

Michels, P. C., and Clark, D. S. 1992. Pressure dependence of enzyme catalysis. In *Blocatalysis at extreme environments*, ed. M. W. W. Adams and R. Kelly, pp. 108-121. Washington, DC: American Chemical Society Books.

Miller, S. L. 1953 A production of amino acids under possible primitive Earth conditions. *Science* 117:528-529

Miller, S. L., and Bada, J. L. 1988. Submarine hot springs and the origin of life. *Nature* 334:609-611,

Mojzsis, S.; Arrhenius, G.; McKeegan, K. D.; Harrison. T. M.; Nutman A. P.; and Friend, C. R. L. 1966. Evidence for life on Earth before 3,800 million years ago. *Nature* 385:55-59.

Moorbath, S.; O'Nions, R. K.; and Pankhurst, R. J. 1973. Early Archaean age of the Isua iron formation. *Nature* 245: 138-139.

Newman, M.J.; and Rood, R. T. 1977. Implications of solar evolution for the Earth's early atmosphere. *Science* 198: 1035-1037.

Nickerson, K. W. 1984. An hypothesis on the role of pressure in the origin of life. *Theoretical Biology* 110:487–499.

Nisbet, E. G. 1987. The young Earth: An introduction to Archaean geology. Boston: Allen & Unwin.

Nutman, A. P.; Mojzsis, S.J.; and Friend, C. R. L. 1997. Recognition of>= 3850 Ma water-lain sediments in West Greenland and their significance for the early Archaean Earth. *Geochinica et Cosmochimica Acta* 61:2475-2484.

Oberbeck, V R.; and Mancinelli, R. L. 1994. Asteroid impacts, microbes, and the Cooling of the atmosphere. *BioScience* 44:173-177.

Oberbeck, V. R.; Marshall, J. R.; and Aggarwal, H.R. 1993. Impacts, tillites, and the breakup of Gondwanaland. *Journal of Geology* 101:1-19.

Ohmoto, H.; and Felder, R. P. 1987. Bacterial activity in the warmer, sulphate-bearing Archaean Oceans. *Nature* 328:244-246.

Pace, N. 1991. Origin of life-facing up to the physical setting. *Cell* 65:531-533.

Perry, E. C., Jr.; Ahmad, S. N.; and Swulius, T. M. 1978, The oxygen isotope composition of 3,800 m.y. old metamorphosed chert and iron forma tion from Isukasia West Greenland. *Journal of Geology* 86:223-239.

Sagan, C.; and Chyba, C. 1997. The early faint Sun paradox: Organic shielding of ultraviolet-labile greenhouse gases. *Science* 276:1217-1221.

Schidlowski, M. 1988. A 3,800-million-year isotopic record of life from carbon in sedimentary rocks. *Nature* 333:313–318.

Schidlowski, M. 1993. The initiation of biological processes on Earth: Summary of empirical evidence. In *Organic Geochemistry,* ed. M. H. Engel and S. A. Macko, pp. 639-655. New York: Plenum Press.

Schopf, J. W. 1994. The oldest known records of life: Early Archean Stromatolites, microfossils, and organic matter. In *Early life on Earth*. Nobel Symposium No. 84, ed. S. Bengston, pp. 193-206. New York: Columbia Univ. Press.

Schopf, J. W., and Packer, B. M. 1987. Early Archean (3.3-billion to 3.5-billion-year-Old) micro-organisms from the Warrawoona Group, Australia. *Science* 237:70-73.

Shock, E. L. 1992. Chemical environments of Submarine hydrothermal systems. *Origin of Life and Evolution of the Biosphere* 22:67-107.

Sogin, M. L. 1991. Early evolution and the origin of eukaryotes. *Current Opinion in Genetics and Development* 1:457-463.

Sogin, M. L.; Silverman, J. D.; Hinkle, G.; and Morrison, H. G. 1996. Problems with molecular diversity in the Eucarya. In *Society for General Microbiology Symposium: Evolution of microbial life*, ed. D. M. Roberts, P. Sharp, G. Alderson, and M. A. Collins, pp. 167-184. Cambridge, England: Cambridge Univ. Press.

Staley, J. T., and J. J. Gosink. Poles apart: Biodiversity and biogeography of polar sea ice bacteria. *Ann, Rev. Microbiol.*

Stevens, T. O., and McKinley, J. P. 1995. Lithoautotrophic microbial ecosystems in deep basalt aquifers. *Science* 270: 450-454

Woese, C. R. 1994. There must be a prokaryote somewhere: Microbiology's Search for itself. *Microbiological Reviews* 58:1-9.

Woese, C. R.; Kandler. O.; and Wheelis, M.L. 1990. Towards a natural system of organisms: Proposals for the domain Archaea, Bacteria, and Eucarya. *Proceedings of the National Academy of Sciences* USA 87:4576-4579.

第11章

Cloud, P. 1987. *Oasis in space*. New York: Norton.

De Duve, C. 1995. *Vital Dust*. New York. Basic Book.

Dole, S. 1964. *Habitable planets for man*. New York: Blaisdell.

Doolittle, W. F. 1999. Phylogenetic classification and the Universal Tree. *Science* 284:2124-2128.

Doyle, L. R. 1996. Circumstellar habitable zones, *Proceedings of the First International Conference*. Menlo Park, CA: Travis House.

Forget, F., and Pierrehumbert, G. D. 1997. Warming early Mars with carbon dioxide that scatters infrared radiation. *Science* 278: 1273- 1276

Hart, M. 1978. The evolution of the atmosphere of the earth. *Icarus* 33: 23-39.

Hart, M. H. 1979. Habitable zones about main sequence stars. *Icarus* 37.351-357.

Illes-Almar, E.; Almar, I.; Berczi, S; and Likacs, B. 1997. On a broader concept of circumstellar habitable zones. Conference Paper, Astronomical and Biochemical Origins and the Search for Life in the Universe, IAU Colloquium 161, Bologna, Italy, p. 747.

Kasting, J. F. 1988. Runaway and moist greenhouse atmospheres and the evolution of Earth and Venus. *Icarus* 74:472-494.

Kasting, J. F. 1993. Earth's early atmosphere. *Science* 259:920–926.

Kasting, J. F. 1997. Habitable zones around low mass stars and the search for extraterrestrial life. In *Planetary and interstellar processes relevant to the origins of life*, ed. D. C. B. Whittet, p. 291. Kluwer Academic Publishers, 1997.

Kasting, J. F, 1997. Update: The early Mars climate question heats up. *Science* 278: 1245.

Kasting, J. F.; Whitmire, D. P.; and Reynolds, R.T. 1993. Habitable zones around main sequence stars. *Icars* 101:108-128.

Ksanfomaliti, L. V. 1998. Planetary systems around stars of late spectral types: A Limitation for habitable Zones. *Astronomicheski Vestnik* 32:413.

Lepage. A. J. 1998. Habitable moons. *Sky and Telescope* 96: 50.

Miller. S. L. 1953. Production of amino acids under possible primitive Earth conditions. *Science* 117:528.

Sagan, C., and Chyba, C. 1997. The early faint Sun paradox: Organic shielding of ultraviolet-labile greenhouse gases. *Science* 276: 1217-1221.

Sleep, N. H.; Zahnle, K.J.; Kasting, J. F.; and Morowitz, H.J. 1989. Annihilation of ecosystems by large asteroid impacts on the early Earth. *Nature* 342: 139.

Squyres, S. W., and Kasting, J. F., 1994. Early Mars—how warm and how wet? *Science* 265,744.

Wetherill, G. W. 1996. The formation and habitability of extra-solar planets. *Icarus* 119:219—238.

Whitmire, D. P.; Matese, J. J.; Criswell, L.; and Mikkola, S. 1998. Habitable planet formation in binary star systems. *Icarus* 132: 196-203.

Williams, D. M.; Kasting, J. F.; and Wade, R. A. 1996. Habitable moons around extrasolar giant planets. AAS/Division of Planetary Sciences Meeting 28, 1221.

Williams, D. M.; Kasting, J. F.; and Wade, R. A. 1997. Habitable moons around extrasolar giant planets. *Nature* 385: 234-236.

第三章

Bryden, G., D.; Lin, N. C.; and Terquem, C. 1998. Planet formation; orbital evolution and planet-star tidal interaction. ASP Conf. Ser. 138: 1997 Pacific Rim Conference on Stellar Astrophysics 23.

Cameron, A. G. W. 1995. The first ten million years in the solar nebula. *Meteoritics* 30, 133-161.

Chyba, C. F. 1987. The Cometary Contribution to the Oceans of the primitive Earth. *Nature* 220:632-635.

Chyba, C. F. 1993. The Violent environment of the origin of life: Progress and uncertainties. *Geochinica et Cosmochimica Acta* 57:3351 -3358.

Chyba, C. F. and Sagan, C. 1992. Endogenous production, exogenous delivery, and impact-Shock synthesis of Organic molecules. An inventory for the Origins of life. *Nature* 355:125-131.

Chyba, C. F.; Thomas, P. J.; Brookshaw, L.; and Sagan, C. 1990. Cometary delivery of Organic molecules to the early Earth. *Science* 249: 366-373.

Holland, H. D. 1984. The chemical evolution of the atmosphere and oceans.Princeton, NJ: Princeton Univ. Press.

Lin, D. N. C. 1997 On the ubiquity of planets and diversity of planetary systems. Proceedings of the 21st Century Chinese Astronomy Conference: dedicated to Prof. C. C. Lin, Hong Kong, 1-4 August 1996, ed. K. S. Cheng and K. L. Chan, Singapore. River Edge, NJ: World, Scientific, p. 313.

Lunine, J., 1999. *Earth: Evolution of a habitable world.* Cambridge, England: Cambridge Univ. Press.

Maher, K. A.J., and Stevenson, D.J. 1988. Impact frustration of the origin of life. *Nature* 331:612-614.

Sagan, C., and Chyba, C. 1997. The early faint sun paradox: Organic shielding of ultraviolet-labile greenhouse gases.

Science 276: 1217-1221.

Sleep, N. H.; Zahnle, K. J.; Kasting, J. F.; and Morowitz, H. J. 1989. Annihilation of ecosystems by large asteroid impacts on the early Earth. *Nature* 342: 139-142.

Taylor, S. R., and McLennan, S. M. 1995. The geochemical evolution of the continental crust. *Reviews in Geophysics* 33:241-265.

Towe, K. M. 1994. Earth's early atmosphere: Constraints and opportunities for early evolution. In *Early life on Earth*, Nobel Symposium No. 84, ed. S. Bengston, pp. 36-47. New York: Columbia Univ. Press.

van Andel, T. H. 1985. *New views on an old planet*. Cambridge, England: Cambridge Univ. Press.

Walker, J. C. G. 1977. *Evolution of the atmosphere*. London: Macmillan.

Wetherill, G. W., 1991. Occurrence of Earth-like bodies in planetary systems. *Science* 253:535-538.

Wetherill, G. W. 1994. Provenance of the terrestrial planets. *Geochimica et Cosmochimica Acta* 58: 4513-4520.

Wetherill. G. W. 1996. The formation and habitability of extra-solar planets. *Icarus* 119:219-238.

第四章

Abbott, D. H.; and Hoffman, S. E. 1984. Archaean plate tectonics revisited. 1. Heat flow, spreading rate, and the age of subducting oceanic lithosphere and their effects on the origin and evolution of continents. *Tectomics* 3:429–448.

Bada, J. L.; Bigham, C.; and Miller, S. L. 1994. Impact melting of frozen oceans on the early Earth: Implications for the origin of life. *Proceedings of the National Academy of Sciences* USA 91: 1248-1250.

Barns, S. M.; Fundyga, R. E.; Jeffries, M. W.; and Pace, N. R. 1994. Remarkable archaeal diversity detected in a Yellowstone National Park hot spring environment. *Proceedings of the National Academy of Sciences USA* 91: 1609–1613.

Baross, J. A., and Deming, J. W. 1995. Growth at high temperatures: Isolation and taxonomy, physiology, and ecology. In

The microbiology of deep-sea hydrothermal vent habitats, ed. D. M. Karl, pp. 169-217. Boca Raton, FL: CRC Press.

Baross, J. A., and Hoffman, S. E. 1985. Submarine hydrothermal vents and associated gradient environments as sites for the origin and evolution of life. *Orig. Life Evolution Biosphere* 15:327–345.

Brakenridge, G. R.; Newsom, H. E.; and Baker, V. R. 1985. Ancient hot springs on Mars: Origins and paleoenvironmental significance of small Martian valleys. *Geology* 13:859-862.

Carl, M. H. 1996. *Water on Mars*. New York: Oxford Univ. Press.

Converse, D. R.; Holland, H. D.; and Edmond, J. M. 1984. Flow rates in the axial hot springs of the East Pacific Rise (21N): Implications for the heat budget and the formation of massive sulfide deposits. *Earth Planet. Sci. Lett.* 69: 159-175.

Criss, R. E., and Taylor, H. P., Jr. 1986. Meteoric-hydrothermal systems. *Rev. Mineral.* 16:373-424.

Daniel, R. M. 1992. Modern life at high temperatures. In Marine Hydrothermal Systems and the Origin of Life, ed. N. Holm, *Orig. Life Evolution Biosphere* 22:33-42.

Doolittle W. F. 1999. Phylogenetic classification and the Universal Tree. *Science* 284:2124.

Glikson, A 1995. Asteroid comet mega-impacts may have triggered major episodes of crustal evolution. *Eos*, 76:49-54

Griffith, L. L., and Shock, E. L. 1995. A geochemical model for the formation of hydrothermal carbonate on Mars. *Nature* 377: 406-408.

Griffith, L. L., and Shock, E. L. 1997. Hydrothermal hydration of Martian crust: Illustration via geochemical model calculations. *J. Geophys. Res.* 102:9135-9143.

Karl, D. M. 1995. Ecology of free-living, hydrothermal vent microbial Communities. In *The microbiology of deep-sea hydrothermal pent habitats*, ed. D. M. Karl, pp. 35-124. Boca Raton, FL: CRC Press.

MacLeod, G.; McKeown, C.; Hall, A. J.; and Russell, M.J. 1994. Hydrothermal and oceanic pH conditions of possible relevance to the origin of life. *Orig. Life Evolution Biosphere* 23:19-41.

McCollom, T. M., and Shock, E. L. 1997. Geochemical constraints on chemolithoautotrophic metabolism by microorganisms in seafloor hydrothermal Systems. *Geochimica et Cosmochimica Acta*.

McSween, Jr., H. Y. 1994. What we have learned about Mars from SNC meteorites. *Meteoritics* 29:757-779.

Miller, S., and Lazcano, A. 1996. From the primitive soup to Cyanobacteria: It may have taken less than 10 million years. In *Circumstellar habitable zones*, ed. L. Doyle, pp. 393—404. Menlo Park, CA: Travis House.

Pace, N. R. 1991. Origin of life--facing up to the physical setting. *Cell* 65:531 -533. Romanek, C. S.; Grady, M. M.; Wright I. P.; Mittlefehldt, D. W.; Socki, R. A.; Pillinger, C.T.; and Gibson, Jr., E. K. 1994. Record of fluid rock interactions on Mars from the meteorite ALH84001. *Nature* 372: 655-657.

Russel, M.J. Daniel R. M., and Hall, A.J.1993. On the emergence of life via catalytic iron sulphide membranes. *Terra Nova* 5:343-347.

Russell, M. J.; Daniel, R. M.; Hall, A. J.; and Sherringham, J. 1994. A hydrothermally precipitated catalytic iron sulphide membrance as a first step toward life. *J. Molec. Evol.* 39:231-243.

Russell, M.J., and Hall, A.J. 1995. The emergence of life at hot springs: A basis for understanding the relationships between organics and mineral deposits. In *Proceedings of the Third Biennial SGA Meeting, Prague, Minerald posits. From their origin to their environmental impacts*, ed. J. Pasava, B. Kribek, and K. Zak, pp. 793-795.

Russell, M.J., and Hall, A.J. 1997. The emergence of life from iron monosulphide bubbles at a hydrothermal redox front. *J. Geol. Soc.*

Russell, M. J.; Hall, A.J.; Cairns-Smith, A. G.; and Braterman, P. S. 1988. Submarine hot springs and the origin of life. *Nature* 336: 117.

Russell, M.J.; Hall, A.J., and Turner, D. 1989. In *vitro* growth of iron Sulphide chimneys: Possible culture chambers for origin-of-life experiments. *Terra Nova* 1:238-241.

Schwartzman, D.; McMenamin, M.; and Volk, T. 1993. Did surface temperatures constrain microbial evolution?

BioScience 43: 390-393.

Seewald, J. S. 1994. Evidence for metastable equilibrium between hydrocarbons under hydrothermal conditions. *Nature* 370:285-287.

Segerer, A. H.; Burggraf, S.; Fiala, G.; Huber, G.; Huber, R.; Pley, U.; and

Stetter, K. O. 1993. Life in hot springs and hydrothermal vents. *Orig. Life Evol. Biosphere* 23:77-90.

Shock, E. L. 1990a, Geochemical constraints on the origin of organic compounds in hydrothermal systems. *Orig. Life Evol. Biosphere* 20:331-367.

Shock, E. L. Chemical environments in submarine hydrothermal Systems. 1992a. In Holm, N. Marine hydrothermal Systems and the origin of Life, ed. N. Holm. *Orig. Life Evol. Biosphere* 22:67-107.

Shock, E. L.; McCollom, T.; and Schulte, M.D. 1995. Geophysical constraints on chemolithoautotrophic reactions in hydrothermal systems. *Orig. Life Evol. Biosphere* 25:141-159.

Shock, E. L., and Schulte, M.D. 1997. Hydrothermal Systems as locations of organic synthesis on the early Earth and Mars. *Orig. Life Evol. Biosphere.*

Sleep, N. H.; Zahnle, K.J.; Kasting J. F., and Morowitz, H.J. 1989. Annihilation of ecosystems by large asteroid impacts on the early Earth. *Nature* 342:139-142.

Stetter, K. O. 1995. Microbial life in hyperthermal environments. *ASM News, American Society for Microbiology* 61:285-290.

Treiman, A.H. 1995. A petrographic history of Martian meteorite ALH84001: Two shocks and an ancient age. *Meteoritics* 30: 294-302.

Von Damm, K. L. 1990. Seafloor hydrothermal activity: Black smoker chemistry and chimneys. *Ann. Rev. Earth Planet. Sci.* 18: 173-204.

Watson, L. L.; Hutcheon, I. D.; Epstein, S.; and Stolper E. M. 1994. Water on Mars: Clues from deuterium/hydrogen and water contents of hydrous phases in SNC meteroites. *Science* 265: 86-90.

Wilson, E. 1992. *The diversity of life*. Cambridge, MA: Harvard Univ. Press

Wilson, L., and Head, III, J. W. 1994. Mars: Review and analysis of volcanic eruption theory and relationships to observed landforms. *Rev. Geophys* 32: 221-263.

Woese, C. R. 1987. Bacterial evolution. *Microbiol. Rev.* 51:221-271

Woese, C. R.; Kandler, O.; and Wheelis, M. L. 1990. Towards a natural System of organisms: Proposal for the domains Archaea, Bacteria, and Eucarya. *Proceedings of the National Academy of Sciences USA* 87:4576-4579.

第五章

Akam, M., *et al.*, eds. 1994. *The evolution of developmental mechanisms*. Cambridge, England: The Company of Biologists, Ltd.

Brasier, M.D.; Shields, G.; Kuleshoy, V. N.; and Zhegallos, E. A. 1996. Integrated chemo- and biostratigraphic calibration of early animal evolution: Neoproterozoic-early Cambrian of southwest Mongolia. *Geological Magazine* 133:445-485.

Bowring, S.A.; Grotzinger, J. P.; Isachsen, C. E.; Knoll, A. H.; Pelechaty, S. M.; and Kolosov, P. 1993. Calibrating rates of Early Cambrian evolution. *Science* 261: 1293-1298.

Carroll, S.B. 1995. Homeotic genes and the evolution of arthropods and Chordates. *Nature* 876:479–485.

Conway Morris, S. 1997. Defusing the Cambrian "explosion"? *Current Biology* 7:R71-R74

Crimes. T. P. 1994. The period of early evolutionary failure and the dawn of evolutionary success: The record of biotic changes across the Precambrian-Cambrian boundary. In *The paleobiology of trace fossils*, ed. S. K. Donovan, pp. 105-133. London: Wiley.

Erwin, D. H. 1993. The origin of metazoan development. *Biological Journal of the Linnean Society* 50: 255-274.

Evans, D. A. 1998. True polar Wander, a superContinental legacy. *Earth and Planetary Science Letters* 157: 1-8.

Evans, D. A.; Beukes, N. J.; and Kirschvink, J. L. 1997. Low-latitude glaciation in the Paleoproterozoic era. *Nature* 386 (6622):262-266.

Evans, D. A.; Ripperdan, R. L., and Kirschvink, J. L. 1998. Polar wander and the Cambrian (response). *Science* 279: 16. *Full article accessible at http://www.sciencemag.org/cgi/content/full/279/5347/9a*

Evans, D. A.; Zhuravlev, A. Y.; Budney, C.J.; and Kirschvink, J. L. 1996. Paleomagnetism of the Bayan Gol Formation, western Mongolia. GeologiCal Magazine 133: 478-496. Fedonkin, M.A., and B. M. Waggoner. 1996. The Vendian fossil *Kimberella*: The oldest mollusk known. *Geological Society of America, Abstracts with Program*. 28 (7):A-53. Grotzinger, J. P.; Bowring, S. A.; Saylor, B.; and Kauffman, A.J. 1995. New

biostratigraphic and geochronological constraints on early animal evolution. *Science* 270:598-604.

Margulis L, and Sagan, D. 1986. *Microcosmos*. New York: Simon & Schuster.

Raff, R. A. 1996. *The shape of life*. Chicago: Universty of Chicago Press.

Schwartzman, D., and Shore, S. 1996. Biotically mediated surface cooling and habitability for complex life. In *Circumstella habitable zones*, ed. L. Doyle, pp. 421-443. Menlo Park, CA: Travis House.

Valentine, J. W. 1994. Late Precambrian bilaterans: Grades and clades. *Proceedings of the National Academy of Science* 91: 6751-6757.

Valentine, J. W.; Erwin, D. H.; and Jablonski, D. 1996. Development evolution of metazoan body plans: The fossil evidences. *Developmental Biology* 173:373-381.

Wilmer, P. 1990. *Invertebrate relationships: Patters in animal evolution*. Cambridge, England: Cambridge Univ. Press.

第六章

Bertani L. E.; Huang, J.; Weir, B.; and Kirschvink, J. L. 1997. Evidence for two types of subunits in the bacterioferritin of *Magnetospirillan magnetofacticum. Gene* 201:31-36.

Evans, D. A.; Beukes, N. J.; and Kirschvink, J. L. 1997. Low-latitude glaciation in the Paleoproterozoic era. *Nature* 386 (6622).262-266.

Evans, D. A.; Zhuravlev, A. Y.; Budney, C.J.; and Kirschvink, J. L. 1996. Paleomagnetism of the Bayan Gol Formation, western Mongolia. *Geological Magazine* 133:478-496. Hoffman, P.; Kaufman, A.; Halverson, G.; and Schrag, D. 1998. A Neoproterozoic Snowball Earth. *Science* 281: 1342-1346.

Kirschwink, J. L. 1992. A paleogeographic model for Vendian and Cambrian time. In *The Proterozoic biosphere: A multidisciplinary Study*, ed. J. W. Schopf, C. Klein, and D. Des Maris, pp. 567-581 Cambridge, England: Cambridge Univ. Press.

Kirschvink, J. L.; Gaidos, E. J.; Bertani, L. E.; Beukes, N. J.; Gutzmer, J.; Evans, D. A.; Maepa, L. N.; and Steinberger, R. E. The paleoproterozoic snowball Earth: deposition of the Kalahari manganese field and evolution of the Archaea and Eukarya kingdoms.

Science.

第七章

Aitken, J. D., and McIlreath, I. A. 1984. The Cathedral Reef Escarpment, a Cambrian great Wall with humble origins. *Geos* 13: 17-19.

Allison P. A. and Brett, C. E. 1995, *In situ* benthos and paleo-Oxygenation in

the Middle Cambrian Burgess Shale, British Columbia, Canada, *Geology* 23: 1079-7082.

Aronson R. B. 1992. Decline of the Burgess Shale fauna: Ecologic or taphonomic restriction? *Lethabia* 25:225-229.

Bergstorm, J. 1986. *Opabinia* and *Anomalocaris*, unique Cambrian "arthropods." *Palaeontology*. 22: 631-664.

Briggs, D, E, G, 1979. *Anomalocaris*, the largest known Cambrian arthropod. *Palaeontology* 22:681-664.

Briggs, D, E, G, 1992, Phylogenetic significance of the Burgess Shale crustacean *Canadaspis, Acta Zoologica*

(Stockholm) 73:293-300.

Briggs, D, E, G, and Collins, D. 1988. A Middle Cambrian chelicerate from Mount Stephen, British Columbia. *Palaeontology* 31:779-798.

Briggs, D, E, G, and Fortey, R. A. 1989. The early radiation and relationships of the major arthropod groups. *Science* 246:241-243.

Briggs, D, E, G, and Whittington, H. B. 1985. Modes of life of arthropods from the Burgess Shale, British Columbia. *Philosophical Transactions of the Royal Society of Edinburgh* 76:149-160.

Budd, G. E. 1996. The morphology of *Opabinia regalis* and the reconstruction of the arthropod stem-group. *Lethaia* 29:1-14.

Butterfield, N. J. 1990a. Organic preservation of non-mineralizing organisms and the taphonomy of the Burgess Shale. *Paleobiology* 16:272-286.

Butterfield, N. J. 1997. Plankton ecology and the Proterozoic-Phanerozoic transition, *Paleobiology* 23:247-262.

Butterfield, N. J., and Nicholas, C. J. 1996. Burgess Shale-type preservation of both non-mineralizing and "shelly" Cambrian organisms from the Mackenzie Mountains, northwestern Canada. *Journal of Paleontology* 70:893-899.

Chen Junyuan; Edgecombe, G.D.; and Ramskold, L. 1997. Morphological and ecological disparity in naraoiids (Arthropoda) from the Early Cabrian Chengjiang fauna, China. *Records of the Australian Museum* 49:1-24.

Chen Junyuan; Ramsköld, L.; and Zhou Guiqing. 1994. Evidence for monophyly and arthropod affinity of Cambrian predators. *Science* 264:1304 1308.

Chen Junyuan; Zhou Guiqing; Zhu Maoyan; and Yeh K. Y. ca. 1996. *The Chengjiang biota. A unique window on the Cambrian explosion.* National Museum of Natural Science, Taiwan. [in Chinese].

Cloud, P. 1987. *Oasis in space*. New York: Norton.

Collins, D.; Briggs, D.; and Conway Morris, S. 1983. New Burgess Shale fossils sites reveal Middle Cambrian faunal complex. *Science* 222:163–167.

Conway Morris, S. 1979a. The Burgess Shale (Middle Cambrian) fauna. *Annual Review of Ecology and Systematics* 10:327-349.

Conway Morris, S., ed. 1982. *Atlas of the Burgess Shale*. London: Palaeontologi cal Association.

Conway Morris, S. 1989. Burgess Shale faunas and the Cambrian explosion. *Science* 246:339-346.

Conway Morris, S. 1989. The persistence of Burgess Shale-type faunas: Implications for the evolution of deeper-water faunas. *Transactions of the Royal Society of Edinburgh: Earth Sciences* 80:271-283.

Conway Morris, S. 1990. Late Precambrian and Cambrian soft-bodied faunas. *Annual Review of Earth and Planetary Sciences* 18: 101-22

Conway Morris, S. 1992. Burgess Shale-type faunas in the context of the "Cambrian explosion": A review. *Journal of the Geological Society, London* 149:631-636.

Conway Morris, S. 1993a. Ediacaran-like fossils in Cambrian Burgess Shaletype faunas of North America. *Palaeontology* 36:593-635.

Conway Morris, S. 1993b. The fossil record and the early evolution of the metazoa. *Nature* 361:219-225.

Conway Morris, S. 1998. *Crucible of creation*. Oxford Univ. Press.

Conway Morris, S. and Whittington, H. B. 1985. Fossils of the Burges Shale, a national treasure in Yoho National Park. *British Columbia Miscellaneous Reports of the Geological Survey of Canada* 43:1-31.

Dziki, J. 1995. *Yunnanozoom* and the ancestry of chordates. *Acta Palaeontologic Polonica* 40:341-360.

Erwin, D. M. 1993. The origin of metazoan development: A palaeobiological perspective. *Biological Journal of the Linnean Society* 50:255-274.

Fritz, W. H. 1971. Geological setting of the Burgess Shale. In *Symposium on Extraordinary Fossils. Proceedings of the North American Paleontological Convention*, Field Museum of Natural History, Chicago. September 5–7, 1969, Part I, pp. 1155–1170. Lawrence, KS: Allen Press.

Gould, S.J. 1986. *Wonderful life*. New York: Norton.

Gould, S.J. 1991. The disparity of the Burgess Shale arthropod fauna and the limits of cladistic analysis: Why we must strive to quantify morphospace. *Paleobiology* 17:411–423.

Grotzinger, J. P.; Bowring, S. A.; Saylor, B. Z.; and Kaufman, A.J. 1995. Biostratigraphic and geochronologic constraints on early animal evolution. *Science* 270:598-604. Kirschvink, J. L.; Magaritz, M.; Ripperdan, R. L.; Zhuravlev, A. Y.; and Rozanov, A. Y. 1991. The Precambrian-Cambrian boundary: Magnetostratigraphy and carbon isotopes resolve correlation problems between Siberia, Morocco, and South China. *GSA Today* 1:69–91.

Kirschvink, J. L.; Ripperdan, R. L.; and Evans, D. A. 1997. Evidence for a large-scale Early Cambrian reorganization of continental masses by inertial interchange true polar wander. *Science* 277:541-545.

Kirschvink, J. L., and Rozanov, A.Y. 1984. Magnetostratigraphy of Lower Cambrian strata from the Siberian Platform. A paleomagnetic pole and a preliminary polarity time scale. *Geological Magazine* 121:189-203.

Ludvigsen, R. 1989. The Burgess Shale: Not in the shadow of the Cathedral Escarpment. *Geoscience Canada* 16:51-59.

McMenamin, M., and McMenamin R. 1990. *The emergence of animals.* New York: Columbia Univ. Press.

Ramsköld L., and Hou Xianguang. 1991. New early Cambrian animal and onychophoran affinities of enigmatic metazoans. *Nature* 251: 225-228.

Rigby, J. K. 1986. Sponges of the Burgess Shale(Middle Columbia), British Columbia. *Palaeontographica Canadiana* 2:1-105.

Simonetta, A. M., and Conway Morris, S. eds. 1991. *The early evolution of metazoa and the significance of probl ematic taxa.* Cambridge, England: Cambridge Univ. Press.

Simonetta, A. M., and Insom, E. 1993. New animals from the Burgess Shale
(Middle Cambrian) and their possible significance for the understanding of the Bilateria. *Bollettino Zoologica* 60:97–107.

Towe, K. M. 1996. Fossil preservation in the Burgess Shalle. *Lethaia* 29:107-108. Whittington, H. B. 1971a. The Burgess Shale: History of research and preservation of fossils. In *Symposium on extraordinary fossils. Proceedings of the North American Paleontological Convention*, Field Museum of Natural History, Chicago, September 5–7, 1969, Part I, pp. 1170-1201. Lawrence KS: Allen Press.

Whittington, H. B. 1979. Early arthropods, their appendages and relationships. In *The origin of major invertebrate groups*, ed. M. R. House. Systematics Association Special Volume 12, pp. 253-268.

Whittington, H. B., and Briggs, D. E. G. 1985. The largest Cambrian animal, *Anomalocaris,* Burgess Shale, British Columbia. *Philosophical Transactions of the Royal Society of London* B 309:569-609.

Wills, M. A.; Briggs, D. E. G.; and Fortey, R. A. 1994. Disparity as an evolutionary index: A comparison of Cambrian and Recent arthropods. *Paleobiology* 20:93-130. Yochelson, E. L. 1996. Discovery, collection, and description of the Middle Cambrian Burgess Shale biota by Charles Dooliittle Walcott. *Proceedings of the American Philosophical Society* 140: 469-545.

第八章

Alvarez, L.; Alvarez, W.; Asaro, F.; and Michel, H. 1980. Extra-terrestrial cause for the Cretaceous–Tertiary extinction. *Science* 208: 1094-1108.

Bourgeois, J. 1994. Tsunami deposits and the K/T boundary. A sedimentologist's perspective. *Lunar Planetary Institute Cont.* 825: 16.

Caldeira, K., and Kastino J. F. 1992. Susceptibility of the early Earth to irreversible glaciation caused by carbon ice clouds. *Nature* 359:226-228

Covey, C.; Thompson, S; Weissman, P.; and MacCracken, M. 1994. Global
climatic effects of atmospheric dust from an asteroid or Comet impact

on earth. *Global and Planetary Change* 9:263-273.

Dar, A.; Laor, A.; and Shaviv, N. 1998. Life extinctions by Cosmic ray jets. *Physical Rev. Let.* 80:5813-5816.

Donovan, S. 1989. *Mass extinctions: processes and evidence*. New York: Columbia Univ. Press.

Ellis, J., and Schramm, D. 1995. Could a Supernova explosion have caused a mass extinction? *Proc. Nat. Acad. Sci.* 92: 235-238.

Erwin, D. 1993. *The great Paleozoic Crisis: Life and death in the Permian*. New York: Columbia Univ. Press.

Erwin, D. 1994. The Permo-Triassic extinction. *Nature* 367:231-236.

Grieve, R. 1982. The record of impact on Earth. Geol. Soc. America Special Paper 190, ed. Silver, S., and Schultz, P., pp. 25-37.

Hallam, A. 1994. The earliest Triassic as an anoxic event, and its relationship to the End-Paleozoic mass extinction. In *Global environments and resources*, pp. 797-804. Canadian Society of Petroleum Geologists, Mem. 17.

Hallam, A., and Wignall, P. 1997. *Mass extinctions and their aftermath*. Oxford, England: Oxford Univ. Press.

Hsu, K., and McKenzie, J. 1990. Carbon isotope anomalies at era boundaries: Global catastrophes and their ultimate cause. *Geol. Soc. Am. Special Paper 247*, pp. 61-70.

Isozaki, Y. 1994. Superanoxia across the Permo-Triassic boundary: Record in accreted deep-sea pelagic chert in Japan: In *Global environments and resources,* pp. 805-812. Canadian Society of Petroleum Geologists, Mem. 17.

Knoll, A.; Bambach, R.; Canfield, D.; and Grotzinger, J. 1996. Comparative earth history and Late Permian mass extinction. *Science* 273:452-457.

Rampino, M., and Caldeira, K. 1993. Major episodes of geologic change: Correlations, time structure and possible causes. *Earth Planetary Science Letters* 114:215-227.

Raup, D. 1979. Size of the Permo-Triassic bottleneck and its evolutionary implications. *Science* 206:217-218.

Raup, D. 1990. *Extinction: Bad genes or bad luck?* New York: Norton

Raup, D. 1990. Impact as a general cause of extinction: A feasibility test. In *Global catastrophes in earth history*, ed. V. Sharpton and P. Ward, pp. 27-32. Geol. Soc. Am. Special Paper 247.

Raup, D. 1991. A kill curve for Phanerozoic marine species. *Paleobiology* 17:37-48. Raup, D., and Sepkoski, J. 1984. Periodicity of extinction in the geologic past. P*roc. Nat. Acad. Sci.*, A81, p. 801-805.

Retallack, G. 1995. Permian–Triassic crisis on land. *Science* 267:77-80.

Schindewolf, O. 1963. Neokatastrophismus? Zeit. *Der Deutschen Geol. Gesell.*114:430-445.

Schultz, P., and Gault, D. E. 1990. Prolonged global catastrophes from oblique impacts, in Sharpton, V. L. and Ward, P. D., eds., Global catastrophes in Earth history, An interdisciplinary Conference on impacts, volcanism and mass mortality: Geological Society of America Special Paper 247, p. 239-261.

Sheehan, P.; Fastovsky D.; Hoffman, G.; Berghaus, C.; and Gabriel D. 1991. Sudden extinction of the dinosaurs: Latest Cretaceous, Upper Great Plains, USA *Science* 254: 835–839.

Sigurdsson, H.; D'hondt, S.; and Carey, S. 1992. The impact of the Cretaceous-Tertiary bolide on evaporite terrain and generation of major sulfuric acid aerosol. Earth Planetary Science Letters 109:543–559.

Stanley, S. 1987. Extinctions. New York: Freeman.

Stanley, S., and Yang, X. 1994. A double mass extinction at the end of the Paleozoic Era. Science 266: 1340-1344.

Teichert, C. 1990. The end-Permian extinction. In Global events in Earth history, ed. E. Kauffman and O. Walliser, pp. 161-190.

Ward, P. 1990. The Cretaceous/Tertiary extinctions in the marine realm: A 1990 perspective. In Geological Society of America Special Paper 247, pp. 425-432.

Ward, P. 1994a. The end of evolution. New York: Bantam Doubleday Dell.

Ward, P. D. 1990. A review of Maastrichtian ammonite ranges. In Geological Society of America Special Paper 247, pp. 519-530.

Ward, P., and Kennedy, W. 1993. Maastrichtian ammonites from the Biscay region (France and Spain). Journal of Paleontology, Memoir 34, 67:58.

Ward, P. Kennedy, W. J.; MacLeod, K., and Mount, J. 1991. Ammonite and inoceramid bivalve extinction patterns in Cretaceous–Tertiary boundary sections of the Biscay Region (southwest France, northern Spain). Geology 19:1181.

第九章

Armstrong, R. L. 1981. Radiogenic isotopes: The case for crustal recycling on a near-steady-state no-continental-growth Earth. Philos. Trans. R. Soc. London Ser. A 301: 443-472.

Arrhenius, G. 1985. Constraints on early atmosphere from planetary accretion processes. *Lunar and Planetary Sciences Institute Rep* 85-01:4-7.

Beck, M. E., Jr. 1980. Paleomagnetic record of plate-margin tectonic processes along the western edge of North America. J. Geophys. Res. 85:715-7131.

Broecker, W. 1985. How to build a habitable planet. Palisades, NY: Eldigio Press.

Card, K.D. 1986. Tectonic setting and evolution of Late Archean greenstone belts of Superior province, Canada. In Tectonic evolution of greenstone belts, ed. M. J. de Wit and L. D. Ashwal. Lunar and Planetary Sciences Institute Tech Rep. 86-10:74-76.

Condie, K. C. 1984. Plate tectonics and crustal evolution 2d ed. Oxford, England: Pergamon Press.

Cox, A. 1973. Plate tectonics and geomagmetic reversals. San Francisco. Freeman.

Dalziel, I. W. D. 1992. On the organization of American plates in the Neoproterozoic and the breakout of Laurentia. GSA Today 2:237.

DePaolo, D. J. 1984. The mean life of continents. Estimates of continental recycling from Nd and Hf isotopic data and implications for mantle structure. Geophys. Res. Lett. 10: 705-708.

Dietz, R. S. 1961. Continent and ocean basin evolution by spreading of the sea floor. Nature 190: 854-857.

Goldsmith, D., and Owen, 1992. The search for life in the universe. Menlo Park, CA: Benjamin/Cummings.

Hess, H. H. 1962. History of ocean basins. In Petrologic Studies—a volume to honor A.F. Buddington, ed. A. E. J. Engel et al., pp. 599-620. Boulder, CO: Geological Society of America.

Hoffman, P. F. 1988. United plates of America—the birth of a craton. Ann. Rev. Earth Planet. Sci. 16:543-603.

Howell, D. G., and Murray, R.W. 1986. A budget for continental growth and denudation. Science 233: 446-449.

Hsü, K. J. 1981. Thin-skinned plate-tectonic model for Collision-type orogenesis. Sci. Sin. 24: 100-110.

Irving, E.; Monger, J. W. H.; and Yole, R. W. 1980. New paleomagnetic evidence for displaced terranes in British Columbia. In The continental crust and its mineral deposits, ed. D. W. Strangway. Geol Assoc. Canada Spec. Pap. 20: 441-456.

McElhinny, M. W. 1973. Paleomagnetism and plate tectonic. Cambridge, England: Cambridge Univ. Press.

Solomatov, V., and Moresi, L. 1997. Three regimes of mantle convection with non-Newtonian viscosity and stagnant lid convection on the terrestrial planets. Geo. Res. Let. 24: 1907-1910.

Uyeda, S. 1987. The new view of the earth. San Francisco: Freeman.

Vine, F. J., and Mathews, D. H. 1963. Magnetic anomalies over oceanic ridges. Nature 199:947-949.

Wegener, A. 1924. The origin of continents and oceans. London: Methuen.

Wilson, J. T. 1965. A new class of faults and their bearing on continental drift. Nature 207: 343.

第十章

Cameron, A. G. W. 1997. The origin of the moon and the single impact hypothesis V. Icarus 126: 126-137.

Cameron, A. G. W., and R. M. Canup. 1998. The giant impact occurred during Earth accretion. Lunar and Planetary Science Conference 29: 1062.

Cameron, A. G. W., and R. M. Canup. 1999. State of the protoearth following the giant impact. Lunar and Planetary Science Conference 30: 1150.

Chambers, J. E., and G. W. Wetherill. 1998. Making the terrestrial planets: N-body integrations of planetary embryos in three dimensions. Icarus 136:304-327.

Chambers, J. E.; Wetherill, G. W.; and Boss, A. P. 1996. The stability of multi-planet systems. Icarus 119:261-268.

Hartmann, W. K.; Phillips, R. J.; and Taylor, G. J. 1986. *Origin of the moon.* Lunar and Planetary Institute, 1986.

Wetherill, G. W. 1994. Possible consequences of absence of Jupiters in planetary systems. Astrophys. and Space Sci. 212:23-32.

Wetherill, G. W. 1995. Planetary science—how special is Jupiter? Nature 373:470.

Ida, S., and Lin, D. N. C. 1997. On the origin of massive eccentric planets: Detection and Study of Planets Outside the Solar System, 23rd meeting of the IAU, Joint Discussion 13, 25—26 August 1997, Kyoto, Japan. 13, E4

第十一章

Beatty, J. K. 1996. Life from ancient Mars? Sky and Telescope 92: 18.

Carr, M. H. 1998. Mars: Aquifers, Oceans, and the prospects for life. Astronomicheskii Vestnik 32: 453.

Chyba, C. F., et al 1999. Europa and Titan: Preliminary recommendations of the campaign science working group on prebiotic chemistry in the outer solar system. Lunar and Planetary Science Conference 30:1537

Clark B. C. 1998. Surviving the limits to life at the surface of Mars. J. Geophys. Res. 103:28545.

Farmer J. 1998. Thermophiles, early biosphere evolution, and the origin of life on Earth: Implications for the exobiological exploration of Mars. J. Geophys. Res., 103:28457.

Farmer, J. D. 1996. Exploring Mars for evidence of past or present life: Roles of robotic and human missions. Astrobiology Workshop: Leadership in Astrobiology, A59-A60.

Jakosky, B. M., and Shock, E. L. 1998. The biological potential of Mars, the early Earth, and Europa. J. Geophys. Res. 103: 19359.

Kasting, J. F. 1996. Planetary atmosphere evolution: Do other habitable planets exist and can we detect them? Astrophysics and Space Science 241:3-24.

Klein, H. P. 1998. The search for life on Mars: What we learned from Viking. J. Geophys. Res. 103:28462.

Mancinelli, R. L. 1998. Prospects for the evolution of life on Mars: Viking 20 years later. Advances in Space Research 22: 471-477.

McKay, C. P. 1996. The search for life on Mars. Astrobiology Workshop: Leadership in Astrobiology, et al. 12.

McKay, D. S., et al. 1996. Search for past life On Mars: Possible relic biogenic activity in Martian meteorite ALH84001. Science 273:924-930.

Nealson, K. H. 1997. The limits of life on Earth and searching for life on Mars. J. Geophys. Res., 102:23675.

Owen, T., et al. 1997. The relevance of Titan and Cassini/Huygens to prebiotic chemistry and the origin of life on Earth. Huygens: Science, Payload and Mission, Proceedings of an ESA Conference, ed. A. Wilson p. 231.

Shock, E. L. 1997. High-temperature life without photosynthesis as a model for Mars. J. Geophys. Res., 102:23687.

Spangenburg, R., and D. Moser. 1987. Europa: The case for ice-bound life. Space World 8: 284.

第十二章

Caldeira K., and Kasting, J. 1992. The life span of the biosphere revisted. Nature 36O:721—723.

Caldeira, K., and Kasting, J. F. 1992. Susceptibility of the early Earth to irreversible glaciation caused by carbon ice clouds. Nature 359:226—228.

Dole, S. 1964. Habitable planets for man. Waltham, MA: Blaisdell.

Gott, J. 1993. Implications of the Copernican Principle for our future prospects. Nature 363:315-319.

Gould, S. 1994. The evolution of life on Earth. Scientific American 271:85-91.

Hart, M. 1979. Habitable zones around main sequence stars. Icarus 33:23-39.

Kasting, J. 1996. Habitable zones around stars: An update. In Circumstellar habitable zones, ed. L. Doyle, pp. 17—28. Menlo Park, CA: Travis House.

Kasting, J.; Whitmire, D.; and Reynolds, R. 1993. Habitable zones around main sequence stars. Icarus 101:108-128.

Laskar, J.; Joutel, F.; and Robutel, P. 1993. Stabilization of the Earth's obliquity by the Moon. Nature 361:615-617.

Laskar, J., and Robutel, P. 1993. The chaotic obliquity of planets. Nature 361:608-614.

Lovelock, J. 1979. Gaia, a new look at life on Earth. Oxford, England: Oxford Univ. Press.

Marcy, G., et al. 1999. Planets around sun-like stars, Bioastronomy 99: A New Era in Bioastronomy. 6th Bioastronomy Meeting, Kohala Coast, Hawaii, August 2—6.

Marcy, G., and Butler, R. P. 1998. New worlds: The diversity of planetary systems. Sky and Telescope 95:30.

McKay, C. 1996. Time for intelligence on other planets. In Circumstellar habitable zones, ed. L. Doyle, pp. 405-419. Menlo Park, CA: Travis House.

Schwartzman, D., and Shore, S. 1996. Biotically mediated surface cooling and habitability for complex life. In Circumstella habitable zones, ed. L. Doyle, pp. 421-443. Menlo Park, CA: Travis House.

Volk, T. 1998. Gaia's body: Toward physiology of Earth. New York. Springer-Verlag.

Walker, J.; Hays, P.; and Kasting, J. 1981. A negative feedback mechanism for the long-term stabilization of Earth's surface temperature. Journal of Geophysical Research 86:9776-9782.

第十三章

Dick, S. 1982. Plurality of worlds. Cambridge, England. Cambridge Univ. Press.

Cleiser, M. 1997. The dancing universe. From creation myths to the Big Band. New York, Dutton.

Cott, J. 1993. Implications of the Copernican Principle for our future prospects. Nature 363:315-319.

Wetherill, G. 1994. The plurality of habitable worlds. Fifth Exobiology Symposium and Mars Workshop, NASA Ames Research Center.

中英對照表

〇~三畫

E．舒梅克　E. Shoemaker
S．霍夫曼　S. Hoffman
二胚葉　diploblastic
二氧化碳——矽酸鹽恆溫器　CO_2-silicate thermostat
二疊紀　Permian
二疊紀／三疊紀大滅絕　Permo / Triassic extinction
《人類適居行星》　*Habitable Planets for Man*
三接點　Triple junctions
三疊紀　Triassic
土衛六　Titan
小油樹蟲屬　genus *Olenellus*

四畫

中央軸　central axis
丹明　Jody Deming
內地核　Inner core
天蠍座α星　Antares
《太空中的綠洲》　*Oases in Space*
巴斯丁　Edson Bastin
巴羅斯　John Baross
文德期生物類群　Vendobionta
木衛二　Europa
火山弧　Volcanic arc
火星探路者號　Pathfinder
火衛一　Phobos
火衛二　Diemos

五畫

加拿大地調所　Geological Survey of Canada
半人馬座之毗鄰星　Proxima Centauri
卡西尼探測任務　Cassini mission
卡麥隆　Cameron
古菌　Archaea
古爾德　Stephen Jay Gould
古德　Thomas Gold
史丹利　Steven Stanley
史匹格　R.C. Sprigg

史布雷幾芮類群 Spriggina
史瓦茲曼 David Schwartzman
史利普（史力普） Norman Sleep
史帝文生 David Stevenson
史帝文斯 Todd Stevens
史塔利 James Staley
外地核 Outer core
外星胺基酸 Amino acids
布洛克 Thomas Brock
布萊瑟 Martin Brasier
布羅克 Wally Broecker
平庸律 Principle of Mediocrity
瓦拉烏納系 Warrawoona Series
生成帶 feeding zones
生命形成前之濃湯 prebiotic soup
生物性介入的地表冷卻 biotically mediated surface cooling
〈生物性調節的地表冷卻和可居性〉 Biotically Mediated Surface Cooling and Habitability
《生機勃勃的塵埃》 *Vital Dust*
《由現代觀點看外星人》 *Extraterrestrials: A Modern View*
甲烷產製原祖細菌界 the kingdom Euryarchaeota
白海 White Sea
白堊紀／第三紀大滅絕 K/T extinction
石炭紀 Carboniferous

六畫

伊凡斯 Dave Evans; David Evans
伊蘇阿（格陵蘭） Isua
伏倫泰 James Valentine
回融 melt-back
《地心歷險記》 *Journey to the center of the Earth*
地表下自營微生物生態系群落 SLiME communities, subsurface lithoautotrophic microbial ecosystem
《地層分析原理》 *Principles of Terrane Analysis*
多納文 Donovan
《宇宙概論》 *Commentariolus*
安尼斯 James Annis
安約西曼德 Anaximander
死寂區 dead zone
米契爾 Helen Michel
米勒 Stanley Miller
米勒－猶瑞實驗 Miller-Urey experiments

自由基　free radicals

艾倫希爾斯　Allan Hills

七畫

伯吉斯頁岩動物群　Burgess Shale fauna

克里克　Francis Crick

克帝斯　Heber Curtis

克勞德　Preston Cloud

克須納　Marc Kirschner

克雷斯　Victor Kress

利普登　Robert Ripperdan

利普萊　Pierre-Simon de Liplike

《即將到來的生命》　*The lives to Come*

吸積　accretion

坎那普　Canup

希臘人台利斯　Thales of Miletus

杜爾　S. H. Dole

杜賓根大學（德國）　Tubingen University

沙巨維克　Adam Sedgewick

沙克　Everett Shock

沙威夫　Nir Shaviv

沃克　J. Walker

沃克　Tyler Volk

貝托實驗室　Batelle Laboratory

「那美西斯」假設　Nemesis

里帕席　Johannes Lippershey

八畫

亞玻里納利錐狀火山　Apollinaris Pater

亞瑟・克拉克　Arthur C. Clarke

〈其他行星智慧生物出現的時機〉　Time for Intelligence on Other Planets

奇休魯布隕石坑　Chicxulub Crater

《奇妙生命》　*Wonderful Life*

岡瓦那　Gondwanaland

岡薩雷斯　Guillermo Gonzalez

岩石圈　Lithosphere

帕克斯　John Parkes

弧後盆地　Backarc basin

拉文頓　J. Levinton

拉康諾　Antonio Lazcano

拉張盆地　Pull-apart basin

拉斯卡　Jacques Laskar

拆離　decoupled

昆恩　Tom Quinn
林奈　Carl Linnaeus
林道　Doug Lin
泥盆紀　Devonian
法蘭克・泰勒　Frank B. Taylor
《物種原始》　*On the Origin of Species*
金羊毛獎　Golden Fleece awards
阿利根尼天文台　Allegheny Observatory
阿里斯塔克斯　Aristarchus
阿薩羅　Frank Asaro

九畫

保羅・霍夫曼　Paul Hoffman
俄尼塔類群　Ernietta
哈伯深空　Hubble Deep Field
哈柏　Edwin Hubble
哈特　Michael Hart
哈特曼　H. Hartman
哈特曼　Hartmann
威勒利爾　George Weatherill
威爾森　E.O. Wilson
後代漸變　descent with modification

星系適居區　galactic habitable zone, GHZ
《星際使者》　*Siderius nuncios or Messenger from the Stars*
柯胥文　Joseph Kirschvink
查尼亞類群　Charnia
查尼歐類群　Charniodiscus
查普曼　C. Chapman
洛夫洛克　James Lovelock
「科學雜誌」　Science
秒差距　parsecs
「科學人雜誌」　American Scientist
胚種論　Panspermia
英培　Impey
迪蘭尼　John Delaney
韋格納　Alfred Wegener
食藻生物　alagal grazer

十畫

修爾　Steven Shore
倫幾亞類群　Rangea
冥衛一　Charon
原味湯　primordial soup

原核生物　prokaryotes
原球體　acritarch
原細胞海綿類　archeocyathids
埃迪卡拉山區（南澳）　Ediacaran Hills
埃迪卡拉動物群　ediacarans
夏佩洛L. Shapiro
島宇宙　island Universes
弱人種原則　Weak Anthropic Principle
朗寧格　Bruce Runnegar
核酸代酶　ribozymes
格哈特　John Gerhart
氣體交換　GEX
泰勒　Ross Taylor
泰勒斯維　Taylorsville
海斯　P. Hays
海斯　P. Hays
海爾　Alan Hale
特瑞狄類群　Pteridinium
真核生物　eukaryotes
紐肯　G. Neukum
紐威爾　Norman Newell
能量梯度　energy gradient
郝威爾　David Howell
馬古利斯　Lynn Margulis
馬西　Geoff Marcy
馬西Jeff Marcey
馬西／巴特勒小組　Marcy / Butler
馬克・麥那林　Mark McMenamin
馬凱　Chris McKay
高史密斯　Donald Goldsmith

十一畫

《動物起源》　*The Emergence of Animals*
動物適居區　animal habitable zone, AHZ
曼尼古根隕石坑　Manicouagan Crater
基奇納　Philip Kitchner
培斯　Norman Pace
寇夫曼　Kauffman
帶鐵礦　banded-iron formation
張恩　Sherwood Chang
彗星的出現機率　comet influx rate
《探索》　*Explorations*
梭羅多夫　V. Solomatov
氫氧基　hydroxyl radicals

液壓型骨骼　hydrostatic skeleton
〈深海煙槍：通往海底生物圈的窗口？〉　Deep-sea smokers: Windows to a subsurface biosphere?
硫化鐵膜　iron sulfide membranes
《細胞、胚胎、演化》　*Cells, Embryos and Evolution*
莫利森　D. Morrison
莫契遜隕石　Murchison meteorite
莫瑞西　L. Moresi
莫瑞斯　Simon Conway Morris
荷登　J.B.S. Haldane
軟流圈　Asthenosphere
連納德獎　Leonard Award
逖更遜擬水母類　Dickinsonia
雪團地球　Snowball Earth
麥拉倫博士　Dr. Digby McLaren
麥金利　James McKinley

十二畫

最大慣性矩　moment of inertia
凱巴　Christopher Chyba
凱斯丁　Jim Kasting; James Kasting
《創造的嚴苛考驗》　*Crucible of Creation*
喀斯喀特山脈　Cascade Mountains
尋找外星人計畫　Search for Extra Terrestrial Intelligence
《尋找宇宙生命》　*The Search for Life in the Universe*
惠特摩　Whitmore, D. P.
普羅斯邁　Proxmire
渥西　C. R. Woese
渥斯　Carl Woese
猶瑞　Harold Urey
絕對溫度　K
舒梅克　Gene Shoemaker
華生　James Watson
華克　J. Walker
華利　G. Wary
華特・阿佛雷茲　Walter Alvarez
超大陸　supercontinent
進動　precession
《開天闢地》　*How to Build a Habitable Planet*
馮恩　Jules Verne
黃赤交角　obliquity

十三畫

嗜極生物　extremophiles

嗜熱原祖細菌界　the kingdom Crenarchaeota
嗜熱微生物細胞　Aquifex
塞柯思基　Jack Sepkoski
塔西思　Tharsis
塔潘　Helen Tappan
奧陶紀　Ordovician
奧爾特曼　Sidney Altman
微生物適居區　microbial habitable zone, MHZ
微行星　planetesimals
微冷的開始　cool start
微孢子蟲　microsporidia
愛爾溫　Douglas Erwin
新生代　Cenozoic
極值統計學　extreme-value statistics
《滅絕：壞基因或壞運氣》　*Extinction: Bad Genes or Bad Luck*
聖多瑪斯阿奎納　St. Thomas Aquinas
三磷酸腺苷　ATP
落後潮　trailing bulge
葉狀化石類群　Phyllozoon
葛利夫　Richard Grieve
葛利爾　Frank Greer
葛辛格　John Grotzinger
葛萊斯納　Martin Glaessner
葛萊瑟　Marcello Gleiser
賈普隆　David Jablonski
路易斯・阿佛雷茲　Luis Alvarez
道瓦利　Dao Vallis
達馬瑞　David Des Marais
達爾　Arnon Dar
雷文　Peter Raven
雷諾斯　Reynolds, R. T.
《預約新宇宙》*Pale Blue Dot*
鼠婦　pill bugs

十四畫

厭氧微生物　anaerobic
慣性互換事件　inertial interchange event, IIE
《演化之舞》　*Microcosmos*
磁性細菌化石　magnetofossil
磁星　magnetars
磁細菌　*Magnetobacter*
磁場軸　magnetotaxis
磁體　magnetosome

碳平衡 carbon budget
碳膜印痕 Grypania
《與拉瑪會晤》 *Rendezvous with Rama*
《舞動的宇宙》 *The Dancing Universe*
蒙哥馬利 Dave Montgomery
蓋爾尼斯 R. Cairnes
領先潮 leading bulge

十五畫

增殖作用 amplification
德迪夫 Christian de Duve
德雷克 Frank Drake
德雷克方程式 the Drake Equation
歐文 T. Owen
歐文號 Alvin
歐多克斯 Eudoxus
歐帕林 A. Oparin
歐洲太空總署 European Space Agency, ESA
歐特彗星雲 Oort cloud
潮池 tide pool
潮汐鎖定 tidal lock
熱木星 hot Jupiters
熱紅外線 thermal infrared
熱核聚變 thermonuclear fusion
熱解釋出 pyrolitic release, PR
熱點軌跡 Hot spot tracks
穀神星 Ceres
複雜的後生動物 complex metazoans
適居區 HZ

十六畫

橢圓星系 elliptical galaxy
澳洲瓦拉烏納地區 Warrawoona region
激酶蛋白質 Protein kinases
穆勒 Rich Muller
穆爾斯 Eldredge Moores
諾爾 Andrew Knoll
霍伊爾 Fred Hoyle
霍姆斯 Arthur Holmes
駱普David Raup

十七畫

謝普利 Harlow Shapley
賽拉傑 A. Seilacher; Dolf Seilacher
還原狀態 reducing conditions

十八畫

獵戶座α星　Betelgeuse
獵殺曲線　kill curve
薩恩里　Kevin Zahnlee
藍綠菌　cyanobacteria
轉形斷層　Transform fault
闞・唐姆　Thomas Cech
雙極星雲　bipolar nebulae

十九畫

羅文坦　Heinz Lowenstam
羅伊　Don Lowe
羅伯特・柏拉德　Ballard,Robert
羅威爾　Percival Lowell
羅雅　Ari Laor
羅塞塔石碑　Rosetta Stone
羅德尼亞　Rodinia
類木行星　Jovian planets
類星體　quasars

二十畫

礦物的外殼晶格　crustal lattices of minerals
《繽紛的生命》　*The Diversity of Life*
繼續適居區　continuously habitable zone, CHZ

二十一畫

攝動現象　perturbation
《霸王龍的最後一眼》　*T. Rex and the Crater of Doom*

二十三畫

顯生元　Phanerozoic
顯蹤釋出　labeled release, RE
體軀藍圖演化　body plan evolution
體軀變異性disparity

二十四畫

鱟　horseshoe crabs